全球生命伦理学导论

Global Bioethics:An Introduction

U0644150

主　　编　Henk ten Have

主　　审　陈晓阳

主　　译　马　文

副 主 审　杨同卫　贾春生　胡春霞

译　　者（按姓氏笔画排序）

马　文　闫　晔　李　晨

张　慧　陈　璐　陈晓阳

译者单位　山东大学

人民卫生出版社

·北 京·

版权所有，侵权必究！

图书在版编目（CIP）数据

全球生命伦理学导论 /（美）亨克·哈弗
（Henk ten Have）主编；马文主译 . —北京：人民卫
生出版社，2021.3
ISBN 978–7–117–31317–9

Ⅰ．①全… Ⅱ．①亨… ②马… Ⅲ．①生命伦理学 –
研究 Ⅳ．①B82–059

中国版本图书馆 CIP 数据核字（2021）第 069211 号

人卫智网	www.ipmph.com	医学教育、学术、考试、健康，
		购书智慧智能综合服务平台
人卫官网	www.pmph.com	人卫官方资讯发布平台

图字：01-2018-3557 号

全球生命伦理学导论
Quanqiu Shengming Lunlixue Daolun

主　　译：马　文
出版发行：人民卫生出版社（中继线 010-59780011）
地　　址：北京市朝阳区潘家园南里 19 号
邮　　编：100021
E - mail：pmph @ pmph.com
购书热线：010-59787592　010-59787584　010-65264830
印　　刷：三河市君旺印务有限公司
经　　销：新华书店
开　　本：850×1168　1/32　　印张：15　　插页：4
字　　数：243 千字
版　　次：2021 年 3 月第 1 版
印　　次：2021 年 5 月第 1 次印刷
标准书号：ISBN 978-7-117-31317-9
定　　价：128.00 元

打击盗版举报电话：010-59787491　E-mail: WQ @ pmph.com
质量问题联系电话:010-59787234　E-mail: zhiliang @ pmph.com

主 审 简 介

陈晓阳,男,博士,临床医学教授,博士研究生导师,山东大学人文医学研究中心主任,山东大学齐鲁医学院健康伦理与健康法学研究中心主任,山东省生命伦理研究院院长。历任山东大学医学院党委书记,山东大学齐鲁医院党委副书记,中华医学会医学伦理学分会第六届、第七届副主任委员。中国自然辩证法研究会生命伦理学专委会第三届副理事长。

现任联合国教科文组织伦理、科学与社会发展委员会中国执行委员会主席、联合国教科文组织生命伦理教育推进机构中国成员单位协调中心候任主席、中国康复医学会健康伦理工作委员会主任委员、中国非公立医疗机构协会人文医学分会会长、中国伦理学会健康伦理学专委会副主委、山东省卫生健康委员会医学伦理专家委员会主任委员、山东省医学伦理学会会长、山东省医师协会法律与伦理工作委员会主任委员、山东省医学会医学伦理学分会主任委员等。

曾获全国优秀科技工作者,中国心理卫生工作突出贡献奖,医学伦理学和生命伦理学杰出贡献奖,山东省科技进步二等奖。

主 译 简 介

马文,男,博士,山东大学外国语学院教授,博士研究生导师,山东大学外国语学院副院长、山东大学临床神经语言学研究中心主任。研究领域为临床语言学、会话分析、人文医学。兼任中国残疾人康复学会语言障碍康复专业委员会常委、中国康复医学会健康伦理工作委员会常委、中国逻辑学会语用学专业委员会常务理事、山东省医学伦理学会医患沟通研究分会会长、山东省国外语言学学会副会长、秘书长及医学语言与文化研究专委会会长、山东省医师协会法律与伦理工作委员会副主任委员、山东省预防医学会孤独症防治分会副会长等。入选 2018 教育部长江青年学者、2011 教育部新世纪优秀人才,2018 年获宝钢全国优秀教师奖。

译　者　序

　　解决当今世界的全球性问题需要全球化的视野,这使得生命伦理学走向全球生命伦理学成为必然。《全球生命伦理学导论》这本书是原联合国教科文组织科技伦理司司长、现美国匹兹堡杜肯大学医疗伦理中心主任Henk ten Have教授的一本力作。作为一本充满雄心、富有远见的里程碑式的著作,在本书中,作者引入并充分阐释了全球生命伦理学的概念、内涵和框架,将传统生命伦理学赋予全球性的视野,在生命医学之外,他主张将社会、经济、政治环境等因素考虑在内,并将与医疗保健、社会包容和环境保护有关的主题纳入全球生命伦理学的框架中,从而变革性地重塑了生命伦理学的维度,前瞻性地探究生命伦理学的深度,创造性地丰富了生命伦理学原有的内容和框架,并充满洞见地指明了利用生命伦理学审视和解决全球性问题的途径。鉴于本书重要的理论意义和学术前沿性,我们迫切地想将该书译成汉语介绍给中国读者,以期为推动我国在全球生命伦理学领域的研究和实践尽微薄之力。

译者所在单位山东大学,在人文医学及生命伦理学研究领域有着很长的历史和广泛的学术影响,最早创立了国内第一个人文医学博士点。译、审人员长期致力于中国生命伦理学的研究、推广和国际学术交流,其中该书主审目前担任联合国教科文组织伦理、科学与社会发展委员会中国执行委员会主席,联合国教科文组织生命伦理教育推进机构中国成员单位协调中心候任主席。

为了翻译此书,我们专门组建了一支由该领域专家领衔的精干的翻译团队和高水平的审稿团队,最大限度确保了本书译稿的准确性和可读性,以期能够最为忠实地传递出原作者的思想和研究成果。在此我们要衷心感谢人民卫生出版社的信任和支持!感谢汪仁学编审的精心指导和鼓励!感谢来自山东大学人文医学研究中心、山东省生命伦理研究院、山东大学齐鲁医学院健康伦理与健康法学研究中心、山东大学临床神经语言学研究中心以及山东大学外国语学院的专家团队和翻译团队所付出的共同努力!期待着本译著能够让更多的读者获益,也期待着中国的生命伦理学的研究迎来更美好的明天。

译者

2020 年 7 月 26 日

全球生命伦理学

去泰国做手术;到印度找代孕;欧洲东西部间的器官贩卖;非洲的医生和护士移民到美国;每天有数以千计患上疟疾、结核病和艾滋病的儿童或患者,因无法承担昂贵的医药费而丧生。纵观全球,当今的生命伦理问题已不同以往。

过去50年里,主流生命伦理学在西方国家得到发展,涉及方面越来越广,和世界各地的人们息息相关,同时也开始关注新的全球性问题。本书旨在介绍全球生命伦理学这一新的领域,这是因为要解决这些全球性问题需要有更广阔的生命伦理学视野,不仅强调个人自主权,还要审视引发这些问题的社会、经济以及政治环境。

本书认为,全球生命伦理不可或缺,因为全球化背景下的社会、经济和环境问题需要审视。全球生命伦理学不是一个可以简单应用于解决全球问题的现成工具,而是地方实践与全球话语相互作用和交流的长期产物。它将对差异的认可、对文化多样性的尊重与对共同观点、共同价值观的趋同结合起来。本书探讨了全球问题的性质以及解决方法，以例证来说明全球生命伦理学的实质。探讨适用于全球范围的伦理框架，并展示如何将这些框架转换为全球治理机制和实践。

Henk ten Have

美国匹兹堡杜肯大学医疗伦理中心主任

"全球生命伦理学严厉批判了主流生命伦理学的道德短视，所有关注生命伦理学的读者都能够看到，它在全球化当中发挥的作用以及不可或缺的地位。"

Jan Helge Solbakk

挪威奥斯陆大学

"与北半球的其他作者不同，对于 Henk ten Have 而言，生命伦理学的意义已经超越了生物医学领域。在作者提出的框架内纳入与医疗保健、社会包容和环境保护有关的主题，使本书成为 21 世纪初学术界的惊喜之作。"

Volnei Garrafa

巴西巴西利亚大学

"本书通过充满雄心、富有远见的伦理学和多学科的论述，全面而深入地阐述了如何将生命伦理学扩展为全球生命伦理学。从生物中心和生态中心的角度解决生物、社会、政治和生态健康的关键问题，为人类和地球的健康可持续发展搭建起新的桥梁。"

Solomon Benatar

南非开普敦大学；加拿大多伦多大学

致　谢

　　研究生命伦理学对我而言意味着和学生合作研讨并解决伦理问题。生命伦理学在我从事研究、参加委员会的活动以及公共辩论中帮助巨大。因此,我外出交流的机会也越来越频繁,不仅是应邀去作报告,也会借机去了解世界其他地方存在哪些重要的生命伦理问题,以及如何看待、解释和解决这些问题。我对全球生命伦理学的理解,首先是来自与世界各地的同事和朋友们的会晤、交流和讨论。20 世纪 90 年代,在荷兰内梅亨大学工作期间,有机会与比利时、西班牙、瑞士和意大利的同事发起许多国际活动,如开设生命伦理学暑期学校和欧洲生命伦理学硕士课程等。2003 年,我有幸被任命为联合国教科文组织科技伦理司司长。这不仅改变了我的生活(并非说巴黎不适合居住),而且意想不到的是它改变了我对生命伦理学的认知。在执行从阿比让到斯泰伦博斯、从雅加达到吉达、从温尼伯到巴拿马和布宜诺斯艾利斯以及其间许多地方的数百次任务中,我目睹了道德质疑、医患冲突、决策者的困境,也了解了生命伦理的力量和脆弱。现在到了起草《世界生命伦理和人权宣言》的时候了。如今我意识到全球生命伦理学不单单是一个学术事业(尽管成为生命伦理学专家肯定是有帮助的),它更多关涉到政治技巧、外交策略、游说、宣传和行动主义。联合国教科文组织的同事们帮助我拓宽了思维、丰富了经验和技能,他们也使我认识到全球生命伦理学的现实性和紧迫性。在此特别感谢 Pierre Sané、Georges Kutukdjian、Dafna Feinholz、Jan Helge Solbakk、Susana Vidal 以及 Christophe Dikenou。杜肯大学给我提供了通过教学和研究详细阐述全球生命伦理学概念的机会。我要感谢杜肯大学校长,Charles Dougherty,他本人也是一位生命伦理学家,感谢他一直以来的支持。还要感谢麦金利学院和人文科学研究生院院长 James Swindal 为本书的撰写创造了条件。还要特别感谢我在医疗伦理中心的同事:Gerald Magill、Peter Osuji、Joris Gielen 和 Glory Smith。在研究助理的帮助下,这本书的研究工作取得了极大的进展。研究生 Michael Afolabi、Gary Edwards、Jennifer Lamson、AMAnda Mattone、Barbara Postol、Carrie Stott、Rabee Toumi、Jillian Walsh 和 Aimee Zellers 多年来都作出了贡献,并热心支持全球生命伦理学的发展。感谢 Thomas Gerkin 的索引,感谢杜肯大学的 Gumberg 图书馆提供的大量资料和资源(尤其感谢 Ted Bergfelt)。我要特别感谢三个人:Gary Edwards 和 Rabee Toumi 仔细阅读了大部分手稿,提出了批评和建议;Michèle Stanton-Jean 根据她在卫生政策方面的经验也给予了很多建议,如果没有她在联合国教科文组织谈判期间担任国际生命伦理学委员会(International Bioethics Committee,IBC)主席,该宣言可能永远不会获得通过。我衷心感谢他们所提供的宝贵反馈意见。

第 3 章借鉴了先前发表的文章:Henk ten Have. Potter's notion of bioethics.Kennedy Institute of Ethics Journal,2012,22(1):59-82。第 4 章和第 7 章详细阐述了我最初发表的关于全球生命伦理学研究中的观点:Henk ten Have. Global bioethics and communitarianism. Theoretical Medicine and Bioethics [J]. 2011,32:315-326;Henk ten Have and Bert Gordijn. Handbook of Global Bioethics. 2013。感谢 Bert Gordijn 多次提供讨论全球生命伦理学的机会,也感谢他鼓励我撰写此书。

Henk ten Have

2015 年夏于匹兹堡 / 阿姆斯特丹

缩　略　语

ADHD　　　注意缺陷多动障碍（Attention Defi cit Hyp-
　　　　　　eractivity Disorder）

AMA　　　　美国医学会（American Medical Association）

ASBH　　　 美国生命伦理与人文学会（American Society
　　　　　　for Bioethics and Humanities）

CAB　　　　动物生物技术委员会（Committee on Animal
　　　　　　Biotechnology）

CBD　　　　生物多样性公约（Convention on Biological
　　　　　　Diversity）

CIOMS　　 国际医学组织理事会（Council for International
　　　　　　Organizations of Medical Sciences）

CITI　　　　合作机构培训计划（Collaborative Institutional
　　　　　　Training Initiative）

EGE　　　　欧洲科学和新技术伦理小组（European Group
　　　　　　on Ethics in Science and New Technologies）

EU	欧盟（European Union）
FAO	世界粮农组织（Food and Agriculture Organization）
FGM	女性生殖器残割（Female genital mutilation）
GDP	国内生产总值（Gross Domestic Product）
GM	转基因（Genetically Modified）
HCEC	医疗伦理咨询（Health Care Ethics Consultation）
HIV/AIDS	人类免疫缺陷病毒感染/获得性免疫缺陷综合征（Human Immunodefi ciency Virus Infection/Acquired Immune Defi ciency Syndrome）
HUGO	人类基因组组织（Human Genome Organization）
IBC	国际生命伦理学委员会（International Bioethics Committee）
ICESCR	经济、社会、文化权利国际公约（International Covenant on Economic, Social and Cultural Rights）
IMF	国际货币基金组织（International Monetary Fund）
IPR	知识产权（Intellectual Property Rights）
IVF	体外受精（In Vitro Fertilization）
MDG	千年发展目标（Millennium Development Goals）
MSF	无国界医生组织（Médicines sans Frontières-Doctors without Borders）

NGO　　　　非政府组织（Non-governmental organization）

NIH　　　　美国国家健康研究所（National Institutes of Health）

PEPFAR　　总统防治艾滋病紧急救援计划（President's Emergency Plan for AIDS Relief）

SARS　　　严重急性呼吸综合征（Severe Acute Respiratory Syndrome）

SCI　　　　科学引文索引（Science Citation Index）

TAC　　　　治疗行动运动（Treatment Action Campaign）

TRIPS　　　与贸易有关的知识产权协定（Trade-Related Intellectual Property Rights）

UAEM　　　基本药物大学联盟（Universities Allied for Essential Medicines）

UDBHR　　世界生命伦理和人权宣言（Universal Declaration on Bioethics and Human Rights）

UDHGHR　世界人类基因组与人权宣言（Universal Declaration on the Human Genome and Human Rights）

UDHR　　　世界人权宣言（Universal Declaration of Human Rights）

UN　　　　联合国（United Nations）

UNAIDS　　联合国人类免疫缺陷病毒/艾滋病联合规

划署(Joint United Nations Programme on HIV/AIDS)

UNDP   联合国开发计划署(United Nations Development Programme)

UNESCO   联合国教科文组织(United Nations Educational,Scientific and Cultural Organization)

UNICEF   联合国儿童基金会(United Nations Children's Fund)

UNITAID   巴西、智利、法国、挪威和英国等国建立的人类免疫缺陷病毒/艾滋病、结核病和疟疾国际药品采购机制(International Drug Purchasing Facility for HIV/AIDS, tuberculosis and malaria, established by countries such as Brazil, Chile, France, Norway and the United Kingdom)

US   美国(United States)

WEMOS   荷兰的非营利性基金会,倡导全球健康权(a non-profit foundation in the Netherlands, advocating the right to health globally)

WHA   世界卫生大会(World Health Assembly)

WHO   世界卫生组织(World Health Organization)

WMA   世界医学会(World Medical Association)

WTO   世界贸易组织(World Trade Organization)

目　　录

第1章
生命伦理学现状

海关官员一边查看我的护照一边问道:

"你为什么到以色列来?"

"我受邀参加在采法特举行的生命伦理学会议。"

"生……什么?"

生命伦理学或许是一个不常见的术语,但它的含义并不难解释。人们会经常提到一些与之相关的热点问题,也会见诸于报纸和社交媒体的头条:像克隆、器官移植、基因检测、安乐死或拒绝治疗权。这时海关官员抬起头来看着我,她显然理解了我所谈的东西。她告诉我,她年迈的父亲正在镇上的大医院里接受重症监护。医生并没有透露太多信息,所以家人也不知道他的病情到底如何。她的两个兄弟坚持要求无论如何都要让父亲活着,但她和妹妹想知道这是否是父亲的真实意愿,她不知道哪种选择才是对父亲最好的。这时,她在护照上盖了章,并祝我参会愉快。我没来得及告诉她,如今生命伦理学正在解决许多新的课题。事实上,这次会议是关于灾难援助伦理学的。

生命伦理学概况

生命伦理学面对的问题种类繁多。其中一些已经讨论很久,但也有其他新的问题。过去的50年里,生命伦理学一直关注堕胎、安乐死、辅助生育和基因检测的伦理分析。公共媒体会讨论这些话题,海关工作人员对这些话题也比较熟悉,但他们不会把这些问题与生命伦理学联系在一起。最近,关于生命伦理的争论大幅增加。不仅有更多的问题提上议程,而且由于全球化发展,越传统的议题往往会获得更广泛的讨论。下面的例子表明,今天,生命伦理学的关注点已经超越了以往那些主导议程的传统问题。

脑死亡妊娠妇女

2013年11月,33岁的Marlise Muñoz在家中昏倒后住进了得州一家医院。她被诊断为脑死亡。她的丈夫和家人希望她按照之前的意愿终止生命维持。然而,由于她妊娠14周,生命维持仍在继续。医生们称得克萨斯州的法律禁止拒绝妊娠妇女的护

理,以保护胎儿的生命。2 个月后,一名法官裁定,由
于患者死亡,法律不适用于本案。马利斯因此终止
了生命维持。

本案例中阐述了与生命伦理学有关的一些问题,
如临终治疗、死亡定义、对妊娠妇女的护理、胎儿的生
命权、堕胎、医院的决策以及伦理与法律的关系。即使
是很难恢复的患者,现代科技也能够让他们的生命得以
维持。生命伦理学的争论主要集中在干预的条件,利
弊的衡量标准,以及最终决定权的归属:是患者、家庭还
是医生? 用机器设备可以帮助患者克服危及生命的情
况,但 Muñoz 的案例有些不同,因为她已经被诊断为死
亡了。在她的案例中,治疗对于她来说没有任何意义,
但对她腹中的胎儿呢? 有些国家有保护未出生胎儿生
命权利的法案,胎儿生存权与该女士和她家庭的权利又
该如何权衡呢? 如果继续干预,这位女士的身体将会被
用来孕育胎儿。同时,确实也存在死亡之后继续维持生
命的案例,例如捐献器官进行移植的情况。因此,本案
提出了有关技术干预的限度以及保护未出生生命的问
题。但也有一些更基本的问题是关于诸如生命、死亡和
人体等基本概念的。最后要说的是,其实这类案例并不
普遍。在无法获得紧急救护和重症监护,或者交通不便,

或者缺乏诊断设备等情况下,患者就会在没有医疗干预
的情况下死亡。这在很多贫困国家都很常见。即使在
医疗资源充足的国家,Muñoz 类似的案例也是少见的。
但由于有医疗技术层面的支持,有时这些情况确实会
发生。

商业代孕

亚利桑那州的 Rhonda 和 Gerry Wile 无法生育,
而且由于 Rhonda 的子宫机能异常,体外受精(IVF)
也无法完成。之后他们去了印度,这里专门从事代
孕服务的诊所越来越多。如今他们有了 3 个孩子,
这些孩子是由 Gerry 的精子和一个印度卵子捐献者
孕育的。2 名印度妇女为他们做了代孕母亲,报酬是
每人 6 000 美元。自 2002 年起,代孕在印度就已合
法化。代孕行业发展迅速,目前从事代孕诊所的数
量已经破千。其中绝大多数客户来自国外。印度已
成为西方国家不孕夫妇最大的婴儿供应国。

本案例凸显了全球医疗旅游现象。来自富裕国家
的患者通常会前往贫穷国家的私人诊所接受治疗和干
预。这一现象引发了生命伦理学新的争论和关注。不
仅仅是技术本身存在道德争议(就像前面提到的案例一

样),还在于它在世界各地的不同用途。一些国家已经对代孕明令禁止,例如中国和法国。但利用互联网,公民可以获得在本国不合法的医疗服务。全球化进程下法律框架的适用也出现了新的问题,一些国家经过内部讨论制定出本国的法律框架,但其他国家可能会有不同的规定或根本没有法律框架。在一些国家,非商业性的代孕是合法的。但付费找人代孕会产生特定的伦理问题。据估计,每年有 1 万对外国夫妇到印度接受生育服务。由于大部分的钱都进了诊所和经纪人的口袋,而大多数代孕母亲属于社会边缘人群,生活拮据,所以代孕母亲们面临着生活条件不足的风险。对于诊所和经纪人而言,他们也仅仅是需要一个子宫而已。有人认为,父系社会中女性已经备受压迫和歧视,这种做法会进一步剥削妇女,使她们沦为生育工具。尤其是在印度,代孕妈妈受到污名化。所以她们对自己的朋友和父母保密。商业代孕也改变了为人父母的观念。有的人只是提供配子,有的人在孕母妊娠期间帮忙照顾,也有的人是在孩子出生之后把他们带到其他国家抚养。为保证"产品"质量,商业代孕的女性受到长时间的监视,其价值似乎仅仅等同于一个子宫,那么,她们到底算是母亲还是一名合同工?最近,印度出台了新的签证规定,将商业代孕限制在已婚至少 2 年、居住在不禁止代孕国家的夫妇。还规定,单身人士和同性伴侣不能再使用代孕服务。这些规定没有涉及基本的道德问题,反而引发了新的讨论。此外,目前还不清楚,在一个社会风气堪忧的地方,这些规定将如何执行。

人体组织贩卖

2012年2月,乌克兰警方搜查了一辆载有人体骨骼和组织的小型客车。文件显示,乌克兰死者的遗体被运往德国的一家工厂,该工厂正在加工人体器官以便植入人体。这家工厂隶属于佛罗里达州的RTI Biologics医疗产品公司。它们利用非法途径将从乌克兰太平间的尸体中找到的骨头、牙齿和其他身体器官在国际市场上出售。

在许多国家,诸如角膜、皮肤、骨骼、牙齿和心脏瓣膜等组织是在死后自愿捐赠的。如同器官捐献一样,这是帮助他人的利他行为。例如,捐赠的角膜用于恢复视力;骨头用于生产骨科手术中要使用的膏体;皮肤用于整容手术。但与器官捐赠不同的是,组织捐赠监管不完善。接受捐赠的人体组织银行通常与以营利为目的的公司合作。美国是世界上最大的人体组织生产国和出口国。由于全球互联,某个国家捐赠的组织,可以在另

一个国家处理之后再出口到其他国家。因此组织贩卖形成了一个巨大的全球化市场。仅在美国，每年就能提取 200 万种人体组织进行贩卖。尸体回收因此也成了一项大生意。单具尸体用于提取人体组织，价值可达到 8 万~20 万美元。因此，身体组织的收购炙手可热。许多国家的医院、太平间、殡仪馆和停尸房都签订了"收购"人体组织的合同。无私捐献组织的家人并不知道这些组织会由商业公司处理之后进行售卖。有些地方，甚至在不告知家属的情况下从他们挚爱之人的身体中取出组织。另一方面，患者接受移植的时候并不知道组织是从尸体中获取的，医生对于人体组织的来源通常也不知情。因此这些组织的安全性未知，而且由于供应源头不可追溯，在发生感染的情况下，公共卫生安全会受到威胁。专家表示，麦片都比人体组织更为安全，因为起码麦片还有条形码，能够在必要时召回。数十年来，本案例中的德国医疗产品公司 Tutogen 一直在从东欧收购人体组织。在乌克兰查获的组织被贴上了"德国制造"的标签。

灾害伦理

2010 年 1 月 12 日星期二，海地共和国首都太子港发生灾难性地震。超过 22 万人死亡，30 万人受伤。

之后该国接受到大量的人道主义援助。特别是在最初几周,救援人员面临着异常恐怖的景象,手术室不能使用,设备故障、丢失。由于肢体骨折感染,4 000人被截肢。尽管挽救了很多生命,但海地作为世界上最贫穷的国家之一,这里的许多幸存者未来的生活并不容易。

　　每年都会发生对国家和人口有重大影响的灾害。每个人都会记得2004年的印度洋海啸或2005年的卡特琳娜飓风。2012年共登记了905起自然灾害:飓风、干旱、地震、火山爆发和洪水。在低收入国家中,生命损失最大。尤其是海地,损失巨大。它是西半球最贫穷的国家,政治不稳定,腐败猖獗。那么,帮助地震灾民的最佳途径是什么? 如今,由于对灾害高度关注,所以立刻就能得到国际力量支持和同情。人类同胞受难的形象使灾害成为人道主义援助的范例。这是道德在行动中的体现,许多外国救援人员前往海地帮助。在灾难期间,也会出现伦理问题,比如谁应该首先得到治疗。同时有这么多受伤的人,必须作出抉择。另外,尽管救援人员知道该如何救人,但身边没有必需的工具。他们不得不使用临时药物。同样面临的问题还有,如何确定什么样的治疗最有益? 截肢虽然可以挽救生命,但如果没有康复中心、矫形设备和足够的基础设施,患者的长期生活质量会如何?救援人员离开之后,受伤和精神受创伤的患者还在那里。多年之后,其中的许多人依然继续生活在危险的环境中。人道主义援助也有可能产生消极现象。例如,海地的许多儿童成为孤儿之后,处境恶劣。国际收养机构通过加快领养程序来救助他们。但自从常规的儿童保障措施被取消以来,也会有诸如绑架之类的丑闻发生。另一个好心办坏事的例子是震后几个月暴发的霍乱,这个国家以前从未暴发过霍乱,但在震后的 2 年里,海地数千人却因此殒命。这次霍乱暴发的源头是尼泊尔的联合国维和人员,是他们将东南亚的一种霍乱毒株带到海地。

基因狩猎

"3 个世纪前,他们到我们这里来买檀香木。今天这些混蛋又打起我们基因的主意!"在 2001 年澳大利亚生物伦理协会会议上汤加人权和民主运动主任直言道。汤加是由南太平洋中 170 个岛屿组成的小国,几个月前,澳大利亚生物技术公司 Autogen 宣布与其卫生部达成秘密协议。作为对于每年研究经费和版税的回报,将赋予 Autogen 公司收集基因材料和创建基因数据库的权利。汤加的人口是相对同质和孤立的,因此有助于确定常见疾病的遗传模式。但因为民众对此事一无所知,所以消息一出,引起了国内公众的强烈抗议。另外,当地人认为人类的血液和基因由上帝赋予,是神圣的,将人类生物信息变成商业资产也违背了当地人的信仰。有人担心,在汤加这样的一个国家里,基因信息很容易泄露。因此,基因存在问题的人在就业、保险、银行贷款甚至婚姻方面都会有困难。

汤加和其他太平洋国家一样,面临着严重的健康问题。越来越多的人受到糖尿病和肥胖的影响。而基因研究有助于发现病因、找到治疗方法和预防策略,因此,Autogen 公司认为他们的研究不会遭到反对。他们利用汤加的专制体制,跳过公开讨论,直接推行基因研究。所以当这项协议被公之于众后,教会和民主团体认为基因收集是对当地传统的不尊重。而且只征求个人知情同意之后就收集基因,没有考虑到汤加当地大家庭的社会结构。他们还认为,遗传物质是由上帝所造,这种基因开发的行为是一种剽窃。此外,预期的效益不仅不高,而且还受制于产品上市的条件,因此种种,该项目最终于 2001 年下半年取消。

议程不断拓宽

有关生命伦理学的教科书都有自己的明晰主题,包括从产前(流产),生殖(体外受精、代孕母亲、产前筛查),遗传学(基因筛查、基因治疗)到死亡(杀人和放任死亡、脑死亡、预先指示)。在生命的开始和结束之间通常会有一些问题,如资源分配、医学研究和器官捐献。大多数教科书结构类似。有些书可能更偏重理论研究,但相关学科的书长久以来都是大同小异。

前面的例子说明了当今的生命伦理学是如何超越其传统范畴的。医疗旅游、人道主义救援或贩卖人口等议题以前从未列入生命伦理议程。同时,Muñoz 的案例也表明,传统的话题也能继续引发生命伦理学的争论。虽然话题确实更加广泛了,但这类话题的"新颖性"是存疑的。例如腐败和剥削等现象一直存在;人类的脆弱性也不是最近才有的顾虑;从古至今人类都饱受灾难的折磨。生命伦理学真的有什么新进展吗?

为什么生命伦理学出现在 20 世纪 60 年代和 70 年代? 回答这个问题需要回顾历史。医学自诞生以来就与医学伦理学密切相关。这个问题将在以下章节中探讨。但最容易想到的答案是医学科技的进步,许多引发医学和医疗道德争论的案例都与技术使用有关,这些技术对人类生活有着重大影响。肾透析、心脏移植、复苏技术、体外受精、产前诊断——这些都是超越传统医学伦理边界的新技术。因此,生命伦理学作为一门新学科应运而生,并在过去50年中发展壮大。最近发生了什么变化? 上面的例子有一个共同的特征:全局维度。如今医学和卫生保健已成为国际活动。临床研究外包给发展中国家;人体组织被走私出境;在一个国家收集的基因信息,到另一个国家加工成产品;如果不允许代孕,人们可以通过互联网去其他地方通过其他途径来满足生儿育女的愿望。然而,这不仅仅是说伦理争论有了新的话题,当今全球视野下的医疗保健也证明现有的伦理方法的确存在问题。新的话题增加了,但争论本身也变化了。例如,人类的身体和器官只能作为自愿赠予,而不能作为商品出售的道德理念越来越难以维持,因为在一个国家捐赠的器官,可以运往另一个国家出售。有些人可能从道德层面反对利用妇女做有偿代孕,可对她们来说,这是解决贫困的合理收入来源。因此,全球化不仅拓宽了生命伦理学的议程,增加了新的伦理关注主题,也增加了传统主题讨论的范围。引发人们对如何在世界范围内讨论这些主题的思考,即是否存在一种伦理框架可以符合所有人的价值观?

理论框架更加广泛

全球生命伦理学是要寻求一个适用于全球范围的伦理框架。自从生命伦理学在许多国家出现、发展以来，基于特定的文化、政治和经济背景下形成了不同的伦理框架。例如，在西方文化中，人们非常看重自主权，患者希望了解自己的治疗情况，并希望由自己来决定可行的治疗方案和干预措施。在其他的文化中，对于自主权则没那么看重。例如，在汤加，大家庭很重要。参与决策的是家庭而不是个人。由于家庭较小，个人隐私难以得到保护。此外，财产的概念是不同的。他们相信遗传信息和物质是由上帝创造而不是人的私产。这一案例强调了两点。首先，在不同的文化背景下基本的伦理观念有差异（如自主决定和个人所有权）。其次，在这样的环境中套用目前的生命伦理学框架是存在问题的。

另一方面，在其他环境下不使用生命伦理学的伦理原则意味着双重标准，这样会导致剥削和滥用的发展。既然在西方国家切除人体器官需要知情同意，为什么在其他国家不采用这种规范呢？为什么乌克兰家庭没有权利得知他们亲人的尸体如何处理？印度出现的代孕问题，女性真的可以自由决定吗？利用代孕服务到底是出于对不同文化价值观的尊重，还是金钱力量驱动下地位不平等的结果?

因此,全球化背景下的医学和卫生保健引入关于伦理框架适用性的讨论。全球生命伦理学有两种方法。

第一种是认识到当前框架的局限性。它们都受到各自文化环境的约束。在其他国家进行生命伦理学研究需要深入了解该国典型的伦理观念和原则。全球生命伦理学基本是各种伦理学方法的标签。实际上,它包含了各种生命伦理学,包括中国的生命伦理学、非洲的生命伦理学、甚至地中海的生命伦理学,还有犹太教和伊斯兰教的生命伦理学。如果真的存在适用于所有条件下的伦理框架,那么它的基本特征一定是尊重。其实多种角度看问题更加有趣,因为人们可以了解类似的问题在不同的环境中是如何处理的。

第二种方法是阐明需要建立一个真正的全球伦理学框架。这一框架不仅要承认其他文化和价值体系的伦理关系,还强调人类有同样的尊严、需要和利益,如此一来,类似的权利、原则和价值可以适用于任何地方、任何人。制定这样一个框架非常困难,不能简单地将生命伦理学中的基本伦理原则生搬硬套,因为它们只适用于自己特定的文化。但是另一方面,如果文化环境明显不公正、不平等或具有剥削性,我们也不能任其摆布。生命伦理学的作用不是证明那些影响人们健康、疾病和残疾的条件是正当的。相反,生命伦理学应该在适用于人类的伦理论证和实践基础上帮助改善这些条件。为什么我们关心海地等其他国家的情况? 人道主义援助的激增表明很多人确实如此。许多医生和护士前往海地提供实际援助,他们与受苦受难的人团结一致。全球生命伦理学提出了一个规范性的观点:我们应该关注,因为有一个包容的伦理原则框架激励着我们,甚至迫使我们这样做。这个框架指的是一种道德秩序,高于个人生活的特定文化背景或价值体系。我们现在生活在一个全球道德共同体中,每个人都有共同的基本原则。从这个意义上说,全球生命伦理学是人道主义的新语言,强调我们是对彼此负有责任的世界公民。距离和边界在道德上无关紧要。

全球生命伦理学

全球生命伦理问题已经进入到了一个新的阶段,或者说产生了一种新的生命伦理学。本书的目的是澄清和解释什么是全球生命伦理学。它较过去半个世纪发展起来的生命伦理学(即所谓的"主流生命伦理学")有更广泛的议程和理论框架。这是两个特性的结果。首先,全球生命伦理学已经成为一门世界性的学科,因为它关注人类的伦理问题,不再局限于世界上的某一个国家或地区,或世界上某一部分群体。第二,全球生命伦理学是包容的,因为它考虑到不同人群的伦理价值观和原则,而没有让某一套特定的价值观和原则占主导地位。以下几章中将会探讨全球生命伦理学的出现及其特点。研究全球化现象及全球化现象对生命伦理学的影响非常重要。存在两种观点:因为科学技术的发展在医疗实践和研究中产生了伦理问题,生物伦理学开始在一些国家出现;不过科学技术的全球化也会产生类似的伦理问题,现在几乎所有国家都存在这种情况。从这个角度来看,道德问题一直与科学技术相连。本书的另一个观点是,全球化本身已经成为道德问题的根源(根据经济实力)。由于全球化的特殊进程,从根本上改变全世界人民生活的社会、文化和经济条件的不是规模,而是道德问题的类型。例如,在许多国家,大多数人根本得不到科技进步的好处。伦理问题是社会不平等、不公正、暴力和贫困的结果。不断变化的社会环境对人类健康和福祉产生了负面影响。总的来说,到目前为止,全球化导致了私人和商业医疗服务的增加、社会保障和政府保护的减少。这使得社会中较富裕的成员更容易获得医疗保健,而其他群体则变得更加脆弱。科学和卫生保健的经济背景还与腐败、器官和身体组织的贩运以及科学不端行为有关。如果这种全球化产生伦理问题,那么全球生命伦理学就不是一个不同的阶段,而是一种新的生命伦理学。

本章重点

- 西方国家的生命伦理学自 20 世纪 60 年代和 70 年代以来,随着医学和卫生保健领域科学和技术进步的力量而发展起来。

- 这一特定的起源反映在生命伦理学的议程中,生命伦理学传统上涵盖了从人类个体生命的启始到结束的各种主题。

- 在全球化的进程中,由于医疗保健和医学在全球的传播,生命伦理学面临着更广泛的挑战。

- 全球化不仅带来了新的争论话题,也对现存的生命伦理学伦理框架提出了质疑。

- 其结果是一个新的阶段或一种新的生命伦理学:全球生命伦理学。这本书将探讨这一点。

第 2 章
从医学伦理学到生命伦理学

尽管"医学伦理学"一词在 19 世纪就首次被使用，但许多学者认为，医学实践一直与医学伦理学联系在一起。健康和疾病、治疗和护理必定是从医学作为一种专门的治疗活动起就产生了伦理问题。医生们希望通过恪守高尚的道德标准来彰显自己的医德仁心，以获取患者的信任。但事实上，我们不知道过去的伦理问题是否与后来"医学伦理"这个新名词出现时的伦理问题相似。许多早期的出版物，以及来自其他文化的著作，都不符合当前的医学伦理观念。他们在宣扬医德、行为或职责方面有分歧，而在强调医生的个人素质方面有一致之处。医德是医学家的话语。这种强调很长一段时间内人们都欣然接受，但在第二次世界大战之后却出现了问题。

良医

在西方，希波克拉底（Hippocrates）（公元前四世纪）

被称为"医学之父"。他是与希腊著名哲学家苏格拉底（Socrates）和柏拉图（Plato）同时代的人。在他看来，医学应该把疾病和痛苦从神话和奇幻思想中解放出来。医生应该根据经验和理性推理行事。希波克拉底认为人们不能再认为疾病出于超自然的原因。疾病的来源在自然界中可以找到并不是什么奇迹。医生应作出准确的观察并进行实验，以确定是何种病理过程，以及救治方法。希波克拉底认为这种观察和分析的科学方法应该与伦理方法相结合。一个好的医生需要有能力和技巧，但也要有责任心和应变能力；并且需要遵守一定的道德准则（如各种法典中所规定的）。

　　古希腊医学在伦理学方面并不是独一无二的。治疗活动和人类一样古老。古代美索不达米亚以其医学水平而闻名。《汉谟拉比法典》（公元前18世纪的巴比伦国王）被誉为保护患者免受庸医伤害的第一部法典。埃及医生认为Imhotep（公元前27世纪）是医学的奠基人。在古印度Ayurveda医学中，Sushruta和Charaka也扮演着同样的角色。他们建立在一个古老的传统之上，在这个传统中，印度医生接受了Vaidya誓言，宣誓绝对会优先照顾患者。中国传统医学之父孙思邈制定了类似于希波克拉底誓言的伦理条令。一个好医生应该是无私的，镇定的，坚定的，富有同情心并且拥有一颗"开放的心"。因此,在不同的文化中,医学作为一项专注优秀且可靠的活动,或会强调医生个人的德行,或会强调其专业性。

孙思邈:《大医精诚》

"凡大医治病,必当安神定志,无欲无求,先发大慈恻隐之心,誓愿普救含灵之苦,若有疾厄来求救者,不得问其贵贱贫富,长幼妍媸,怨亲善友,华夷愚智,普同一等,皆如至亲之想。"

医德

许多关于医学和医学伦理的古代文献更多是学校的产物,而不是个人的作品。这些文献表明,有一群对医学有特殊看法的医生,他们把科学与道德要求结合起来;这就是他们区别于其他类型治疗师的地方。这一愿景的意义在于,它解释了医学对其从业者具有特定的伦理含义:他们必须致力于一套特定的道德规则;他们必须表现出某些美德,例如同情心、正直、诚实、自控和谨慎。为了表现自己有能力,医生需要成为一个有道德的人。

由于医患关系存在不对称性,所以医德很重要。患者需要帮助,属于弱势群体。医生是主动的一方,患者则是被动的,所以医德能引导医生以患者的最大利益为导向,帮助医生履行义务。这些道德素质需要培养、训练和发展。因此,对医生的培养不仅仅是操作和技术能力,还是把一个人变成优秀专业人士的漫长过程。

行为准则

医学伦理学的另一个特征是法典化,即对专业人员行为规范和准则的表述。虽然像汉谟拉比法典这样的法典在古代就已经存在,但在 18 世纪、19 世纪,由专业人员自己制定的明确的规则和规范开始流行起来。当时,医学的发展,医院的建立,商业化的迅速发展以及对医疗需求的增加,导致了这样一种看法,即通常的道德标准已经不再满足需要。例如,医生之间的竞争和对抗日益加剧,这是无法通过呼吁医生个人的道德感来解决的。只有为整个医疗行业制定集体标准,这些问题才能得到解决。通常认为英国医生 Thomas Percival(1740—1804 年)是这种从个人品德到职业道德转变的功臣。他鼓励专业合作,并认为当医生有争议时,他们需要统一的规范,就好比他们作为同一个专业,决定什么是可靠的治疗,如何进行科学实验,以及什么是客观证据或高质量的护理一样。如果医生作为一个专业团体能够表现出这种自我调节,他们也将获得患者的尊重和社会信任;他们还将被授予集体自治权。Percival 在 1803 年以《医学伦理学》的名义发表了他的规则。这是"医学伦理"一词首次出现在出版物中。

当医生职业协会建立时,Percival 的医学伦理学方法变得很有影响力。1847 年,美国医学会(AMA)的第一个活动之一,就是在其著作的基础上制定了一套道德规范。通过这一准则,引入了一种新的医学伦理观,强调职业责任而不是个人美德。

伦理学目标

在众多不同文化中,医学和伦理学发生融合的事实表明道德问题一直被视为医疗实践的基础。但是强调道德并不是没有原因的。在希腊早期,希波克拉底式的医生活跃的时候,每个人都能以医生的名义提供医疗服务。没有职业身份认证,也没有统一的护理或治疗标准,患者只能在众多相互争斗的医生中自己甄别。在这一医疗市场中,希波克拉底式的医生试图通过遵循道德规范以及运用严格的经验主义方法将自己和那些人区分开来,他们并不看重钱。Percival 伦理学的出现正是为了应对新医疗机构和商业医疗的增长。特别是在新医院当中,医生、外科医生和药剂师需要合作。个人品德对于个人行为来讲很重要,但在这种新的环境中仍不足以消除争斗和竞争的关系。因此,Percival 强调专业人士的社会责任具有特权。他们需要的不是个人美德,而是出于良好合作的职业道德。在最近一段时间里,医学协会所采用的道德准则一直被怀疑,因为道德被用作一种杠杆,来垄断特定类别的医生。

也许经济利益已经成为了医学伦理学发展的驱动力,但同时,人们也担心经济利益对医疗实践可能产生负面影响。很多早期的医学伦理记载强调,德高望重的医生不应该为金钱所动。医生的首要任务应该是治愈患者;这正是医生与其他只为赚钱或卖药之人的区别。同样,《美国医学会法典》是在一个高度商业化的环境中编纂并通过的,但实际上是为了纠正市场缺陷,例如,通过禁止广告和通过发放许可证确保从业人员可靠。美国医药协会还提出了一项关于药品的"伦理"政策,主张不再将保密成分的专利药物直接出售给公众。

职业道德

今天,《美国医学会法典》被誉为第一个现代职业医学道德规范。这是医生们第一次敢于打破传统的道德伦理,一种建立在医生个人素质基础上的道德。他们自愿接受了文件中为了统一标准而制定的规则。这确实是医德向职业道德的根本性转变。但是《美国医学会法典》在美国以外的影响是有限的。

许多欧洲国家采取了另一种方法:"医学义务论"。这个词最早出现在1834年,是英国哲学家、功利主义伦理学创始人Jeremy Bentham的一本书的标题。义务论是伦理学的实践部分(如Jeremy所写,'义务使道德变得容易'),它涉及义务的分配。对Jeremy来说,责任和利益是紧密相连的,两者都与美德有关。存好心意味着做好事。两者都符合个人本身和其他人的利益。Jeremy的思想在法国很有影响力。Maxime Simon在1845年出版了一本著名的关于医学义务论的书,书中指出,医生这一职业对其成员施加了严格的道德约束。医学被视为一种"高尚的职业",要求医生既要有经验也要有良知。Simon系统地讨论了三种类型的职责:①医生对自己和对科学的职责;②医生对患者的责任;③医生对社会的责任。对Simon来说,医学伦理的核心是医生个人。如果我们想要改进或改变医学,我们就需要专注于改变医生。

当时欧洲盛行的观点认为医疗义务属于个人道德的范畴,而不需要以法律的形式进行规定,其影响力至少延续到20世纪中期。原因之一是,与美国相比,欧洲的职业协会成立得较晚,而且最初并不重视医学伦理。

在英国,英国医学协会(1832 年用另一个名字成立)从来没有成功地通过一套道德准则。在法国,自 1845 年以来,在地方和区域各级建立了许多医疗协会(或工会)。1858 年成立了国家一级总协会,1881 年成立了全国医疗联合会。尽管个别医生发表了有关医学伦理问题的文章,地方组织也制定了义务论法规,但这两个全国性组织都没有采用任何伦理规范。德国著名的医学科学家 Rudolf Virchow 表达了德国医生的普遍看法。1885 年,他在柏林医学协会的一次正式演讲中宣称,在这个组织中没有必要制定道德规范,他为此感到自豪。Virchow 自豪地解释说,没有必要把医生的职责写在外部规范中,因为他们已经把这些规范内化了。

职业道德的多元化发展有着不同的背景。由于教育多样化,质量参差不齐,医生的培训方式也不统一,所以美国医学会的最初目标是改善医学教育。但由于培训和教育的多样化,医疗实践也比较混乱。为了建立一个专业社区,特别是在医学科学迅速发展的当下,显然需要统一的行为标准和规则。在欧洲,情况则没那么紧急。医学伦理学继续强调行医者品德的重要性同时强调他们的职责。与此同时,新兴的保险公司、日益增多的国家干预和患者维权活动带来了挑战,但也拓宽了医学伦理的概念。在法国、德国等,医生面临的社会福利以及互助协会的新问题也日益增加,如工伤和医疗诊断。这些现象说明每位医生都担负着社会义务。社会在变革,编纂工作重新被认定为用以建立职业团结和阐明职业道德的工具,以抵制日益增长的国家影响。1947 年,在医学协会和政府的共同努力下,法国医学义务法典最终被采用。其中一节是兄弟责任:即医生对他的同事负有责任;他也有义务为他的同行提供"道义上的帮助"。Percival 之前也表达过同样的观点,他强调伦理是一种"团队精神"(一种成员间共同的同志精神)。医学伦理是同事之间共同的职业道德。

回顾过去,医学伦理学法典化似乎是最近才开始的。长期以来,许多国家仍然把医学伦理视为一种个人承诺,要么是通过宣誓要么是接受义务论的方式。然而,随着时间的推移,这种个人承诺变成了一种职业道德。但仅仅将某些美德和责任内化是不够的,而且,鉴于医疗实践的社会条件不断变化,还须将职业行为的义务外化为行为准则,但根本的理念是相同的。医学不仅仅是一份工作,也是一种特殊的职业——需要道德框架的职业。"职业"一词来源于拉丁语 professio:一种公开声明或承诺;它指的是公开宣布自己是某一职业的一员并负有特殊道德义务的行为。由于医者要拥有特殊的知识和技能,所以它需要长期的正规培训。但医学也注重重要的社会价值,如健康和生命保护。因此,它的专业知识受到社会的重视,社会也承认专业人员的权威。这一职业的从业人员享有高度的自主权。他们的专长是对诊断、预后和治疗作出实际判断。由他们自己决定练习的方式和条件,干预的好处和坏处。因此,专业决定了它自身工作的性质,并规定,新成员加入要合议纪律。享有这些特权是因为专业人士已经接受了一套道德标准;他们致力于为他人服务,并负有特殊的义务,这些义务通常以道德准则的形式表现出来。

职业道德的共同特征

- 实践所需的专门知识
- 大量而长期的正规培训
- 关注重要的社会价值观
- 社会认可的专业人员的权威
- 专业自主权
- 自我管理
- 为他人服务的理念
- 特殊义务(道德规范)

压力之下的医学伦理

传统的医学伦理观念强调专业人员的品德、行为和职责,在二战后的几十年里,这一观念出现越来越多的问题。三个方面的发展使这一概念面临压力。

a. 医学界的批评

自20世纪60年代以来,职业就因其政治和文化影响而受到严格审查。它们被视为垄断机构,主要从事保护其成员的特权和地位。他们也因其权力而受到批评。职业不再是为他人服务,而是日益被视为服务于自身利益的机制。尤其是医学界引起了不满。人们不仅认为,医学在促进健康方面的作用被高估了,甚至认为它本身也在危害人口和个人的健康。在日常实践中,职业道德是由自身利益驱动的;他们只是想通过将日常生活和行为的更多领域"医疗化"来扩大自己的权力。医疗行业已经成为社会控制的主要机构。它造成了新的疾病负担,增加了致残性依赖,削弱了个人应对疾病和痛苦的能力。

医疗化

"医疗机构已经成为健康的主要威胁。对专业医疗保健的依赖会影响所有的社会关系……一个以专业和医生为基础的医疗保健系统,如果它已经发展到超出可容忍的范围,那么它就会出问题,原因有三:它所造成的伤害肯定超过其潜在的好处;它只会掩盖对社会发展不利的政治条件;它往往会剥夺个人自愈以及自我打造环境的能力。"

b. 科技的力量

20 世纪 50 年代和 60 年代见证了医学科学和实践的空前进步。新的诊断技术如纤维内镜和冠状动脉造影被引入医疗实践。创新的外科手术带来了人工晶状体植入、髋关节假体和起搏器。在第一个有效的抗菌药物——青霉素在战争期间问世之后,口服避孕药和糖皮质激素等药物也开始出现。这些新的干预措施导致了医疗实践的巨大变化。但他们也引发了道德争议。20世纪 50 年代,为治疗脊髓灰质炎患者而建造了人工呼吸器,从而建立了重症监护室。维持生命的技术也引发了新的问题:人的死亡时间该如何界定;何时需要重症监护;如果患者死亡,可以撤去医疗设备吗？ 1960 年,肾脏透析首次被应用于挽救一位肾脏患者的生命。然而,当时的机器很少,患者太多,所以问题是,应当治疗谁,应该放弃谁？ 1967 年,进行了第一次心脏移植。这种干预导致了对死亡定义的重新思考。当挽救一个患者的代价是另一个患者的死亡时,不造成伤害和促进个别患者利益的传统伦理会无解。生与死的界限变得模糊,医生的职责也变得模糊。

与此同时,医学也发生了重大的变化。临床研究迅速扩大,越来越多的新药在各种人体进行试验。基础科学也取得重要进展,1953 年,Watson 和 Crick 发现了 DNA 的结构;这为遗传学的革命性发展打开了大门。随着对生命起源和疾病机制具有重要意义的生物分子过程的日益了解,创造了人类生命本身可以被操纵和改变的可能性。

c. 社会变革

社会环境不断变化,出现了对医学专业的批评和对科技力量日益增长的关注。传统医德中以医生为权威,患者为被动服从的不对称医患关系不再被人们接受,医学专业人员的家长式作风也开始受到批评。还有一种更为根本的批评认为医学已经变得不近人情了。医学知识在扩展,但医疗保健却在变差。卫生专业人员对疾病和干预措施比对患者更感兴趣。用墨西哥哲学家 Ivan Illich 的话来说:"病人被简化成一个需要被修复的物体,而不再是一个需要帮助治疗的对象。"在这种环境下,一种新型的现念应运而生,他们运用自身权利要求新的公共管理机制。患者思想正在解放。他们强调自身权利,而不是医生的医德和职责。医学伦理被认为是专业人士继续占据主导地位和权威的原因,而当今的公民是自我决定的人。既然患者是利益相关方,是受苦受难的人,他们应该掌握自我控制权。在日常实践中,道德理想与卫生专业人员的实际行为之间存在差距。医生专注于研究,以科学知识和技术为动力,但对患者没有任何同理心。

连续性和不连续性

尽管 Percival 在 1803 年引入了"医学伦理学"一词,但人们并不清楚医学伦理学的历史始于何时。人们倾向于认为,从医学诞生之初,就存在着类似的伦理问题。如果我们想要确定医学伦理何时转变为生物伦理,也会遇到类似的挑战。生物伦理学到底是新问题还仅仅是旧问题的新形式?它是在处理从一开始就困扰着医学的一系列标准的伦理问题吗?然而,很明显,在 20 世纪 60 年代和 70 年代,从传统的医学伦理概念向新的伦理学概念发生了转变,尽管很难确定这个新概念出现的具体时间点。同样明显的是,这个新概念与传统概念有很大的不同。

伦理学扩展

质疑医疗专业人员的权威和权力与对医生信任度

的下降有关。与此同时,技术和科学创新为治疗带来了许多新的可能性;它还将超出职业道德范畴的伦理问题提上议程。医学研究和移植的新发展也表明,患者个人的利益并不总是凌驾于科学和社会利益之上。关于这些创新可能的用途的决定常常留给医生自己去做。与此同时,一种新型的患者正在出现,他们想要掌控自己的健康和生活。这类患者拒绝家庭医生非人性化的医疗服务,要求应有的照顾和尊重。

在此背景下,职业道德的概念被扩展到各个方面:

a. 包容性

卫生保健伦理学不能仅仅针对医务人员。伦理学的进步也需要患者的参与,实际上是所有人的参与,无论患者还是健康人。它还包括其他医疗从业者,特别是护士。除了医学之外,伦理学也应该有其他学科的参与。它还需要法律、社会科学、人文、哲学、神学、政治科学、人类学和历史方面的其他专业人员的积极参与。

b. 反思

传统医学伦理学是静态的。它基本是一代一代职业的传承。它是通过案例和模型,通过观察资深从业者来学习。通常不需要显式教学。新的伦理话语需要对价值和原则进行分析、辩论和反思。没有简单现成的答案。既然伦理学是一个理性的论证而不是权威的问题,那么就需要不同人员之间进行道德对话和思考了。

c. 整体分析

新伦理学论述考虑到健康取决于许多非医学因素：营养、住房、工作条件、生活方式和卫生。人应该放在更大的社会、文化和环境背景下考虑。碎片化、专门化和非人性化的护理对个人健康的发展促进不再足够。

d. 人类的价值观

出生、疾病和死亡不仅是医学事实，而且具有价值观意义。医疗保健领域的科技创新越来越多，但是否应用这些创新的伦理问题取决于这些价值观。既然生命和人性本身已经成为科学项目，人类必须决定如何利用这些创新，并将其用于何种目的。否则，科学和技术将会左右人类发展，而不再是人类使用的工具了。弥合科学界和人类价值观界之间的鸿沟很有必要。

过渡期

医学伦理学向生命伦理学转化的时代和环境不同。重要的时刻通常伴随着糟糕的经历：

a. 医学研究的丑闻

1966 年 Henry Beecher 发表的文章，对一些学者来说，是生命伦理学诞生的决定性时刻。Beecher 分析了22 例明显违反道德的临床研究，这些研究都发表在前沿的医学杂志上。一些人体实验明显侵犯了研究对象的权利,危害了他们的健康和生命,为了科学而牺牲患者。传统的医学伦理并没有阻止这些违反伦理的行为。这表明,仅仅依赖专业人员的自律是不够的,还需要一种新的伦理方法。

对其他学者来说,决定性的时刻更早一些。战争期间的医学实验证明,专业人员的自律及对职责和医德的依赖是不可信的。纽伦堡医学审判事实上谴责了德国医学界以科学的名义犯下的暴行。1947年的《纽伦堡法典》是第一个保护研究对象权利的国际文件。它表明了传统医学伦理的阶段已经结束。应该由一个以人权为基础的新的道德框架取代它。

b. 医学技术的挑战

与新医学技术的使用相关的伦理问题常常被认为是生命伦理学诞生的原因:人工复苏、器官移植和重症监护。1960年是一个重要的时刻。动静脉分流术的发明使慢性透析成为可能,并挽救了第一例肾衰竭患者的生命。但是透析机的数量有限,所以只有少数患者能得到帮助。为了挑选患者,成立了一个由非内科医生组成的特别委员会。这引起了媒体的极大关注,并将稀缺资源分配的道德问题推到了公众争论的风口。这个案例是生命伦理学的开端,因为它表明了传统医学伦理学方法的局限性。医生们第一次把关乎患者生死的伦理问题委托给一个由门外汉组成的委员会。新技术的伦理挑战也激发了公众的争论和学术反思。最后,该案例提出了一个医学伦理学从未遇到过的问题:在医患关系的背景下,稀缺资源的配置问题无法解决;它需要考虑到公正,即在同一慢性患者群体中平衡每位患者的利益。

生命伦理学产生于对医学科学技术力量的反思。但它的出现是渐进的:从流行的医学伦理学方法缓慢过渡到一种新的、更广泛的伦理学话语。生命伦理学实际上有很多的诞生。埃德蒙·佩莱格里诺是生命伦理学的创始人之一,他把这个过渡阶段称为"原始生命伦理学"。在 20 世纪 60 年代和 70 年代,由于对医学"去人性化"的担忧,人类价值观的语言占据了主导地位。在一些欧洲国家,这也是所谓的"人类学"医学的提倡者所关心的问题。他们反对当代医学中身体与精神的界限。在他们看来,自然科学的方法论不足以理解人;医学是一门关于人的科学,因此应该对生命、疾病和痛苦有全面的认识。将医疗注意力重新集中在患者的主体性上,为重新理解医疗的道德维度铺平了道路。

本章重点

- "医学伦理学"一词最早使用于19世纪,尽管一般认为医学和伦理学从一开始就有联系。

- 医德传统的核心是从业者,强调美德、行为或责任。

- 随着19世纪职业组织的建立,医学伦理学被解释为职业伦理学。

- 20世纪50年代和60年代,传统医学伦理出现了问题,原因是:①对专业的批判态度;②医学科学和技术的力量不断增强;③随着新型患者的出现,社会发生了变化。

- 一种新的、更广泛的伦理话语逐渐出现,强调:
  - 包容性:以患者为中心的多学科方法。
  - 反思:运用理性论证和道德思考。
  - 从更广泛的健康和保健角度出发的整体方法。
  - 人类价值观。

参考文献

1　Hans-Martin Sass (2005) Emergency management in public health ethics: Triage, epidemics, biomedical terror and warfare. *Eubios Journal of Asian and International Bioethics*: 161–166 (quote page 162).

2　Jeremy Bentham (1983) *Deontology: or Morality made easy* (edited by Amnon Goldworth) In: J.R. Dinwiddy (ed.) *The collected works of Jeremy Bentham*. Clarendon Press: Oxford, pp. 117–281.

3 Maxime Simon (1845) *Deontologie medicale: ou des devoirs et des droits des medecins dans l'état actuel de civilisation* [Medical deontology: or the duties and rights of physicians in present-day civilisation]. J. B. Baillière: Paris.

4 Ivan Illich (1975) *Medical Nemesis. The expropriation of health*. Calder & Boyars: London, p. 11.

5 This critique of the medical profession is from: Ivan Illich (1975) *Medical Nemesis. The expropriation of health*. Calder & Boyars: London, p. 70.

6 Henry K. Beecher (1966) Ethics and clinical research. *The New England Journal of Medicine*, 274(24): 1354–1360.

7 Edmund Pellegrino (1999) The origins and evolution of bioethics: Some personal reflections. *Kennedy Institute of Ethics Journal*, 9(1): 73–88 (quote page 74).

第3章
从生命伦理学到全球生命伦理学

　　"生命伦理学"一词是由 Van Rensselaer Potter 提出的。Potter 认为,为了解决人类的根本问题,有必要发展一门新学科。它需要比通常的医学伦理更广泛,并将科学知识,尤其是生命科学知识与哲学和伦理学的专业知识纳入进来。该术语一旦提出立即得到了广泛认可。显然,该术语作为一个合适的标签概括了过去几十年来的各种批评和对变革的需求。但新学科并没有按照 Potter 预想的方式发展,因此他在 1988 年将其更名为"全球生命伦理学"。

Potter 的优先级问题

　　Van Rensselaer Potter(1911—2001 年)接受过化学和生物学的教育。他在威斯康星大学麦迪逊分校度过了几乎全部的职业生涯,1938 年,他在那里获得了生物化学博士学位。2 年后,他被任命为新的 McArdle 癌症研究实验室的工作人员。Potter 是一位热衷于学术的研究者。20 世纪 60 年代,他开始发表一些癌症研究领域之外的文章,如人类进步的概念、科学与社会的相互关系以及个人在现代社会中的作用等。由于他所从事的研究面临的挑战,他对更广泛的问题产生了兴趣。癌症是一个复杂的现象,需要跨学科的合作。所以科学家不能仅仅从个人和医学角度看待问题。癌症与生活方式和个人行为有关(比如吸烟),但也与致癌物质造成的环境污染有关。但只要医学研究仅关注在个人层面,那么包括可以减轻痛苦、延长预期寿命的化学疗法,或者外科手术在内的各种手段的医疗效果就会十分有限。通过预防方案,教育人们更明智地生活,才能取得更大的进展。多年的癌症研究使 Potter 确信,有必要从个人和医学的角度来进行更广泛的研究。与此同时,他感到遗憾的是,他对癌症的长期关注使他无法处理更重要的问题。Potter 将这些问题总结为六个 P,将它们视作我们这个时代优先要考虑的问题:

- 人口(population)
- 和平(peace)
- 污染(pollution)
- 贫困(poverty)

- 政治（politics）
- 进步（progress）

Potter 认为,如果我们不解决这些主要问题,人类将无法生存,医学能否成功将人类的平均寿命再延长 10~20 年就变得无关紧要了。人口增长是一个问题,因为世界人口增长的速度超过了维持人口增长的可用资源。和平本身不是问题,而是我们无法实现和维持和平。战争和暴力威胁着人类的生存,特别是在 Potter 生活的年代,核战争的威胁真实存在。同时污染也是一个重大挑战,因为它导致环境恶化。贫困使数百万人处于悲惨的境地。由于政策决策通常着眼于短期效果,所以政治上也存在问题。在政府不断变化的民主政治体系中,长期观点通常被忽视。政客们更关心的是自己的连任,而不关注人类生存。最后,"进步"一直在 Potter 的问题清单中,因为人们始终认为情况会变好。但是,改善取决于"进步"的方式和方向——并不总是越多越好。

在 Potter 的分析中,最根本的问题是如何确保我们的子孙后代有未来。如果我们不解决上述主要问题,那么未来的生活将无法忍受,人类也将难以生存。我们需要的是一个有关生存的科学。

Potter 的生命伦理学

"人类迫切需要新的智慧,这种智慧将指导人们'运用知识'来保障生存、提高生活质量。这种可以指导人们行为的智慧的概念可以称为'生存科学'。生存科学必定超越科学本身,因此,我提出生命伦理学一词,是为了强调实现这一迫切需要的新智慧的两个最重要因素:生物知识和人类价值。"

新方法:生命伦理学

对 Potter 来说,显然有必要彻底背离传统的医学伦理学。为了能够解决人类的优先问题,我们需要在伦理学方面采取创新的方法,将生命系统科学或生物知识(**生命**)与人类价值体系和哲学知识(**伦理学**)相结合。这种方法要求需根据不断增长的知识重新审视道德传统。但这还需要克服一种倾向,即把问题分解、分析、特殊化,而并非把问题结合起来、综合起来、概括性考察。

Potter 认为,生命伦理学的第一个特点是面向未来。这一点在他的第一本书《生命伦理学——通向未来的桥梁》的标题中得到了体现。生命伦理学应该是连接现在和未来的桥梁,因为,对于人类的生存而言,关注长期利益和目标至关重要。为了避免核战争或生态灾害等灾难,我们需要对未来有更积极的设想,而这样的设想只能用科学的方式达成,在利用充分的信息和知识进行评估的同时,也要判断什么是可能的、什么是有把握的。因此,确定未来的种种可能性需要科学和人文的结合。对 Porter 来说,人类长期生存是生命伦理学的终极目标。只有在"生命至上"和"生活质量"、个人利益和社会利益、环境质量和商业剥削(或者 Potter 所说的"美元至上")之间达成妥协,才能实现这一目标。

Potter 生命伦理学概念的第二个特征是跨学科性。人类的问题是多方面的。解决这些问题需要结合基础生物学、社会科学和人文科学等不同学科所有类别的知识。通常,每位专家有各自擅长的领域。我们需要的不再是更多的技术或专业知识。Potter 认为,应该创造一种新型的学术,把新旧科学知识结合起来。跨学科小组交流新思想,用新的科学知识来检验旧的思想。这是非常睿智的做法,也是达成人类生存长期目标的基础。只有弥合现代社会的两个典型鸿沟,才能产生思想和智慧:科学与伦理之间的鸿沟,以及自然与文化之间的鸿沟。据 Potter 分析,未来处于危险之中的原因之一是科学和人文学科不再交流。两个独立的领域对人类面临的问题没有共同的看法;事实的论述与价值的论述相去甚远。另一个原因是我们没有利用生物进化的知识来指导文化进化。不能确定我们的物种是否还会继续存在。自然选择可能会导致物种灭绝,因为自然选择的重点自我保护和繁殖。与此同时,我们的物种是唯一意识到进化过程并能采取措施保证生存的物种。人类有能力而且应该利用他们对自然和进化过程的知识来实现文化和社会的真正进步。人类应该建立一种以生存和发展为目标的文化,而不是把自然与文化割裂开来。

生命伦理学的第三个特征是,人是自然的一部分。我们不能继续破坏环境。用 Potter 的话说,生命伦理学应该扩大其范围,并把重点放在如何"维持人类社会的脆弱的非人类生命网络"的保护问题。在 20 世纪 60 年代,人们对环境的关注增加了。Rachel Carson 在 1962 年出版了她的书《杀虫剂的有害影响》。1967 年,超级油轮 Torrey Canyon 号在英格兰西海岸失事,造成了第一次重大漏油事故。1970 年,美国环保人士组织了全国性的地球日活动,以提高人们对环境问题的认识。同年,美国政府成立了环境保护署。1971 年,联合国宣布并确立了国际地球日。Potter 在他的《环境问题》一书中受到了环境伦理学创始人之一 Aldo Leopold 的影响。Leopold 认为,人类是生态系统的一部分,包括土壤、水、植物和动物。Potter 把他的第一本关于生命伦理学的书

献给了 Leopold,因为他坚信生命伦理学应该包括环境
问题。

生命伦理学的桥梁作用

Potter 所倡导的生命伦理学最大的特点是它桥梁的
作用。桥的主要目的是建立联系,所以它只是一种工具,
方便人们从一个地方到另一个地方。它介于"中间",引
导人们注意它所连接的事物。作为隐喻,桥梁是沟通的
象征,它指的是允许通过,跨越鸿沟,克服分歧、隔阂和
阻碍,并建立空间连贯性。大多数情况下,桥梁是人类
建造的,如果我们想过桥,就要先造桥。它们也是权力
的表达和文化的象征(比如罗马时代的渡槽,或者莫斯
塔尔的桥)。生命伦理学也不例外。它必须向不同的方
向延伸,把分离的东西结合在一起,而不是局限于传统
医学伦理的中心。对于 Potter 来说,需要同时建造四座
桥。要解决当代问题,新学科必须弥合现在与未来、科
学与价值、自然与文化、人与自然之间的鸿沟。只有这
种更广泛的接触才会产生真正不同的方法。Leopold 已
经预言,随着时间的推移,生命伦理学应该是伦理学发
展的最后阶段。第一个阶段是处理个人之间的关系;第
二个阶段是处理个人与社会之间的关系;第三阶段应该
具有更广泛的范围,即人与环境的关系。Potter 认为,生

命伦理学应该是最后阶段的实现。

Potter 认为生命伦理学是四座桥梁

1. 连接了现在和未来:生命伦理学是一条着眼于人类长远利益和生存目标的新道路。

2. 生命伦理学是将生物知识与人类价值体系知识相结合的一门新兴学科。

3. 在自然和文化之间架起桥梁,生命伦理学负责未来,运用生物现实和人类自然的科学知识来完成文化进化。

4. 作为人与自然之间的桥梁,生命伦理学是一种新的伦理学,它考虑到了新的生态学,并将人类与环境联系在一起。

生命伦理学的兴起

生命伦理学自 20 世纪 70 年代以来发展迅速,Potter 自己也惊讶地发现,学术界和公众辩论中很快使用了"生命伦理学"这一新术语。从美国开始,成立了专门机构,并成立了第一家专业协会和第一份学术期刊。1974 年成立了国家生物医学和行为研究保护人类受试者委员会是一项重要事件。可以说是全国第一个生命伦理委员会。作为旨在规范人体实验领域立法的结果,它表明,生命伦理学不仅作为一门学术学科得到了扩展,而且作为公众和政策问题也得到了关注。随着美国生命伦理学的发展,其他国家也出现了类似的发展。

生命伦理学早期历史的里程碑

1969年,美国:社会、伦理和生命科学研究所[黑斯廷斯中心(Hastings Center)]

1970年,美国:健康和人类价值协会

1971年,美国:Joseph和Rose Kennedy人类生殖和生物伦理学研究所[乔治敦大学(Georgetown University)]

1971年,美国:第一期《黑斯廷斯中心报告》

1972年,阿根廷:医学人文学院

1974年,美国:国家生物医学和行为研究对象保护委员会

1974年,荷兰:马斯垂克(Maastricht)卫生保健伦理部

1974年,比利时:在鲁汶医学院建立伦理委员会

1975年,西班牙:巴塞罗那生物技术研究所

1975年,英国:第一期医学伦理杂志

1976 年,加拿大:蒙特利尔生物伦理中心

1978 年,美国:生命伦理学百科全书

1983 年,法国:国家生命与健康科学咨询伦理委员会

1984 年,瑞典:全国医学伦理委员会

1985 年,欧洲医学伦理中心协会

备受瞩目的案件推动了体制方面的进步。1972 年,报纸披露了 Tuskegee 的研究。自 1932 年以来,患有梅毒的贫穷黑人男子被纳入一项政府资助的研究,但他们从未被告知自己是研究对象。也从未被告知可以使用青霉素进行有效治疗。公众对这种不道德研究的强烈抗议致使国家委员会的成立,该委员会制定医学研究的道德标准和建议政策。Tuskegee 的案件是一个明显的信号,表明专业的自我监管仍是不够的,对医学研究的严格监督很有必要。几年后,另一起案件质疑临床医学的专业权威。Karen Ann Quinlan 处于植物人状态,靠设备维持生命。她的父母要求停止人工肺通气,这样 Karen 就可以死去。医生和医院都拒绝了。1976 年,新泽西最高法院裁定,作为 Karen 的监护人,父母的意愿应该得到尊重。其他地方也发生了类似的情况。1973 年,Postma 一案的法律裁决指出,在特定情况下患者选

择死亡是合理的,这在荷兰引发了一场关于安乐死的激烈的公众辩论。1978 年,英国试管婴儿 Louise Brown 的出生引起了世界范围内的道德争论。新的生殖技术和生物科学影响甚至使创造人类生命成为可能,此事促使法国在 1983 年成为第一个设立国家生命伦理委员会的国家,该委员会的任务范围比医学研究更广泛。

更全面的范围

与医学研究和技术发展有关的伦理问题的争论表明了医学伦理的两个变化。首先,道德讨论不再集中在专业人士的行为上。许多伦理问题超出了对良好行为、职责和美德的通常定位。出现了与死亡、继续或放弃治疗、生殖技术和稀缺资源分配有关的新的伦理问题。因此,医学伦理学的范围已大大扩大。其次,关于伦理的争论已不再由医学专家掌握。媒体、决策者、律师和卫生管理人员都参与其中,但首先,公民开始意识到伦理问题的重要性。Tuskegee 和 Quinlan 等案例证实,必须通过强调患者的权利来取代自我管理,并由第三方(尤其是法院和伦理委员会)进行审查。

这种医学伦理的扩展发生在 20 世纪 60 年代末和 70 年代初,华盛顿乔治敦大学的一个新研究所发挥了主导作用。在产科医生 André Hellegers 的鼓动下,肯尼

迪人类生殖与生命伦理学研究所于 1971 年成立。这是
第一所专门研究生命伦理学的大学。其基本思想是创
建一个科学与伦理学相结合的跨学科环境,以研究医学
和医疗保健领域出现的新问题。正是这种乔治敦模式
为生命伦理学领域的进一步发展奠定了基调。仅仅 3
年后,"生命伦理学"一词就被广泛使用。

学科

在较短的时间内,生命伦理学最初被设想为一种观
点,现在已经成为一门独立的学科。许多学校都开设了
教学课程。建立了卫生保健机构的伦理委员会和伦理
咨询服务网络,以及蓬勃发展的研究项目、学术期刊、教
科书、会议和协会。引入了新的概念(例如自治、公正和
知情同意)。详细阐述了具体的方法和理论(例如基于
正义或尊重个人自主权的原则)。在最初的 20 年里,哲
学研究和语言主导了该领域。现在生命伦理学被描述
为应用伦理学的一个分支。这门新学科以原则主义为
范式,即相信其伦理框架是基于原则的理念。这一观点
在 1978 年出版的《生命伦理学百科全书》中给出的定
义中得到了表达。它在 Beauchamp 和 Childress 的《生
命医学伦理学原理》中被奉为经典,这是这一新学科最
有影响力的教科书之一。

基于原则的生命伦理学范式

生命伦理学是"在生命科学和卫生保健领域对人类行为的系统研究,因为这种行为是根据道德价值和原则来审查的"。

生命医学伦理学是将一般伦理理论、原则和规则应用于治疗实践、医疗服务、医学和生物学研究等问题的学科。

在这一概念中,伦理学有四个任务:澄清概念;分析和构建论点;权衡备选方案;以及建议可行的行动方案。这些任务可以应用于研究、临床和决策。由于生命伦理学关注的是具体的困境,因此,它可以将哲学理论与实际案例分析联系起来,并为政策提供方向。

在生命伦理学的早期,人们就要求采用基于原则的方法。国家委员会的任务是确定从事涉及人类研究的基本伦理原则。在其《贝尔蒙特报告》(1978年)中,有三项原则得到了区分,即尊重人权(或自主权)、仁慈和公正。Beauchamp 和 Childress 提出了四项原则,在其他三项原则的基础上增加了无恶意原则。虽然人们对原则的相对重要性产生了分歧,其他学者也在阐述基于较少或较多原则的理论,但这种方法很有吸引力。原则提供了对理性和经验开放的道德知识来源。医学界曾经宣称,行医的道德规范只能由卫生专业人员自己来认定。对原则的降调则表明这种说法是错误的。原则对每个有理性和经验的人来说都是共享共用的。此外,原则对规范伦理学很有吸引力,因为它们具有双重含义:它们指道德公正的起点(如拉丁语术语 princium),但它们也制定了第一个最重要的行动指示(如拉丁语术语 princeps)。

关于术语和起源的争论

在 20 多年的快速发展中,生命伦理学作为一门学科和一门专业,在临床伦理学、研究伦理学、公共卫生伦理学和政策建议等领域确立了自己的地位。然而,原则主义的范式受到了越来越多的批评。阐述了现象学伦理学、解释学伦理学、叙事伦理学、诡辩学、德性伦理学、关怀伦理学等方法论和理论方法。人类学家和社会学家研究了生物伦理话语的社会文化语境,发现生命伦理实际上并不是一种普遍的、客观的方法,而是深深依赖于一种特定的价值体系。历史分析表明,生命伦理学是典型的美国发明。它不仅起源于此,而且是其个人主义、技术乐观主义和实用主义精神的体现。它有一个根深蒂固的信念,那就是未来总是可以变得更好,每个问题都有答案。

20世纪90年代,当生命伦理学在世界其他地区发展时,这些特征就成了问题。虽然只是小争议,但我们需要从以下两个方面开阔一下视角。第一个是术语。"生命伦理学"一词并没有被统一接受。即使在美国,许多学者仍在使用"医学伦理学"这个术语,但在更广泛的意义上"医学伦理学"不再指医德;其他的学者则在使用"生物医学伦理"的概念。在其他的国家,"医疗道德"是一个更为常见的术语。这不仅仅是一场语言战,它反映了人们对生命伦理学究竟是一种新的方法,还是仅仅是传统医学伦理学的一个更新形式的延续的关注。它还质疑生命伦理学话语的作用。例如,在法国,生命伦理学的实用主义是不被欣赏的。知识分子,特别是哲学家,认为生命伦理学不是一门学科,它不需要任何特殊的专业知识。它主要是关于健康、疾病、医学和生命科学的公共演讲,每个公民都可以参与其中。建立由伦理专家组成的专家机构是危险的。它们将导致道德行为的教理问答,表明伦理是个人生活的实际规则,而不是社会对科学进步的反思。20世纪90年代,德国也曾捍卫过类似但更为激进的观点。在这里,生命伦理学本身被视为可疑活动。这是一个学术计划,旨在证明可疑行为的合理性,如杀害残疾新生儿或有争议的研究,使人们想起纳粹时期不道德的科学行为。此外,生命伦理学被批评为商业利益的促进者,尤其是以美国的制药企业为代表。它是一种微妙的、软性的镇压工具,被强大的利益集团用来让不情愿的民众接受这种做法。有一段时间,德国的生命伦理会议动员的抗议者比参与者多。

第二个争议涉及生命伦理学的起源。尽管 Potter 在 1970 年秋的一份出版物中首次使用了"生命伦理学"一词,但这件事情的影响被淡化,因为肯尼迪研究所的创始人大约在同一时期也使用了这个词。因此,提出双地域出生赋予不同的生命伦理学概念相同的资历。生命伦理学是欧洲的一项创新,而且这个术语实际上早在生命伦理学作为一种运动和学科出现之前就被创造出来了,这一说法使事情更加复杂。1926 年,德国牧师 Fritz Jahr 在一份出版物中介绍了德国的新单词"生命伦理"。他的生命伦理学概念是广泛的,基于对人类和宇宙中其他生命有机体的尊重,类似于他当代的 Albert Schweitzer 所倡导的尊重生命。不管怎么说,生命伦理学诞生的历程表明,对医学伦理学范围局限的不满和对一种新的跨学科方法的需求并非突然出现的。然而,在关于这个术语及其起源的争论背后,有一个更大的问题:如何描述被称为生命伦理学的运动和学科?生命伦理学应该是一门什么样的学科?

JAHR 认为的生命伦理学

生命伦理学是一种对人类,而且对所有生命形式都承担道德义务的学说。事实上,生命伦理学不仅仅是现代的一个发现……我们行动的指导原则可能是生命伦理的要求:"以尊重生命善待生命为根本准则!"

只是另一种医学伦理吗?

对 Potter 来说,答案是明确的。他在 1975 年出,"生命伦理学"这个词已经变得时髦,但对此他很失望,因为在他看来,这只是换了个新名字罢了。他心目中的远景仅仅限于医疗问题和医疗技术。乔治敦大学对生命伦理学的解释实际上只是"重新定义医学伦理学",并没有产生新的方法,只是将传统的方法应用到新的问题上。所谓生命伦理学,是 Potter "医学伦理学的产物"。因此,他更愿意将其命名为"医学生命伦理学",以便用自己更广阔的视野来界定这一差异。首先,医学生命伦理学主要关注患者本身的视角:如何通过应用医学技术来提高、维持和延长他们的生命? Potter 认为,最基本的问题是,医学生命伦理学仍是阐述个人的伦理和个人之间的关系;它实际上并不是一种新的伦理方法。第二,医学生命伦理学只关心医疗和技术干预的短期后果,以及延长生命。第三,它与人类生活的社会、文化、政治和环境决定因素无关。最后,它不是跨学科的:它引进了哲学家和神学家,但没有认识到科学家,尤其是生物学家的关键作用。

Potter 承认,医学生命伦理学比传统医学伦理学有更广泛的研究方法。例如,它侧重于新技术,特别是在生殖医学领域,这产生了复杂的伦理问题。但在他看来,解决当今威胁人类生存的根本和迫切的伦理问题仍然太狭隘。要解决这些问题,就必须有更广阔的视野。既然"生命伦理学"一词被用在传统的医学方法中,它就不再需要更具包容性的方法、新的观点和新的综合方法。Potter 想通过限定术语来重新强调对人类未来的关注。医学生命伦理学需要与生态生命伦理学、农业伦理学等其他与人类生活相关的伦理学形式相结合。生命伦理学中的所有这些方法都应该合并到一种新的综合性和跨学科的方法中,Potter 现在称之为"全球生命伦理学"。

Potter 对生命伦理学的批判

- 这是医学伦理学的新名称;它仅限于医疗应用;关注个体的生存;涉及短期的观点和解决办法。

- 它强调个人自主,而非社会公益。
- 它是专门化的,不提供普通观点。
- 它是应用伦理学,而不是一种新的跨学科方法。
- 它没有全球视野;它的重点是发达国家特有的问题,而忽视了世界其他地区的卫生问题。
- 它对环境伦理、农业伦理和社会伦理都不感兴趣。

拓宽生命伦理学

　　要将生命伦理学转变为一个全新的名称,这个领域需要向各个方向扩展。生命伦理学现在的范围比传统医学伦理学更广,包括卫生专业人员以外的其他人,涵盖研究领域,并提供监管和监督。但它不够广泛;它的问题和关切相当有限。生命伦理学已经划定了自己的疆域,它本身已经成为一个实体,失去了桥梁的作用。它对环境伦理学没有兴趣;不认为人类对非人类生命以及生物圈的保护和保存负有责任。它对农业伦理没有兴趣;没有解决可持续粮食生产和健康消费的问题。它对社会伦理不感兴趣;不审视企业为持续增长、市场扩张和利润最大化而产生的问题。此外,它主要侧重于富裕国家和发达国家特有的问题,而忽略了世界其他地区的健康问题。还假设,在这些国家诞生和成熟的生命伦理话语可以简单地作为一个适用于所有国家的普遍框架输出。

作为桥梁的生命伦理学概念还有两个额外的含义。首先,它假设人类不是孤立的,自主的单体,而是本质上存在联系的。他们是桥梁的建造者,帮助他人。这种认为人类相互依存彼此联系的观点,与通常盛行于生命伦理学的观点不同,它强调个人的自主性,而不是社会利益、社会责任和共同利益。其次,它是动态的。概念也像桥梁;它们并不代表世界,而是引导某些事情;让我们拥有不同的体验。对于伦理学来说,哲学分析是不够的。因此,反思应该与行动主义相辅相成。

全球生命伦理学

"全球生命伦理学"的概念是由 Potter 在 1988 年出版的第二本书中提出的。它阐明了我们的新愿景,即我们需要一种伦理,能够更好地平衡人类与自然世界,并在更大范围内将医疗问题与社会、文化和环境问题联系起来。形容词"global"表明新的事物;它的意思是"世界范围"以及"统一和全面"。

全球生命伦理学

"现在是时候认识到,如果不在全球范围内考虑生态科学和更大的社会问题,我们就不能再研究医疗选择了……""因此,全球生命伦理学是'医学生命伦理学和生态生命伦理学的统一'……"这两个分支需要协调一致,形成一种共识的观点,这样才可以称为全球生命伦理学,并强调了"全球"一词的两个含义。一方面,如果道德体系是统一的、全面的,那么它是全球性;另一方面,如果一个道德体系是全球性的,那么它的适用范围也是全球性的。

生命伦理学是一种世界性的伦理学,它可以有两层含义:国际性的或全球性的。对生命伦理的问题和关注超越了国界。但全球生命伦理学不仅仅是国际生命伦理学;这不仅是跨越国界的问题,而是关系到全世界。当今的生命伦理学与所有国家都有关,它考虑到所有人关心的问题,无论他们身在何处,无论他们的宗教或文化信仰是什么。当生命伦理学在西方国家兴起时,它正在全球范围内扩展。这是一个新的社会空间,而不仅仅是国家、地区和大洲的集合。由于当今的道德问题是全球性的,所以出现了这个新的空间。在这一点上,法国哲学家和地质学家 Pierre Teilhard de Chardin 的著作是

Potter 的重要灵感来源。在 20 世纪 40 年代和 50 年代，Teilhard 预见了我们现在所说的"全球化"。他认为人类将发展成为一个全球共同体。由于行星压缩（加强交流、旅行、通过经济网络进行交流）和心灵相互渗透（增强相互联系和日益增强的普遍团结感）的过程，人类将被卷入一个不可抗拒的统一过程。人类日益认识到彼此的依存关系和共同命运。世界人口在增长，而地球面积却保持不变；因此，人们不得不更加紧密地合作。

Potter 所说的"全球"的第二个含义是指生命伦理学，它更具包容性和全面性，将传统的职业（医疗和护理）伦理与生态问题以及更大的社会和文化问题结合起来。在他那个时代发生的事件，如 1976 年意大利的 Seveso 灾难（数千人和动物受到化学二噁英的污染）和 1984 年印度的 Bhopal 灾难（一次工业事故导致多达 20 000 人因有毒气体死亡），使他相信健康与环境之间的关系。对 Potter 来说，全球生命伦理学是医学和生态生命伦理学最终融合的主流。认真对待全球生命伦理学，将意味着 Leopold 所预言的伦理学的进一步演变：从关注个人之间的关系，到关注个人与社会之间的关系，最终到关注人与环境之间的关系。在医疗领域伦理的演进反映了这样一种模式：从医学伦理学发展到生命伦理学、医疗伦理学或生物医学伦理学，我们今天正见证着全球生命伦理学的诞生。

本章重点

- "生命伦理学"一词作为一种更广泛的医学伦理学方法,于1970年由Van Rensselaer Potter在科学文献中提出。

- 污染和贫困等根本问题威胁着人类的生存。要解决这些问题,必须把生命科学和伦理学结合起来。

- 对Potter来说,生命伦理学是一种新的跨学科的研究方法;是连接现在和未来、科学和价值观、自然和文化、人类和自然的桥梁。

- 生命伦理学自20世纪70年代以来发展迅速,首先在美国,然后在其他国家。它作为一个独立的学科被制度化。作为应用伦理学的一个分支,它使用基于原则的方法来解决特定的生物医学问题。

- 对Potter来说,所发展的生命伦理学只不过是医学伦理学的另一种名称,并不是一种新的、更广泛的方法;它仍旧强调医疗、个人和短期问题;忽视了社会和环境问题;其范围和议程是有限的。

- 为了克服其局限性,Potter于1988年引入了"全球生命伦理学"的概念。它有两个主要特点:
  - 全球范围
  - 方法全面

参考文献

1　The two main publications of Van Rensselaer Potter are: *Bioethics: Bridge to the future* (1971) Prentice Hall: Englewood Cliffs, NJ; and *Global Bioethics: Building on the Leopold legacy* (1988) Michigan State University Press: East Lansing.

2　Potter (1971) *Bioethics: Bridge to the future*. Prentice Hall: Englewood Cliffs, NJ, pp. 1–2.

3　This reference is from Potter's article: Biocybernetics and survival. *Zygon* 1970 5(3): 229–246 (quotation on page 243).

4　Warren Reich (ed.) (1978) *Encyclopedia of Bioethics*. Free Press: New York, p. xix.

5　Tom L. Beauchamp and James F. Childress (1983) *Principles of biomedical ethics*. Oxford University Press, New York/Oxford, pp. ix–x.

6　National Commission for the Protection of Human Subjects of Biomedical and Behavioral Research (1979) The Belmont Report: Ethical principles and guidelines for the protection of human subjects of research. *Federal Register* 44(76): 23191–7.

7　Fritz Jahr (1927) Bio-Ethik: eine Umschau über die ethischen Beziehungen des Menschen zu Tier und Pflanze (Bio-ethics: a panorama of ethical relations of man toward the animal and the plant) *Kosmos*, 24 (quotations on page 2 and 4).

8　Van Rensselaer Potter (1975) Humility with responsibility – A bioethic for oncologists: Presidential address. *Cancer Research* 35: 2297–2306.

9　Van Rensselaer Potter (1988) *Global bioethics*, pp. 2, 76, 78.

第4章
生命伦理学的全球化

　　Potter 提出的理论在很长一段时间内都毫无影响力。他出版的作品几乎没人阅读,本人也没能得到生命伦理学界的认可。例如第一版《生命伦理学百科全书》就没有承认 Potter 所做的贡献。直到 20 世纪 90 年代,这一境况才有所改变。此时 Potter 的作品已经在世界范围内广为人知,尤其是在美国以外的哥伦比亚、克罗地亚、意大利和日本等国家。1987 年,在 Potter 思想的影响下,意大利佛罗伦萨大学的人类学教授 Brunetto Chiarelli 创办了意大利生命伦理协会(Italian Association of Bioethics)。1988 年,他还创建了《全球生命伦理学》杂志。为了让当地读者更好地理解生命科学,此杂志最初以意大利语出版。然而自 1994 年以来,所有文章都以英语发表。2000 年,Potter 在西班牙 Gijon 获得了国际生命伦理学会(International Society of Bioethics)一等奖。本章将阐述生命伦理学全球化的历程。本章的中心问题是:Potter 称之为"全球生命伦理学"
的这一应用范围更广泛的生命伦理学研究方法是怎样
出现的?

全球化

对这个问题的简短回答是:生命伦理学的背景发生
了巨大变化,因而改变了生命伦理学本身。这些变化的
关键词是"全球化"——这一复杂现象在过去 20 年里
极大地改变了人类的生活方式。学者之间就如何准确
地描述、定义和解释这种现象还没有达成共识。然而可
以肯定的是,随着新技术的出现,通信方式已经发生了
变化。计算机、移动电话、互联网、电子邮件和社交媒体
促进了人与人之间的互动并帮助人们在全球范围内建
立了联系。由国际研究组织、新闻媒体、跨国公司发起
的超越地理界限的活动也促进了全球范围内的相互依
存。同时,联合国(United Nations)和无国界医生组织
(MSF)等国际机构也变得越来越重要。全球化不是一
蹴而就的,我们最好把它理解为具有多个维度的一系列
进程。

> **全球化**
>
> 　　全球化是具有多维度的一系列社会进程,这些进程引发并加强了世界范围内的相互依存和互通有无。同时,全球化也增强了人们加深与外界联系的意识[1]。

全球化的维度

全球化的主要维度如下:

1. **经济维度**　全球化与经济新秩序的出现有关。经济新秩序将世界视为一个整体市场,消除了现有的贸易壁垒,促进了自由贸易。新型商业模式和新的金融基础设施出现后,跨国公司的实力比许多民族国家还要强。

2. **政治维度**　全球化是一个政治项目,全球化背景下民族国家、政治和治理日益"解域化"(deterritorialized)。人口、金钱和技术的流动减弱了民族国家的实力,政府间组织发挥着越来越重要的作用。同时,经济全球化又需要大量政治干预来促进自由贸易。

3. **环境维度**　全球化是由消费主义的价值观驱动的;全球化可以积累物质财富并增加经济利益,但是全球化的持续发展会危及地球的生态系统。全球相互依存意味着环境恶化将产生超越国界的影响。当下环境污染、生物多样性的破坏和全球变暖已成为世界范围内的现象。

4. **文化维度**　全球化是文化交流的过程。一种文化的产品几乎可以立即被其他文化获取。这可能使人们对文化多样性充满感激,也可能使人们担心遭到文化入侵。例如,在科学出版物和互联网通信中,英语已成为主流语言,许多现有的语言正在逐渐消失。

5. **意识形态维度**　尽管可以通过多种方式来实现全球化,但是全球化通常以所谓的"全球主义(globalisms)"为指导。全球主义是指人们认可的一系列思想、规范和价值观。至少在全球化的早期阶段,全球主义的主导思想是新自由主义(Neoliberalism)。全球主义认为市场是一种自我调节机制,其目标是消除对自由竞争的所有限制。

这些维度表明,全球化进程同时具有积极和消极的方面。全球化为交流创造了巨大的可能性,但同时也导致了语言和文化同质化的风险;全球化提供了更多的商品,但也有可能造成环境恶化。医疗保健和医学领域在全球范围内更加紧密的联系也将带来新的机遇和挑战,这在生命伦理学中也会有所体现。

全球化的生命伦理学

在不断变化的全球化背景下,生命伦理学转化为全球生命伦理学是一个渐进的过程。这一过程可以分为四个阶段。

a. 更广的范围

在第一阶段,生命伦理学的主导范式日渐受到批评。因为其重点在于个人自治,这意味着它忽略了公共利益和社群之类的概念。生命伦理学话语的个人主义给资源分配、技术评估、医疗保健的目的和公平正义等问题的研究造成了困难。黑斯廷斯中心(Hastings Center)的创始人 Daniel Callahan 自 1981 年以来就多次批评这种统治方式是"极简主义道德(Minimalist Ethics)"[2]。极简主义道德的主要诉求是人们可以自由行动并避免对他人造成伤害,然而人们难以据此进行进一步的道德判断。因为只要决策是由自治个人自由作出的,就不能从道德角度对其进行评判。这种狭义的伦理学会产生两种后果。第一种后果是公共道德将从私人道德中分离出来,仅基于自愿约定而存在。公共利益是个人利益的总和,因此道德词汇变得透明而精简。第二种后果是生命伦理学范围将受到限制。道德自主的至高无上性将许多选择变成了私人选择,而不是道德选择。我们可以不用再提出诸如"什么对我们的社会有益"或"什么是医学进步的合理目标"这样的问题。社会学家 Renée Fox 支持这一批评:生命伦理学以个人权利、自主决定权和隐私权的价值复合体为中心,同时以牺牲社会责任和社会正义为代价[3]。自 20 世纪 90 年代以来,越来越多的人认为生命伦理学应该从全社会的角度出发。强调个人自治的伦理学通常只考虑临床医学和医疗技术领域与患者有关的问题,但不能充分解决医疗选择的社会和制度背景问题。越来越多的人开始意识到人的健康状况不仅取决于医疗保健,也取决于社会经济因素。因此,生命伦理学应该开始扩大研究范围。从更具包容性的角度来看,生命伦理学应该具有全球性。

极简主义道德(minimalist ethics)

"⋯⋯某项行为或整个生活方式的唯一道德判断标准是它是否避免伤害了他人。如果能够达到最低标准,那么就没有进一步的依据来判断个人或社群的道德品格和道德目标,并以此赞美或指责他人,甚至教育他人履行更多的自身或社区道德义务。"[4]

---

b. 全球性问题

第二阶段是生命伦理学面临与全球化相关的一系

列新问题。过去,人们普遍认为传染病已不再是主要的
健康威胁:1979年,世界卫生组织(WHO)正式宣布已
根除曾经最致命的传染病之一——天花。然而20世纪
80年代初期,艾滋病被确认为一种新型致命疾病,这使
生命伦理学意识到了当前伦理学框架的局限性。艾滋
病大流行的出现强调了公共卫生和共同利益的重要
性,同时体现了社会经济背景对疾病传播的重要影响。
它还揭示了社会不平等和贫困使某些群体比其他群体
更易受伤害这一现实,比如资源匮乏的非洲国家受到
的打击尤其严重。社会环境本身还可能通过歧视、边
缘化和污名化等社会现象使疾病感染人群的处境更加
窘迫。此外,艾滋病已经成为一个全球性问题,有效的
预防和治疗计划需要在全球范围内进行实施和协调。
尽管联合国已经认识到这种疾病会对人类的生存构成
威胁,是全球性的紧急问题,但是全球治理机制依然较
为薄弱。人们日益认识到与全球化有关的问题无法由
单个国家解决,并由此催生了生命伦理学的新方法和
新思维。例如人们对人权的日益重视、关于全球正义、
药品可及性以及协助资源贫乏的国家与灾难性疾病
作斗争的必要性的辩论,所有这些都促进了生命伦理
学讨论范围的逐步扩展。此外,较早确立的生命伦理
学边界也需要扩展。为了解决公共卫生问题,我们需

要一个超越生命伦理学个人主义导向的新视野,其重点应该在于个人医疗保健以及先进的干预措施和技术。20 世纪 90 年代,其他全球性问题也进入了生命伦理学议程,例如器官贸易、医护人员的人才流失以及跨国公司的行为等。这些伦理学问题再次表明了 Potter 的观点:生命伦理学不应再只专注于个体之间的关系。

c. 全球扩张:国际化和跨文化研究

生命伦理学转化为全球生命伦理学的第三阶段是国际活动和国际合作激增。20 世纪 90 年代,生命伦理学进行了全球性的拓展。世界上所有国家和地区都主动建立了专业协会和合作平台、创建了新期刊并组织了会议。联合国教科文组织(UNESCO)和世界卫生组织(WHO)等政府间组织发起了正式的项目和活动,这表明生命伦理学已成为全球关注的问题。国际合作的一大动力是人类基因组计划(Human Genome Project)。从 1990 年开始,其年度预算的 5% 就被分配用于人类基因组学中的道德、法律和社会问题研究。1991 年,欧盟(European Union,EU)发起的一项生物医学和健康研究计划将生命伦理学列为研究领域之一,该计划筹集资金的前提就是国际合作。

全球生命伦理学的国际活动及起始日期

1987 年:欧洲医学和保健哲学学会

1991 年:拉丁美洲生命伦理学研究所协会

1991 年:欧洲生物技术伦理影响顾问组

1992 年:国际生命伦理学协会

1992 年:联合国教科文组织国际生命伦理委员会

1992 年:欧洲理事会生命伦理学指导委员会

1993 年:联合国教科文组织生命伦理学小组

1994 年:泛美卫生组织生命伦理学区域计划

1996 年:国际生命伦理学会

1997 年:亚洲生命伦理学会

2001 年:泛非生命伦理学倡议

2002 年:世界卫生组织道德与健康倡议

2003 年:阿拉伯生命伦理学与生物技术委员会

20 世纪 90 年代也是见证生命伦理学跨文化研究激增的 10 年。越来越多的出版物强调某个国家、某个地区、某种文化或某个宗教的特定生命伦理学研究方法。人们提出了典型的亚洲、天主教和地中海生命伦理学。比较研究蓬勃发展,将西方的生命伦理学与日本和菲律宾的生命伦理学进行了对比。这种对文化多样性和多元性的关注源于两种知识渊源。一种是关于多元文化主义(multiculturalism)的哲学辩论。Charles Taylor 和 Will Kymlicka 等哲学家认为,尊重文化差异意味着承认差异,有时甚至是对其进行特殊保护,而不仅仅是容忍它的存在[5]。在自由社会中,所有人都有相似的基本权利和需求。然而种族、人种、性别或宗教等因素使部分人处于被边缘化的不利地位,他们应该如何在多元社会中获得平等地位? 生命伦理学已经成为一种普遍话语,强调人类的共同需求和利益以及适用于所有人的原则。如何通过这种话语使尊重差异与认识特定文化身份相关的特定道德观点相协调? 生命伦理学所阐述的对差异性的认识来源于社会科学,尤其是医学人类学,这是第二种知识渊源。尽管伦理学问题的比较研究表明,不同文化的伦理方法和伦理观点具有相似性,但是更多时候,伦理具有多样性和异质性。这不仅表明不同文化的问题不同,甚至还表明不同文化的道德观可能会有实质性的分歧。例如:在日本,家庭成员在医疗决策中的作用比在美国要重要得多。日本通常将晚期癌症诊断结果告诉患者家属,而美国通常告诉患者本人。许多非洲国家的乌班图世界观(参见第 8 章)认为人类是相互依存的,人只能通过与他人的联结而存在。在这样的世界观中,自治个体是一种陌生的观念。

d. 全球性理论：制定通用框架

最后，对生命伦理学方法全球多样性的认识引出了一个问题：是否存在共享的伦理学原理和价值观？全球化进程使人类最终面临着相似的问题，这些问题并不局限于特定的文化，只有通过合作才能充分解决。尽管跨文化研究可以从生命伦理学的不同角度提供描述性分析和解释，但最终的问题是我们应该怎样做才能解决对人类构成严重威胁的全球性问题（如贫困、传染病和气候变化等）。因此，第四阶段面临着新的挑战。主流生命伦理学自20世纪70年代出现以来，一直受到内部批评，因为它的运作范式有限、以少数伦理原则为中心、优先考虑个人自治。现在，它也面临外界的批评，因为它的范式和原则比较符合西方文化，在其他文化中却没有共通之处。如果生命伦理学想解决全球化进程中产生的伦理学问题，就不能以原来的形式继续发展，也不能将其发展的原理应用于其他文化。生命伦理学应该认识到，它出现在特定的文化环境中，适合这种特定文化的伦理方法不能直接转移到另一种文化环境中。为了具有全球性，生命伦理学不仅要扩大范围，还要考虑到全球化带来的问题。此外，生命伦理学还需要范围更广的伦理框架。能否制定一个可以求同存异的方法？促进融合时可以尊重分歧吗？这些问题引发了为构建全球生命伦理学的新框架而进行的几次探讨。欧洲理事会(Council of Europe)于 1997 年通过了现已由 35 个欧洲国家签署的《欧洲人权与生物医学公约》(又称《奥维耶多公约》)。该公约基于国际人权法的传统,将全球生命伦理学、生物医学和人权联系起来。这是生命伦理学的重要一步,它启发了类似的全球政策文件的起草。如果具有多样性的欧洲国家可以就同一生命伦理学框架达成共识,为什么不尝试就整个世界的基本生命伦理学原理达成类似的共识? 一定是基于此缘由,联合国教科文组织(UNESCO)成员国授权该组织起草了一项生命伦理学领域的基本原则宣言。2005 年,成员国一致通过了《世界生命伦理和人权宣言》(UDBHR)。这是第一份制定全球生命伦理学框架的国际法文件。

全球生命伦理学的成熟

尽管 Potter 在 1988 年就提出了"全球生命伦理学"这一称谓,但尚需时日才能成熟,对 1970 年就提出的"生命伦理学"也是如此。对于 Edmund Pellegrino 来说,生命伦理学作为哲学伦理学的时代结束于 1985 年,当前的全球生命伦理学时代也于同年开启。然而从这个意义上讲,"全球"主要指"包罗万象"。全球生命伦理学超越了哲学生物伦理学,包括一系列专业和临床问题、社会政策问题、组织问题、社会学和经济问题以及法律和宗教问题。20世纪90年代以来,"全球"逐渐开始指代"世界范围"。随着艾滋病的流行,全球性问题进入了生命伦理学议程。"全球范围"在《生命伦理学百科全书》的修订版(1995年)中得到了反映:人们更加关注生命伦理学中的国际问题。有人认为第二代生命伦理学应涵盖社会问题和环境问题等全球性问题。生命伦理学中的"生命"不应再局限于生命医学和人类,而应承认所有形式的生命。现在,我们需要一种完全不同的伦理学方法。只有分析世界各地不同的伦理学观点并认识到全球范围内的生命伦理学差异,才有可能建立一个全面的生命伦理学框架来阐明全人类相似的关注点、价值观和原则。从这个意义上讲,"全球"是指"统一",即地球上的所有人共享。这种意义上的全球生命伦理学是2005年随着联合国教科文组织宣言(UNESCO Declaration)出现的。

1988—2005年期间,有几个重要事件代表了全球生命伦理学的成熟过程。正如生命伦理学在20世纪70年代是通过一系列研究丑闻和有争议的临床案例而诞生和发展的一样,全球生命伦理学话语也因一些引发激烈辩论的问题得到了发展。第一个典型的案例是女性生殖器残割(FGM,参见第11章)——在许多国家和地区出于多种原因实行的一种传统仪式活动。由于这种做法会损害身体健康,因此大多数西方国家已经把它视为公共卫生问题。美国等一些国家还通过了禁止这种行为的法律。女性生殖器残割也被视为一种侵犯人权的行为。1997 年,世界卫生组织与联合国其他机构一起发表声明,主张阻止并废除这种措施[6]。另一方面,人类学家则认为应尊重文化习俗。如果没有把习俗强加于自己的文化,局外人有什么依据谴责这些植根于古老传统和不同历史文化背景的习俗?

　　1997 年,研究伦理学界就发展中国家临床试验使用安慰剂这一现象展开了更为激烈的辩论。发达国家的标准治疗是将新药与现有药物进行对照,即试验组使用新药,对照组使用现有药物。然而,在美国政府赞助的非洲和亚洲艾滋病试验中,使用了安慰剂对照。有人认为,因为这些地区药物太昂贵了,所以对照组只能不接受治疗。这一论点因引入双重标准而受到批评:在发达国家有一个更高、更严格的标准,而在其他国家则有一个不太严格的标准。为什么被其他国家认为不道德的研究可以在某些国家进行? 标准治疗的相关辩论表明,医学研究已成为全球性事务。这也将"这种全球性活动的伦理框架应该是什么?"这一问题纳入了生命伦理学议程。

第三个典型案例"特洛芬案"发生在尼日利亚,涉及世界上最大的制药公司之——美国辉瑞公司。一个政府委员会曾经调查过该案例,结果表明该案例中的药物试验违反了法律和道德准则,然而调查报告从未公布。2002年,尼日利亚家庭在纽约起诉美国辉瑞公司,因为未经测试的药物对儿童造成了严重伤害(11名儿童死亡,200名永久性残疾),并且未遵循知情同意程序。由于在尼日利亚发生的事件不在美国管辖范围之内,因此诉讼被驳回。2006年,《华盛顿邮报》在尼日利亚报告泄露后报道了这一事件。报告指出特洛芬药物试验把儿童用作试验品,违反了国际规则。报道一经出版就引起了国际上的愤慨。

此后,新的尼日利亚专家委员会调查了该试验。调查发现,该试验似乎从未得到伦理委员会的批准,连批准书都是伪造的。尼日利亚的几个州和联邦当局对美国辉瑞公司提起了诉讼,并于2009年与美国辉瑞公司最终达成和解。同年,美国上诉法院推翻了先前的驳回决定。法院指出,知情同意属于传统国际法普遍接受的规范。

特洛芬案

1996年初,尼日利亚第二大城市Kano因脑膜炎流行而备受打击。在无国界医生的协助下,数以千计的儿童在设备不足的医院中接受治疗。美国辉瑞制药公司也在这里测试一种新的抗生素药物特洛芬(Trovan),此前这种药物从没有儿童口服过。父母往往不知道自己的孩子被纳入临床试验,很多参与药物测试的病例都没有得到父母的允许。辉瑞公司辩称,由于孩子父母是文盲,因此无法获得他们的知情同意。

特洛芬案是全球生命伦理学发展的重要里程碑,原因有三点。第一,它使人们认识到全球伦理学框架正在发展;至少国际人权法已经将知情同意视为普遍规范。第二,它开始关注医疗保健领域较新的方面,例如由于全球化而加剧的剥削和脆弱性问题。第三,该案例表明,即使已经就全球伦理学框架达成一致,也应将主要精力用于应用和实施框架,尤其是在生命伦理基础设施(伦理委员会、与伦理相关的立法、伦理教育)缺乏的国家。最后,不同的伦理学方法可能产生截然相反的影响。此案在尼日利亚导致了疫苗接种抵制运动,穆斯林领导人认为这是西方毒害当地民众的阴谋。疫苗接种项目应该暂停,直到可以从印度尼西亚进口疫苗。

全球生命伦理学的不同版本

人们一致认为当今生命伦理学正在经历全球化,并且正在更广泛的背景下运作。但是,对于全球化会如何影响生命伦理学这一问题,人们意见不一。由于当前议程上还有全球化进程导致的其他问题,所以并不一定存在全球生命伦理学。有人认为,如果真的存在全球生命伦理学,那么它应该是生命伦理学的子学科,专注于国际比较研究,还设有临床生命伦理学、研究生命伦理学和公共卫生伦理学等专门领域。甚至有人认为不需要新名称,因为全球化具有误导性。他们还认为全球生命伦理学并不是什么新鲜事物,只是旧问题的新表述。"全球生命伦理学"一词的真正含义尚不清楚:这是否表明生命伦理学的研究背景正在扩大?还是代表着另一种生命伦理学?实际上,答案是多种多样的,因为全球生命伦理学的定义从狭义版本到广义版本不一而足。

a. 狭义版本

这些版本赞同"全球生命伦理学"一词可以用于指代新的发展,但是否定了"它代表着一种不同的生命伦理学"这一观点。狭义全球生命伦理学至少可以分为四个版本。

第一个版本强调有关问题的伦理边界已经发生了

实质性变化。这意味着正如第 1 章中的例子所示,当今
的生命伦理学正面临着一系列新话题。由于全球范围
内的相互联系日益加强,这些话题也被提上了议事日
程。全球化使世界范围内的人口流动和产品流通变得
更加容易,这同时具有正面和负面影响。医学院校和卫
生专业人员之间的国际交流大幅增加,研究和医疗保健
领域的国际合作也不可避免。就像全球化时代的大多
数商品一样,药品和器械等医疗资源也在众多国家生
产。全球化还引发了需要在生命伦理学中解决的伦理
问题。在此版本中,"全球生命伦理学"无非是指这个
范围更广泛的议程。

　　全球生命伦理学的另一个狭义版本强调生命伦理
学的范围已经扩大。国际交流与国际合作促使人们要
考虑更多问题,但这些问题的重要程度往往不同。当前
的生命伦理学辩论专注于克隆等较为先进的问题,这些
问题主要为相对健康但忧心忡忡的富裕人群(主要在西
方国家)服务。对于世界上大多数人而言,其他日常事
务则更为紧迫,例如获得药物、水、充足的营养或基本公
共卫生服务等。在此版本中,全球生命伦理学意味着应
优先考虑议程上的某些问题,从而使生命伦理学与更多
的人相关联。它应该成为"日常生命伦理学"或"自下
而上的生命伦理学",而不是"前沿生命伦理学"。当然,

这种变化并不意味着出现了一种全新的生命伦理学。

第三种版本认为当代生命伦理学应该包罗万象，这样全球生命伦理学方法会更具包容性。全球生命伦理学是全球性的，因为它包含了与尽可能多的背景相关的价值观、概念和方法。世界正在共同发展，边界也不再重要，因此人们可以更好地比较各种道德体系和世界观。人们可以学习地中海、中国或伊斯兰教的生命伦理学，并分析这些伦理学方法之间的共性和差异。虽然全球生命伦理学是一个将所有伦理世界观的变种融合在一起的便捷标签，但依然不是本质上的新事物。

全球生命伦理学的第四个狭义版本强调话语活动。跨文化对话是构建全球伦理学框架的唯一途径。虽然目前不存在这样的框架，但是通过对话，人们不仅可以了解自身观点与其他观点的差异，还可以了解自身观点的特征。因此，全球生命伦理学倡导道德多元化，认为原则主义本身的主要范式是基于特定文化背景，并且不能将这种范式强加于具有不同伦理世界观的其他背景。然而这一版本没有提出替代观点。

b. 广义版本

对于其他学者而言，全球生命伦理学这一术语不仅是新问题或新方法的容器，也不仅仅是程序性论述。狭义版本的观点是错误的，因为能够解决全球性问题的共同道德语言是存在的。广义版本的全球生命伦理学需要的不仅仅是通用的价值观或原则,也不仅仅是存在通用价值观或原则的希望。尽管广义版本的全球生命伦理学对于哪种价值观或原则占主导地位这一问题可能存在分歧,但所有广义版本一致要求这些价值观或原则具有实用性。狭义版本不足以解决当代生命伦理学问题,因为这些全球性问题需要全球性的答案。我们生活在一个世界中,而不是完全分割的多个世界。如果今天的道德挑战没有在全球伦理学框架内得到解决,那么生命伦理学将会成为一种边缘话语,只会重申并加强全球化中发挥作用的社会、经济和政治力量。因此,全球生命伦理学是一种强调全球价值观和全球责任的新论述。全球生命伦理学的广义版本有几种形式。

第一种广义版本赋予某种生命伦理学方法绝对优势,并使其具有普遍适用性。在原则主义的鼎盛时期,这种同化方法很重要。其他伦理观终将被同化,不得不接受主导方法的价值观和原则。如今,已经很少有生命伦理学学者支持这种同化方法。实际上,这种方法在宗教或政治原教旨主义中更为典型。同时,全球生命伦理学的批评者经常通过此版本来证明伦理学方法是强加于人的。

更常见的是第二种广义版本,其中包括不同类型的世界主义。这一版本从这一想法出发:存在这样一个全球道德共同体,所有人都是世界公民,也是这个社群的成员,他们有共同的价值观、承担共同的责任。在全球生命伦理学中,至少有四种有影响力的世界主义理论。这些理论都强调人类具有推理能力,因此全球生命伦理学应以理性、规范的论据为基础。

- **功利主义理论**　认为只有一种道德标准:能对个人产生最好结果的事情就是正确的事情。对于 Peter Singer 来说,只有全球伦理学才能解决具有全球性影响的问题,例如不安全、贫困和气候变化等问题[7]。因为存在明确的道德标准,所以我们应该拒绝道德相对论。尊重其他文化并不意味着承认相对主义,与此同时,我们也应该认识到,并不是只有西方文化有智慧。Peter Singer 认为,我们应该采用独立于任何文化的理性观点,并且要超越我们自己文化的疆界。

- **能力方法**　Amartya Sen 和 Martha Nussbaum 提出的**能力方法**(abilities approach)认为人类生活和发展所必需的东西在世界各地都是相同的,即食物、衣服、住所、健康和教育[8]。只有当人们拥有选择和采取行动的自由或机会从而实现他们的能力时,才能实现全球正义。他们是否能够做到这一点不仅取决于个人特质,还取决于政治、社会和经济状况。能力即选择,能力为个人提供了自由空间,但是选择的内容可能会有所不同。据 Nussbaum 称,有一些核心能力(例如身体健康和身体完整性)对于有尊严的生活是必不可少的。 所有个体都应拥有这些核心机会。人类发展的需求在全球范围内是相同的,因此应将相同的标准应用于所有地方。

能力

　"要问的关键问题是……'每个人都能够做什么？ 能够成为什么样的人？'也就是说,该方法以每个人为最终目标,不仅要求总体或平均幸福感,还要求每个人都能获得机会。它侧重于选择或自由,认为一个真正的好社会应为人民提供一系列机会或实质性自由,然后人们可以在行动中选择是否使用这些机会和自由,这是他们自己的选择……价值观方法绝对是多元的:对人们来说,至关重要的能力成就在质量上是不同的,而不仅仅是数量上不同……"[9]

- **基于人权的方法**　认为每个人都享有普遍权利,因为人生来平等。因此,人权提供了解决全球生命伦理学问题的通用语言。这种语言关注健康和人类发展的社会前提,以及医患之间的个体互动。这是将医学问题与社会和环境问题联系起来的理想中的全球话语,涉及

个人、社区、群体和政府。在 1947 年颁布的《纽伦堡法典》(Nuremberg Code)中,有这样一个案例:一名医生由于对纳粹集中营中的囚犯进行了刑事实验而接受审判。该案例第一次将人权和生命伦理学联系起来。世界卫生组织全球艾滋病项目第一任主任 Jonathan Mann 在艾滋病大流行背景下阐述了基于人权的方法。他认为一项全球政策需要在医学、人权、伦理和健康之间建立明确的联系[10]。

• **基于契约论的方法** 重点关注社会规则和社会制度,尤其是出现全球性问题的全球性机构。这一版本指出,这些机构应保证人们获得生存必需品。许多人生活在贫困、饥饿、住房不足和基本医疗保健服务匮乏的境况中,而高收入国家人民的财产、健康状况和预期寿命在不断增加。面对这种普遍存在的不平等现象,该如何实现全球正义?既然科技、经济以及道德规范领域已经取得了巨大进步,为什么苦难在全球范围内依然存在? Thomas Pogge 通过批判性地分析全球制度回答了这个问题[11]。富裕社会的公民和政府本可以做更多的事情,例如预防全球贫困。但他们没有做到,主要原因在于他们认为自己无需为这一全球性问题负道德责任。Pogge 认为,实际上正是他们导致了全球贫困,因为损害穷人利益的全球体制秩序是由他们造成的。全球化背景下的相互依存关系影响了人们的生活。例如,使许多人陷入贫困和不平等的全球秩序正在使富裕国家的人们受益。因此,如果我们想要对制度安排进行评价,就应该选择对每个人都公平的普遍标准。

全球道德秩序

"当今世界,人类生活受到了国外社会机构的深刻影响……我们不得不承认这种全球机构在任何时候都只能以一种方式构成。如果想要向世界各地的人们证明全球机构的合理性,并就如何根据新的经验或变化的环境进行调整和改革达成共识,我们必须提出一个单一、普遍的评判标准。所有人都同意使用该标准对全球秩序和具有重大国际影响的其他社会机构进行道德评判。"[12]

---

c. 中间版本

对广义全球生命伦理学理论的批评主要来自两个方面。

自由主义(libertarianism) 认为我们没有办法克服道德多元化。我们都不了解道德,甚至没有相同的道德观念。例如,在西方,生命伦理学是一个概念体系;在亚洲,它则被视为一种生活方式。因此,构建全球生命伦理学缺乏共同的基础。广义版本的全球伦理学就是在世界其他地方推广自己的特定价值体系的方法。

社群主义（communitarianism）　强调道德价值观始终与特定社群共享的价值观、历史和传统有关。全球社群的概念是一个悖论，因为如果以全球为单位，人们是没有归属感、认同感和团结感的。社群有很多种，但是除了"有边界"这一共同特征外，社群之间没有任何共同点。以普遍性和个人主义为基本价值观的广义全球生命伦理学版本是西方社群的表达方式。

针对这些批评，全球生命伦理学制定了中间版本。中间版本没有放弃应对全球化挑战的世界主义思想，但强调全球生命伦理学不是最终产品。因为它还没能提出与主流生命伦理学中的原则主义相媲美的统一规范方法。中间版本有两个共同的概念：趋同和认识差异。

• 在一个多元化的世界中，价值观朝着共享的趋势发展，即**趋同**。目前公认的全球生命伦理学尽管还不是符合世界主义的伦理学，但正在全球化进程的影响下朝着这种伦理学的方向发展。由于一些生命伦理学方法已经全球化，因此需要对其进行仔细的审视、分析、讨论、应用、修改和重新解释。这些方法没有直接强加于世界其他地区，而是进行了修订。生命伦理学不是一种可以直接使用的进口产品。因为交流本身是文化的一部分,所以交流意味着适应和修改,有时甚至是排斥。在多元文化交流的过程中,人们将逐渐就全球生命伦理学方法达成共识。全球化意味着适应而不是同化。尽管还未被普遍接受,但全球责任和普世价值将证明它们适用于所有地方的所有人,因为它们在理性和共同利益层面是正当的。

- 第二个共同概念是**认识差异**。人们都认为全球道德共同体是存在的。也许这只是一个隐喻,但是日益加强的全球联系正从生活的各个方面培养着一个全球社群。人类正面临的气候变化和流行病等全球性威胁增强了人们的全球意识,并促使人们寻求共同方法。生命伦理学中的许多价值观、规范和原则的确是共享的,然而当人们认识到生命伦理学的主流范式和西方起源在其他文化中面临局限性后,就认为有必要提出更多观点,并发展更丰富、更全面的伦理学框架。但是广义全球生命伦理学不应强调可以通过整合主导框架来消除差异;也不应声称新的压倒性观点将抹杀不同的方法。形成全球生命伦理学框架的过程中面临的挑战是"如何区分可接受和不可接受的差异"。

中间版本认为可以通过整合一致和分歧来应对这一挑战。全球生命伦理学通常因过分简单化的全球化观点而受到批评。例如,多元文化主义认为,道德陌生人与朋友和家人之间依然存在明显差异。全球化同时具有统一性和多重性。当代人是多元文化的一部分,他们认为自己同时是荷兰人、欧洲人和世界公民。文化本身的概念也是如此,现在没有哪一种文化是单独存在且纯粹的。所有文化传统的发展都是动态过程:文化传统一定是不同成分的混合产品,并且一直在发生变化。不同的文化之间存在差异并不代表没有共同的核心。因此,相较于"多元文化主义","文化间性"一词更为恰当地体现了这一现象,因为"文化间性"承认多样性,同时又坚持普世价值观(参见第 8 章)。多元文化主义强调尊重多样性、个人自由和平等待遇,而文化间性则引入了互动、对话、参与和合作等道德词汇。趋同不是本来就存在的,而是持续活动的结果。共识需要通过互动和交流来达成。

总之中间版本的全球生命伦理学具有双重性。一方面,它是全球性的,因为它设定了一个普遍的伦理学框架;同时,它又具有地方性,因为该框架必须在多种不同的文化环境中应用。这种双重性是不可避免的。如果存在适用于全球的生命伦理价值观和原则,那么只有根据当地环境对其进行解释,才能将其应用于当地出现的问题。适用于当代人类(既是世界公民又是某特定地区居民)的东西,同样也适用于结合了共性与特性的生命伦理学道德话语。

全球生命伦理学的必需性

为了恰当处理医疗保健领域、生命科学领域和研究过程中的全球性问题，我们需要的将不仅仅是狭义版本的全球生命伦理学。生命伦理学将继续面临与科学技术进步相关的问题，第一章讨论的 Muñoz 案就说明了这一点。但是，正如其他案例所示，生命伦理学议程上还有许多其他方面的问题。这些问题是由新自由主义占主导地位的意识形态所致。金钱和商业利益的力量，而不是科学和技术的力量，给当今的生命伦理学带来了挑战。

自 20 世纪 70 年代发展起来的主流生命伦理学被批判为"有钱人的伦理学"[13]。生命伦理学往往为科学进步服务，从来不会提出与医疗和科学事业本身相关的关键性问题。生命伦理学更侧重于取悦科学界和商业界，而不是保护弱者和无权力者的权利。人们很容易将其视为一种使高科技药物更为公众和决策者所接受的方式。生命伦理学主要关注医学进展的价值和意义，但很少质疑进展本身。在这种背景下，全球生命伦理学不应"只是生命伦理学的延伸"，它必须与众不同。它必须能够批判性地揭露片面的全球化影响，不仅是对医疗保健行业的影响,还应包括对环境、社会正义、平等、科学研究和民主参与等更广泛范围的影响。全球生命伦理学应审查全球机构和跨国公司的部分政策,这些政策优先考虑经济增长而非健康和社会福祉,优先考虑减少政府支出而不是保护弱势群体。全球生命伦理学应该站在无能力者和被压迫者一边。因此我们得出结论:为了实现全球化,我们要做的不仅仅是重新定义和扩展生命伦理学。我们需要全新的生命伦理学,它不应该如此包罗万象。全球生命伦理学的重点之一是"生命"。它在伦理、健康、生命和科学的交叉点上运作,并处理在这个特定交叉点上出现的问题。采用一般伦理学理论的广义版本通常会使生命伦理学与全球伦理学混为一谈。全球生命伦理学应将世界主义理想与健康和生命科学相关的实际应用相结合。因此,我们最好选择中间版本来诠释全球生命伦理学。因为该版本考虑到了个人、社会和环境问题,还结合了普遍观点和特定观点。

与广义版本不同,本书提出的全球生命伦理学的中间版本并未将全球生命伦理学视为成品,因为它并不具备可以在不同环境中应用的详尽理论。与狭义版本不同,中间版本认为全球生命伦理学不只是各种不同方法的集合标签,也不是某天可能会实现的乌托邦式的希冀。相反,全球生命伦理学是动态的:人们认为这是一

项持续的活动;它正在发展中,正在与世界各地越来越多
的利益相关者进行持续对话;尽管它在许多特定问题上有
所分歧,但正逐渐趋同于共同的基本价值观和普遍原则。

本章重点

- 经济、政治、环境、文化和意识形态的全球化进程
  极大地改变了生命伦理学的背景。
- 生命伦理学的全球化分为四个阶段:
  - 范围更广
  - 议程上的全球化问题
  - 由国际化和跨文化研究引发的全球性扩张
  - 全球性理论
- Potter 在 1988 年提出了"全球生命伦理学"一词;
  20 世纪 90 年代,三个具有象征意义的案例表明了
  该领域的成熟:女性生殖器残割、发展中国家临床
  试验中的安慰剂使用以及尼日利亚的特洛芬案。
- 生命伦理学的全球化是否形成了一种新的生命伦
  理学这一问题依然存在争议。全球生命伦理学主
  要分为三种版本:
  - 狭义版本
    - □ 全球生命伦理学是一系列新话题的代名词
    - □ 全球生命伦理学意味着范围更广

　　□ 全球生命伦理学是涵盖各种伦理世界观方法的标签

　　□ 全球生命伦理学是一种认识道德多元性的话语活动

　－广义版本

　　□ 全球生命伦理学正在被同化为一个主流框架

　　□ 全球生命伦理学是一种世界主义理论

　　　△ 功利主义方法

　　　△ 能力方法

　　　△ 人权方法

　　　△ 契约论方法

　－中间版本强调趋同和认识差异

- 最好是选择中间版本来诠释全球生命伦理学,因为全球生命伦理学需要对全球化的社会、经济和环境影响进行批判性分析。

参考文献

1　Manfred Steger (2003) *Globalization, A very short introduction*. Oxford University Press: Oxford/New York, p. 13.

2　See: Daniel Callahan (1981) Minimalist ethics. On the pacification of morality, in Arthur L. Caplan and Daniel Callahan (eds) *Ethics in hard times*. Plenum Press: New York and London, pp. 261–281.

3　Renée C. Fox (1989) *The sociology of medicine: A participant observer's view*. Prentice Hall: Englewood Cliffs, NJ.

4 Daniel Callahan (1981) *Minimalist ethics*, p. 265.

5 See: Charles Taylor (1992) *The ethics of authenticity*. Harvard University Press: Boston; Will Kymlicka (1996) *Multicultural citizenship: A liberal theory of minority rights*. Clarendon Press: Oxford.

6 For the 1997 WHO statement on FGM, see: www.un.org/womenwatch/daw/csw/csw52/statements_missions/Interagency_Statement_on_Eliminating_FGM.pdf (accessed 5 August 2015).

7 Peter Singer (2003) *One world: The ethics of globalization*. Yale University Press: New Haven & London.

8 Martha C. Nussbaum (2011) *Creating capabilities: The human development approach*. The Belknap Press of Harvard University Press: Cambridge (MA) and London (UK); Amartya Sen (1999) *Commodities and capabilities*. Oxford University Press: Oxford.

9 Martha Nussbaum (2011) *Creating capabilities. The human development approach*. The Belknap Press of Harvard University Press: Cambridge (MA) and London (UK), pp. 18–19.

10 Jonathan Mann (1997) Medicine and public health, ethics and human rights. *Hastings Center Report* 37(3): 6–13.

11 Thomas Pogge (2013) *World poverty and human rights: Cosmopolitan responsibilities and reforms*. Polity Press: Cambridge (UK) and Malden (MA), 2nd edition.

12 Thomas Pogge (2008) *World poverty and human rights*, p. 39.

13 Erich Loewy (2002) Bioethics: Past, present, and an open future. *Cambridge Quarterly of Healthcare Ethics* 11: 388–397 (quotation on p. 396).

第5章
全球生命伦理问题

正如第 1 章中的例子所示，如今生命伦理学的范围已经显著扩大。传统生命伦理问题仍然存在，但全球化进程也带来了一系列新问题。可以说，全球生命伦理学就是为应对全球化进程的理论挑战和实践挑战而出现的。Potter 也认为，新问题需要新方法。为了更好地了解全球生命伦理学，我们有必要研究这些挑战的性质。

全球性问题

全球性问题并不等同于与全球化有关的现象；并非所有议题都是问题，也不是所有问题都是全球性的。例如，谈论全球变暖这一话题就与揭露全球气温升高这一全球性问题不同。全球健康与全球健康不平等问题之间也存在类似的差异。在讨论全球生命伦理问题时，需要区分两个问题：是什么使一个问题成为生命伦理问题？是什么使一个问题成为全球性问题？让我们从第二个问题开始讨论。

a. 是什么使一个问题成为全球性问题?

在"国际"或"跨国"事件中,民族国家发挥着核心作用。一方面,这些事件经常涉及一个或多个国家。例如,一些国家认为移民是一个问题,因为移民过程中人们要从一个地区迁徙到另一个地区。另一方面,"全球"事件之所以不同,是因为它们不再将国家视为世界的基本单位。全球化是一系列复杂的、多维度的过程(参见第 4 章),它改变了时间和空间观念。"全球"意味着我们不能再预设一个具有中心和外围以及清晰边界的二维空间。"全球"指具有移位子空间的无界超空间,其关键词是"解域化"(deterritorialization)。机场、游乐园和医院等全球性场所不再是当地地标。结束在新加坡、亚特兰大或阿姆斯特丹的旅行后,已经没有什么标志可以使我们记住这些国家或城市。即使是手势或语言也无法做到,因为旅游业和娱乐、医学行业一样,通用语言通常是英语。

一个问题的全球性是由下列特点决定的:

1. **全球规模**　全球性问题不再局限于地理上某个特定的空间或位置。例如,移民是一个全球性问题,而不是跨国问题。这意味着这种现象不再只涉及少数国家,而是遍布全球,因此也不会只影响某个特定地区。

2. **相互联系** 一个全球性问题通常与其他问题相联系,例如人口增长与婴儿死亡率高、食物短缺、环境恶化以及移民问题有关。因此在某些地区凸显的全球性问题也可能是在其他地区产生的。例如,全球变暖的主要原因是发达国家富足但会造成污染的生活方式。全球变暖导致的海平面上升有可能使遥远的国家泛滥成灾,危及人们的生命,其中普遍是贫困人口。尽管全球性问题出现在宏观层面,但会在微观层面上影响个人。问题是相互联系的,这意味着很难在忽略其他问题的同时解决单个问题,有时只关注一个问题会加剧另一个问题。

3. **持续性** 全球性问题会随着时间的推移而发展,通常具有系统性。正如 Potter 所言,解决这些问题需要长远的眼光。因为问题是相互联系的,而且没有绝对权威的解决方案,所以解决这类问题需要持续的国际合作。

4. **普遍范围** 全球性问题不是与某人或某些人相关,而是与每个人相关。它与主流生命伦理学的区别在于,后者只关注与少数国家的一小部分医生、患者和决策者有关的新技术挑战。

5. **需要全球行动** 如果一个问题不能通过独立的双边行动解决,那么该问题就是全球性问题。全球性问题超出了单个参与者的能力范围,一个州或一个组织无法有效解决全球性问题,因此只能通过合作来完成。解决全球性问题需要一种新的思维方式,因为"全球"这一标签意味着存在一种共同的威胁。这种威胁只能通过由共性和团结驱动的无边界措施来应对。只有互相尊重并拥有一套共享价值观,全球合作才能成功。

全球生命伦理问题清单

- 生物多样性流失
- 生化武器
- 生物剽窃
- 人才外流和医疗外流;卫生工作者的迁移
- 气候变化
- 研究、医学和伦理审查的商业化
- 腐败
- 双重性;生物恐怖主义;生物安全
- 剥削弱势群体
- 食品安全
- 健康差距(世界卫生组织提出的 10/90 差距)
- 健康旅游
- 人道主义援助和救灾援助
- 医疗资源不均

- 诚信;利益冲突
- 知识产权(IPR)制度
- 大流行和新兴传染病
- 贫困
- 出版伦理;欺诈;代写
- 难民,流离失所
- 贩卖(器官、组织、身体部位、人口)
- 战争与暴力,镇压
- 水资源短缺

b. 是什么使一个问题成为生命伦理问题?

我们在上一节讨论了一个问题是如何成为全球性问题的。然而即使一个议题具有全球性,也不能说明该议题是一个问题。例如,旅游已成为一种全球现象,但我们通常不认为这是一个问题。只有当旅行者将引起大流行的传染性病毒带回家中,或者当患者出国从贫穷的贩卖者那里购买器官时,旅游才会成为问题。将临床试验外包给发展中国家可以加快研究进程从而使新药更快获得批准,但是,如果它采用不同的伦理标准,将药物用于不会受益或可能受到伤害的脆弱人群,就会成为问题。这些例子表明,从生命伦理学的角度来看,如果一个议题具有特定的相关性并构成规范性挑战,就会演变成一个问题。

1. **特定的相关性**　在数据显示气温上升对健康和医疗保健的影响持续增长前,人们一直未将气候变化视为生命伦理问题。在注意到气候变化对人类生活的影响后,相关机构实施了一系列举措。例如,2008 年世界卫生组织(WHO)制定了一项有关气候变化和人类健康的具体工作计划。自 2014 年以来,世界卫生组织召开了一系列气候变化大会。因此,当全球性议题对人类健康和生活产生负面影响时,就会成为全球性问题。具有相关性还意味着解决该问题需要生命科学、医疗保健、健康研究和生物技术领域的参与。因此,一个议题成为生命伦理问题的首要标准是该议题与人类健康和生活有关,这主要是出于生命方面而不是道德方面的考虑。

2. **规范性挑战**　当一个全球性议题引起道德上的愤慨时,就会成为问题。例如,未告知家人就带走乌克兰死者的身体部位到其他国家进行商业研究的案例就是一个与(人体)组织交易有关的全球生命伦理问题。此外,在尼日利亚对儿童进行的特洛芬试验没有像在美国那样要求尊重患者的权利,因此也成为了一个伦理学问题。这表明,如果在全球范围内没能使用相同的规范标准,那么研究伦理就是有问题的。这些例子呈现了不公正、不平等待遇和剥削等全球伦理学问题,激励人们采取措施的同时也提醒人们正面临相关挑战。解决这些问题需要进行规范的分析和干预。当然,将全球性问题视为规范性挑战的前提是全球生命伦理学有可用于解决此类问题的规范性框架。

然而目前尚不清楚"问题"的特征是什么。下文提到的两个标准解释了为什么全球性问题是生命伦理问题。他们起初没有弄清是什么原因导致这些议题和担忧成为了问题(图 5.1)。

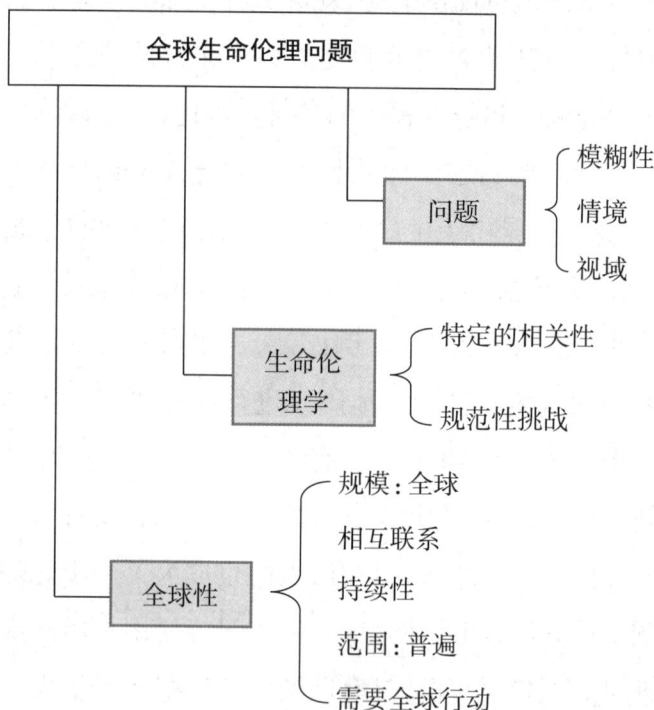

图 5.1　全球生命伦理问题

c. 什么是问题?

哲学家经常分析直面问题所需要的特定品质。问题的下列三个特征有利于我们进一步阐明全球生命伦理问题的关键。

1. **模糊性**　问题的特征是怀疑、不确定和困惑。问题往往涉及一个存在意见分歧或根本没有思路的议题。这种模棱两可、令人困惑的性质呈现出了 Aristotle（亚里士多德）所说的"困境"。目前尚不清楚问题的性质和产生的原因，也不清楚哪种类型的解决方案或行动方案最合适。然而正因为如此，一个问题才成为推理和讨论的起点，并触发一个调查过程。

2. **情境**　人们对某一问题往往有不同的看法。例如，对于美国等一些国家的生命伦理学家来说，吸毒是一个法律问题而不是伦理问题；在一些欧洲国家，吸毒则主要被视为伦理问题。同样，许多人将医疗资源短缺视为经济或政策问题，而不是生命伦理问题。这种基本的分歧表明，问题不仅仅是可以被察觉到的外部现实。主体和客体的相互作用会导致问题在特定环境下出现。美国哲学家 John Dewey 使用"情境"一词来指代问题的这一中心特征。问题始终是 Dewey 所说的"情境世界"的一部分或一个方面，而不仅仅是孤立的单个对象或事件[1]。由于情境本身充满困惑性和不确定性，因此人们不应只是识别问题的被动观众,还应该是解决问题的积极参与者。情境引发了反思、考虑、假设、干预、操纵和实验。所有知识层面的进步都源自在问题情境下进行的调查活动,这些活动的重点是解决问题。强调问题是"不确定的情况"不仅将主体和客体联系在了一起,还将认识问题和采取行动联系在了一起[2]。对于 Dewey 来说,问题是前瞻性的,这是由问题的后果决定的。例如,在生命伦理学中,问题是指基于应该发生的事情的规范性行动。如果将吸毒定为法律问题,那么应对该问题的方法将是镇压和定罪。但是从全球的角度来看,只有这种对策是不够的,因为法律制度不尽相同。这似乎也加剧了这个问题,毒品贸易变得更具吸引力和可负担。这些后果将揭露该问题的其他内容。问题会引发认识和行动,因为我们都希望能够解决问题。道德挑战也是如此,问题是道德语境中的一部分,其特征是不确定性和冲突性。目前尚不清楚什么方法是正确和公正的。Dewey 认为,伦理原则是分析道德语境的工具。

　　3. 视域　问题不仅具有前瞻性,还基于先前的经验。如果人们没有背景知识、经验和价值观,就无法从现象中识别问题。现象学哲学家已经用"视域"这一概念阐明了问题的这一特征[3]。先前的经验决定了前景中的某些议题是否会被识别为问题。这种先验的一般感知框架是知识、价值观和经验的既定结构,为某些议题被概念化为问题提供了基准。因此,问题不仅与可能的后果有关,还与前因有关。问题识别与情境和视域相关,因此这是一个动态的过程。现有的知识和经验决定了将什么视为问题,而问题情境本身又将产生新的知识和经验,从而使视域发生变化并适应未来的问题。为了解释什么问题会被视为全球性问题,有必要了解全球生命伦理学的认知结构和价值观结构。

视域的概念

现象学中的"视域"具有三个维度:

a. 这是一个通用框架,它允许现象表现出来并在框架中获得其含义。

b. 这是一个通用但不可超越的界限。

c. 它可以修改和放大,因为它与我们所处的情境有关。

"可以说,视域以一种非主题的方式包含了人们的意识。它本身仍然是非主题的,它为每个主题的出现保留了开放的空间。视域是一种确定结构,它预先确定了每种现象在其中出现的范围。"[4]

生命伦理学的视域

Potter 认为，生命伦理学需要采用一种全面的方法，因为生命伦理学正面临着新问题。这些问题危及人类的生存，与全人类息息相关。而且，这些问题并不是由科学技术的应用导致的，科技创新反而可能为伦理学提供解决问题的新方法。Potter 的观点为阐明视域这一概念提供了线索。

为什么某些议题会成为主流生命伦理问题？在生命伦理学这一新学科出现的前几十年中，伦理学问题主要源自两个方面：一方面是科技进步的强大挑战；另一方面则是医学家长制体现出的专业权力。生命伦理学最初的主要范式是个人主义。个人主义对个人权利、个人价值、自主权和隐私权的关注决定了生命伦理学的视域。问题、事件、活动和干预措施之所以转变为生命伦理问题，是因为它们可能与重视个人自主权和患者权利的价值观相冲突。因此，主流生命伦理学侧重于临床医学和医学研究背景下出现的问题。这在 Marlise Muñoz（参见第1章）的案例中得到了证明，此案引发了关于母亲、家庭和胎儿权利的激烈辩论。医生、医院和国家因违反了家人的意愿受到指责。此案的伦理争议集中于应该优先保证个人拒绝接受维持生命治疗的权利还是胎儿利益。这一案例成为生命伦理问题,一方面是由个人自治的价值观决定的,另一方面则是由医疗技术的先进决定的。直到最近,医疗技术依然无法维持脑死亡妊娠妇女的生命。患者如果想要生出一个健康的孩子,就需要接受长期的重症监护治疗,以维持身体的重要机能来支持胎儿的发育。这需要新生儿科、重症监护医学科、产科、神经外科和麻醉科的专家合作以确保成功。由于这些前提条件的限制,自 1982 年以来,科学文献报道的全球病例几乎不超过 30 例。仅 12 例有生命的婴儿出生,其中大多数出生于具备先进医疗技术的国家。在公众辩论和职业辩论中,此案已成为一个重大的伦理学问题。因此,媒体对 Muñoz 案的特别关注只反映出了其象征性地位,并没有体现该问题的普遍性。人们几乎没有注意到这一报告:2012 年全球每天有 19 000 名 5 岁以下的儿童死亡,其中三分之二是死于几乎不需要先进技术就可以预防的传染病。

　　什么是全球生命伦理学的视域? Potter 已经阐明了视域的两个鲜明特征。一个是关注重点不仅在于个体,还在于人与人、社区、自然、其他生活形式和环境之间的关联性。这是指前面提到的相互联系和全球范围。第二个特征是挑战不是科技进步带来的,而是全球化中发挥作用的社会、经济和政治力量所致。因此,生命伦理学议题成为问题,不是因为缺乏个人自主权(如主流生命伦理学),而是因为社会条件是不公正的、带有侮辱性的、剥削性的和不人道的。许多疾病是贫穷及其导致的后果带来的,例如卫生资源匮乏、营养不良和环境污染等。这些疾病也可能是经济和政策进程所致,例如全球卫生研究中的 10/90 差距。

10/90 差距

全球卫生研究费用迅速增加。然而据 2000 年全球健康研究论坛估计,在全球 550 亿美元的健康研究支出中,投入到占世界疾病负担 90% 的疾病费用不足 10%。例如,肺炎、腹泻、肺结核和疟疾加起来占世界疾病负担的 20%,而用于相关健康研究的公共和私人资金却不到 1%。这种差距是经济和政策决策导致的结果。为负担不起的贫困人口开发新药是无利可图的,而且因为这些人通常不能对决策者施加任何压力,所以为他们开发新药也没有紧迫性。

研究投入的差距导致了有效药物短缺,因此医疗资源不足成为了一个全球生命伦理问题。即使存在有效的药物,也无法让每个人都得到治疗。正如 Thomas

Pogge 所说,这不是个体相互作用的结果,而是由药物研究的经济结构引起的[5]。在当前的专利规章制度下,新药研发公司享有暂时性的垄断,因此新药对许多人尤其是发展中国家的人民来说极其昂贵。世界经济规则剥夺了患有可治愈疾病的穷人接受治疗的机会,每年都有数百万人因此失去生命。尽管问题体现在个体身上,但是问题是由个人所处的环境造成的。另一个例子是自杀。印度是世界上自杀率最高的国家,全球每有 10 个人自杀,就有 1 例发生在印度。喝农药是最常见的自杀方法,在农村地区,特别是在拥有少量土地和沉重债务的边缘农民中,使用这一方法的比例是城市地区的 2 倍。这种公共卫生问题本可以通过经济政策和土地改革来缓解甚至预防,但国内和国际政策并不重视生命、尊严和社会正义,因此没能做到[6]。

全球生命伦理学视域的这两个特征再次表明,全球视角不能简单由规模和范围来表征。如果生命伦理问题仅仅是指涉及所有国家和所有人的问题,那么问题只会被全球化,而不是真正全球化。例如,第 1 章介绍的代孕母亲的案例在印度这种法律允许代孕的国家不是问题;而在法律禁止代孕的法国等国家,代孕就是一个伦理问题。从全球的角度来看,世界各地对商业代孕的看法取决于当地的伦理学框架,我们唯一可以做的就是比较这些框架。简而言之,如果只是从地方或国家规模转变为全球规模,或者只扩大问题范围,生命伦理问题将无法成为全球性问题。为了掌握全球生命伦理问题,有必要探索全球化的其他两个特定特征。

全球情境

　　Dewey 认为问题始终是环境(情境)的一部分,这一想法有助于阐明全球情境的特殊性。本章的前面部分提到相互联系是全球性问题的典型特征,它涉及全球化的两个相关方面:流动性和相互依存性:

　　1. 流动性　是全球化进程的重要特征之一。这一特征在医疗保健领域极为显著,例如卫生领域师生越来越多地参与国际交流。国际医学生协会联合会(International Federation of Medical Students' Associations)声称,全世界每年有 10 000 名医学生参与交流活动[7]。也就是说,医学教育中的距离正在消除。越来越多的项目开始包括在线教学课程。卫生专业人员正在迁移:在美国执业医生中,约有 25% 受过国外培训;在新西兰和英国等国家,超过三分之一的医生在其他国家接受过教育;最为显著的是发展中国家的卫生专业人员流动到了更发达的国家。患者也开始到国外寻求治疗,为了满足这一需求,一些国家积极推动健康旅游,为发达国家的富裕患者提供系列医疗服务。除了健康旅游,也存在其他专门的旅游形式,如移植、生殖或干细胞旅游等。医学研究也正在向国外迁移。目前,有40%~65%的临床试验是在美国以外的国家和地区进行的。药品和设备之类的健康资源也已具备可移动性。例如,现在印度是最大的仿制药生产国。西方慈善机构和非政府组织(NGO)通常在印度购买药品,然后出口到非洲国家。

健康旅游

泰国、新加坡和印度将自己推广为医疗旅游目的地。讨论健康旅游这一话题时,只谈论"旅游"是不合理的,因为健康旅游关注的是医疗需求而不是休闲娱乐。这种现象是产业政策导致的结果:商业五星级医院正在积极地向国外富裕客户推销服务。患者之所以旅行治疗,是因为自己国家的治疗成本太高或等待治疗的名单太长。健康旅游并不是一个小众现象:2010 年,泰国的五家私立医院共接待了104 000 多名医疗游客,创造了 1.8 亿美元的医疗收入。然而,向国外游客提供的高科技护理却往往无法为本国大多数人口提供。

以全球化为标签的运动不仅意味着人员、服务和商

品存在流动性,还意味着思想、文化和价值观念也存在流动性。此外,威胁与机遇、利益与危害也在变化,一个地方的优势可能是另一个地方的劣势。这种全球形势意味着领土或空间不再具有独特性。问题不再是静态的而是动态的,不再是一成不变的而是可以进化和转化的,不再是孤立的而是相互联系的。因此只有通过全球方法才能充分解决这些问题。最后,全球性问题的流动性要求人们采取积极的伦理对策而不是只观察表面现象。全球生命伦理学必须是反思与行动的动态结合。

2. **相互依存性**　作为全球化的基本特征之一,有多种表现形式。当下人们越来越意识到自己处于相互联系的网络中,这种相互依存的体验可能会引发人与人之间的更多联系。人与环境之间的依存关系也是如此。气候变化、环境恶化、灾害和新传染病等全球现象的出现让人类意识到了自身的脆弱性。这些现象表明人类行为与周围的自然环境和生物圈的多样性密切相关。因此,人类意识到,如果他们继续无视与其他生物和环境的和谐关系,那么自身的生存可能会受到威胁。同时,全球化使人们意识到他们拥有相同的命运,因为他们同处一个地球。

相互依存的经历影响了我们处理全球性问题的方式(下一章将对此进行讨论),但是这也警告人们不要把全球化看得过于简单。有时，"全球"与"地方"是对立的概念。人们认为全球化进程是将特定的习俗吞没在一个模糊的各地统一的模式中，对当地文化和传统造成了威胁。对道德殖民主义（moral colonialism）（即把全球生命伦理学强加于其他国家）的批判也表达了类似的恐惧。在本章的前面部分，有人就认为领土和空间已经不再具有独特性。"全球"通常被认为是"去情境化"。全球化现象跨越各种社会和文化条件，不受特定背景的束缚。然而，人类所有的经验和生活方式都是地方化的。我们以物质为载体，生活在特定的地方。在日常生活中，全球与地方并不是对立的概念。全球性通常产生于地方并体现在地方内部。最近，一本关于艾滋病的书的副标题就恰当地表达了这种联系：**全球疾病 - 局部痛苦**[8]。也就是说，全球现象被地方化，地方属性被全球化。全球化进程可以改变当地条件，全球和地方并不对立，它们是紧密联系和相互作用的。全球化从来不是一系列抽象的过程，而是始终立足于根基（即地方）。全球和地方之间的这种相互联系对我们的全球化观点具有若干含义。

一是可能会出现超越传统国界的新地理形势；这不仅为跨国行为者和跨国代理机构的运作提供了空间，也为新的法律制度提供了空间（例如现已在全球范围内实施的知识产权制度,参见第 8 章)。全球化创建了无处不在的新网络,例如互联网、金融系统和监视系统等。国际人权运动和全球环保主义运动等新运动也出现在本国领土之外。尽管如此,行为主体始终是本地的。本地身份使他们可以为自己的一切行动承担责任,因此全球化不是一个超越时间和空间的匿名系统。

第二个含义是只有二元对立现象已不再适用。例如,中心和外围之间的区别正在消失。全球化是多中心的动态进程,因此,全球生命伦理学的产生不是主流生命伦理学从中心向边缘扩散的过程。其他两极化区别也变得更加复杂,目前在陌生人和朋友之间、当地居民与外来人之间以及远方和近距离的人之间已存在许多中间类别。

第三个含义是,全球化的重点正在从文化转向身份。大量人口居住在原籍国之外,通常与附近的人没有相同的文化背景。然而随着人口的流动,文化本身也已经开始相互联系、相互融合。许多人有了基于宗教、文化和人种等背景的多重身份。

最后一个含义是全球和地方之间的相互联系意味着边界的概念是多样化的。"全球"一词是指"跨越边界","边界"指的不仅是一个地区或国家的边界,还包括实际存在的多个界限。这启发了 Potter 提出"需要各种类型的桥梁"这一建议。

全球性问题的根源

　　为什么出现问题的全球化形势令人不安？为什么这些问题引起了生命伦理学的关注？对上述问题的简短回答是：因为流动性和相互依存性不均衡。原则上，全球化有可能惠及所有人。然而在实践中，全球化加剧了不平等和排斥现象。因为流动通常是不对称的：劳动力和自然资源从欠发达国家流向了较发达国家；医生和护士在发展中国家接受培训，然后迁移到较发达的国家；富裕的患者前往贫困国家，而器官和身体部位却朝反方向流动。相互依存性也是如此。工业化国家产生的温室气体加剧了气候变化、海平面上升等问题，对发展中国家造成了严重影响。发展中国家几乎没有对这些基本问题造成影响，却仍然受到了这些问题的大部分影响。新药常常在贫困国家的脆弱人群中进行测试，然而这些国家的公民却往往无法获得医疗资源。这些受试者可能因医学研究受到伤害，而受益者通常是那些拥有高效医疗体系的富裕国家的公民。

　　为了更好地了解全球生命伦理问题，研究这些问题是如何产生的至关重要。如果它们与全球形势的不平衡发展相关，则有必要更详细地分析问题根源。前面的

章节认为全球生命伦理问题的根源与主流生命伦理问
题的根源不同。

a. 市场的隐喻

全球生命伦理问题的根源不只是全球化。20 世纪
80 年代以来,一种片面的阐释一直在推动全球化进程。
此前,有人认为全球化是一种具有多个维度的复杂现
象(第四章)。然而基于世界已成为一个单一的全球市
场这一观点,主流政策和实践通常将全球化视为经济进
程。"市场"不仅仅是经济概念。政治学家 Friedrich von
Hayek、哲学家 Ayn Rand 和经济学家 Milton Friedman 经
常将市场视为乌托邦式的理想[9]。他们用"市场"隐喻
社会生活组织。在所有形式的社会组织中,市场是最公
平、最有效的,也是允许个人自由发展的唯一框架。作
为一种可以自我调节的力量,市场将为一些人的自我实
现提供空间。这些人的生产力和创造力则会为所有人
的利益服务。在市场中,无需保护或调节,一切都应转
化为商品或服务进行交易;竞争是市场中的核心美德;
每个人都应对自己的行为(包括担忧)负责。因此,自由
市场是解决世界问题的良方。乌托邦式的自由市场视
域使全球化的其他维度相形见绌。

竞争是社会组织的原则

"自由派主张尽可能充分地利用竞争力量作为协调人类努力的一种手段,而不是作为一种保持现状的论据。在可以建立有效竞争的地方,这种信念是指导个人努力的更好方法。过去,人类屈服于市场的自然力量,才使文明的发展成为可能,否则文明就无法发展……" [10]

b. 新自由主义政治

自 20 世纪 80 年代以来,市场乌托邦催生了主导全球化进程的特定论述和一系列实践。这些论述和实践通常可以概括为"新自由主义"。这一标签涵盖了一系列对政治、社会关系和日常生活具有普遍影响的经济和政治观点以及政策实践。新自由主义不仅是哲学理论,还被视为意识形态、宗教信仰或社会文化逻辑,推动了全球化的一系列进展。

新自由主义强调消除对市场自由竞争的限制,并鼓励私有化、放松管制、减少公共支出、税制改革和保护产权。这种意识形态的全球化基本上是自由化的代名词。全球市场自由化将促进个人自由和人类福祉。在这种意识形态框架中,国家的作用应受到限制。国家的首要任务是建立体制框架,以确保自由贸易和私有产权。应该利用政府权力来放松管制并消除限制商品流动的制约因素和社会政策。国家应退出社会供给和保护领域，因为这会阻碍市场的正常运转。公共事业和公共机构以及社会福利制度应私有化。人类生活的每个领域都应开放市场交易，以便每个公民都可以自由选择他们想要的东西。例如，医疗保健领域的基因检测和治疗干预也应成为市场交易中的商品。因为医疗保健是会在竞争和高效率的氛围中快速成长的贸易行业，所以在全球市场中开展医学研究可以使其蓬勃发展。只有这样，医学研究才能为个体提供与药物和治疗措施相关的一系列选择。新自由主义的另一个主张是：全球化是不可避免的，自由市场原则像自然力量一样在世界范围内传播。此外，没有主要代理人或领导人为全球化进程负责。全球化进程受芬兰哲学家 Georg Henrik von Wright 所说的"匿名力量"和"隐形角色"驱动[11]。新自由主义还声称，从长远角度看，每个人都会受益于全球化进程，好处会"涓滴"。对脆弱人群的不公平和负面影响只是过渡性的。经济自由化最终会使个体摆脱人类生存的脆弱性。

新自由主义

"新自由主义是……一种政治经济学实践理论，认为以强大的私有财产权、自由市场和自由贸易为特征的体制框架可以保证个人的创业自由，可以最好地促进人类福祉……此外，如果市场在土地、水、教育、医疗保健、社会保障等领域不存在，在有必要的情况下，国家必须采取措施创建市场。但是除了这些任务之外，国家也不应冒险。"[12]

人们逐渐认识到新自由主义意识形态的消极影响，它引发的问题在全球范围内不断增加。新自由主义还加剧了社会不平等现象。在大多数国家，它已导致基本服务（例如公共医疗保健）的质量恶化。新自由主义仅使前1%的人受益。对于其他人来说，生存变得更加艰难：工作越来越不稳定，社会保障遭到破坏，生存的不安全感愈发显著。新自由主义全球化的市场理论认为，人类是"经济人"（homo economicus），即理性的、注重个人利益的人。经济人通常会被个人利益驱动，在采取行动时会将自己的成本降至最低，并将收益最大化。经济人只通过市场交易与他人建立联系。这种理论只强调了个人选择的作用，没有考虑到社群的影响。因此，市场逻辑割裂了经济活动与社会环境之间的联系，使竞争成为了社交互动的首选方式。在过去的几十年中,除了不平等和贫困问题加剧、政府债务不断增加以外,新自由主义政策还导致了其他变化。今天,我们的环境面临不可逆转的破坏和退化。数百年来,大片土地已经荒漠化,大片水域已经枯竭或污染。热带和亚热带森正在以极快的速度消失,渔业资源也已枯竭。人类自身也受到了极大影响。流离失所者数量惊人,监禁率上升。即使在较富裕的国家,人口增长也导致了失业和基本服务缺失。剥削、掠夺和排斥等行为影响着世界各地的人民生活。社会学家 Saskia Sassen 在工作中发现了只"寻求利益解放和对环境视若无睹"的"掠夺性形式"[13]。新自由主义意识形态的目的是改变人类生活的社会背景,从而解放个人利益。

理性自我主义

"基本的社会原则……是生命本身就是目的所在,所以每个有生命的人其本身就是目的,而不是目的的手段或他人的福祉,因此,人必须为自己活着,为自己着想,既不为他人牺牲自己,也不让他人为自己牺牲。

对于所有人与人之间的关系、个人和社会之间的关系、私有和共有之间的关系、精神和物质之间的关系,贸易原则是唯一合理的道德原则。这是正义原则。"[14]

很显然,政治和法律巩固了当前新自由主义意识形态的统治地位。贸易自由化、放松社会管制以及限制政府中央集权都是通过严格的政治控制实现的,而不是通过自由市场的动态过程实现的。指导市场全球化进程的往往是政府和国际组织[如世界银行(World Bank)、世界贸易组织(World Trade Organization,WTO)]的有形之手,而不是市场力量的无形之手。正如经济学家 Joseph Stiglitz 所言,市场是由法律、法规和制度决定的[15]。新自由主义意味着加强监管,而不是放任自流。这在大量增加的官僚机构中显而易见,尤其是欧盟。那些最初基于团结和社群概念发起的理想主义项目,如今已成为主张私有化和放松管制的新核心自由主义机制。自由市场通常是通过协调一致的政治行动建立的。类似的一致行动已经在当今社会的各个领域传播了企业管理的规范、规则、程序和形式。教育、科研、医疗保健、文化、环境保护、安全和国防等领域都遵循市场逻辑的总体框架。这不是因为市场意识形态在自然扩展,而是因为市场意识形态被有意推动去破坏已有的社会结构。因此,政治和法律给全球化的发展尤其是新自由主义市场政策的发展创造了条件。这些政策不仅使全世界更多的人面临更多的威胁和危险,还降低了他们应对问题的能力。这些政策的实施是基于"人类是自私自利的理性个体"这一假设。实际上,在过去的几十年里,国内外政策系统地推广了影响全球人民生活的特定规范框架。

c. 新自由主义的影响

全球生命伦理学的出现是为了应对新自由主义政策引发的伦理学问题。因为,从伦理学的角度讲,每个人的健康需求都应得到满足。所有人,而不只是少数有地位的人,都应受益于科技进步。全球生命伦理学还想要重新关注人类健康状况,因为具有破坏性且不公正的政策往往会破坏人类健康。同时,全球生命伦理学还表达了这一观点:与经济福利不同,健康主要取决于社会文化和社会环境。全球生命伦理学议程上的许多问题都是由片面的全球化进程或受意识形态驱动的全球化进程造成的。

健康旅游的例子阐明了新自由主义政策的影响[16]。自20世纪90年代以来,在国际机构的压力下,印度和泰国等国家在将私人医疗保健作为一种商品全球医疗市场中大力推广。医疗旅游实际上是"生物经济"的基石。有观点指出,受市场驱动的医疗保健行业将刺激经济增长、产生外汇、提高医疗保健水平并提高国内获得医疗服务的公平性。然而,"涓滴利益"却被严重的负面影响所掩盖。健康旅游导致公共卫生支出和社会福利基础设施减少。最终,大多数人群接受的医疗保健质量和服务水平下降,而精英人士却可以享受昂贵的私人护理服务。此外,医疗保健私有化也造成了内部人才流失,一部分医生在公立机构接受培训后进入了薪水较高的私人机构。印度目前拥有世界上私有化程度最高的医疗保健系统之一。在印度,近25%的人由于债务或贫穷无法得到任何治疗。尽管80%的人口居住在农村地区,但超过75%的医生和70%的公立医院病床却位于城市中心。由新自由主义政策导致的私人和公共卫生服务之间的差距再次扩大了贫富差距。目前已经形成了两层医疗体系,一边为富人提供优质护理,一边为穷人提供低质量的政府补贴护理。因此,医疗保健领域的新自由主义政策加剧了不公正现象。印度等国家将公共资金转移到私人护理机构,这些有限资源被用来补贴发达国家患者的治疗费用,导致了国内医疗资源不足。与印度等国家相比,第一个推广健康旅游的国家古巴运用了完全不同的方法。该国通过宣传“海上、阳光和外科手术”,吸引医疗游客为公共医疗保健系统付费,但是该系统对古巴公民是免费的。医疗旅游不再是精英阶层的特权,而是惠及所有人。

自20世纪80年代以来,新自由主义政策最具破坏力的影响是导致了许多发展中国家的医疗保健系统崩溃[17]。政府在卫生和社会服务方面的支出减少、卫生服务的私有化、医疗工作者的薪水降低以及使用费的征收在许多国家对医疗保健产生了巨大的负面影响。大多数人口的医疗资源减少,许多健康指标恶化。例如,马达加斯加的婴儿死亡率在1980—1985年期间增加了53.5%;到1987年,大多数在加纳公共卫生部门工作的医生已离开该国;坦桑尼亚的预期寿命从1992年的50.1岁下降到了2002年的43.1岁。在拉丁美洲,新自由主义医疗改革并未改善护理质量,反而加剧了不平等和效率低等问题。改革的主要受益者不是患者或卫生专业人员,而是医院集团、跨国私人保险公司和咨询机构。

全球生命伦理学的含义

了解全球生命伦理问题的特征及其在新自由主义全球化背景下的发展是解决这些问题的决定性因素(参见第6章)。本书的其余部分将详细阐述这种理解对全球生命伦理学的意义。

到目前为止,人们对全球生命伦理学的理解如下。主流生命伦理学的出现源于科技力量带来的不良影响。新自由主义政策和实践的负面影响又推动了当代全球生命伦理学的发展。当今的生命伦理学不仅处于具有双重影响的全球化背景下,还是全球化的一个主要进程,而全球化正是当今生命伦理问题的温床。这一进程由自由市场决定、由个人和社会的乌托邦理想指导,是不可避免也不可控制的政治、哲学和实践的结合。全球生命伦理问题的根源在于全球化的新自由主义意识形态而不是全球化本身,人们常常无法认识到这一论断的根本含义。

首先,生命伦理学应该对问题出现、持续或加剧的环境进行基础分析,这需要不同的生命伦理学论述。主流生命伦理学的伦理学框架借鉴了新自由主义意识形态的主要宗旨,强调个人自治、理性决策、知情同意、身体所有权和个人责任感,并将这些宗旨应用于医疗保健领域。例如,只要能使研究对象更好,剥削研究对象就没有错;只要是自愿和自由选择,个人就有权出售其身体的一部分;健康旅游值得称赞,因为它为个人健康提供了更多选择。与新自由主义话语一样,在生命伦理学话语中,利己与贸易是人们交往的主要原则。然而以新自由主义框架为模型的生命伦理学永远无法解决当代生命伦理学的根源问题。如果只关注个体却忽略市场机制对社会生活的影响,那么生命伦理学将无法深入研究全球生命伦理问题出现的条件和环境。例如,它会继续将脆弱性视为个人自主权的缺陷,并且不再关注造成个人乃至所有人的脆弱性的环境。我们将无法了解贫穷和负债条件下的器官出卖者并没有真正的选择权这一事实,也无法证明为富有的医疗游客提供的服务是以本国或本地区内大多数人口接受的健康服务质量下降为代价。生命伦理学认为许多问题的潜在条件和背景不在其话语范围之内,新自由主义话语与生命伦理学话语之间的相似性可能会导致一些风险,其本身也在风险中发挥意识形态作用(图5.2)。

新自由主义	生命伦理学
经济人:	自治个人:
– 理性的个体,其动机是通过成本最小化来使自身收益最大化	– 理性的决策者
	– 医疗是个人事务
– 通过市场交易与他人联系	– 身体所有权
– 个人责任至上	– 知情同意即交易
– 社会和社群不存在或不相关	– 对社会、经济和政治状况不承担任何责任

图5.2　新自由主义与生命伦理学

第二,如果生命伦理学真的想解决当今的全球性问题,就应该研究主流伦理学框架的补救措施和替代方法。只将主流生命伦理学原理或其他理论方法扩展或应用到全球性问题上是不够的,还需要发展不同类型的生命伦理学以及新的概念、方法和实践。例如,由于全球性问题是相互联系的,生命伦理学本身也应该建立联系。这不仅要涉及生命科学和哲学,还要涉及社会科学、政治科学、国际法、全球研究和比较学科。同时,生命伦理学还要将许多领域的知识与实践结合起来,然后提出一个综合性观点,以应对全球性问题并超越跨学科性。Potter 提出的"桥梁"隐喻最为恰当描述了生命伦理学在这一过程中发挥的作用。此外,为了处理更广泛的社会和文化空间中存在的问题,全球生命伦理学还需要提出超越国界的观点。"是否存在可以批判全球现象的全球道德秩序或社群"这一问题需要全球生命伦理学来解决。同时,全球生命伦理学要有独立性,不应受更强大的话语或意识形态所支配。在医学、生命科学、政治和经济学领域,保持独立的声音很重要。因此全球生命伦理学需要进行批判性分析和反思。审视主流规范框架不仅要像主流生命伦理学一样关注医疗保健领域内的权力关系,还要关注医学和社会范畴内的权力关系,从而消除生命伦理学和生物政治学之间的常见区别。全球生命伦理学还会继续作为一项实践活动参与学术研究,但会意识到当今的研究通常与新自由主义意识形态紧密相关,并受有权力的主体"委托"。全球生命伦理学将比主流生命伦理学更多地参与政策制定、公众辩论、倡导发起和社会行动。但是,实践重点和战略重点必须加以区别[18]。实践重点在现有结构内运作,并将在个

体所处的环境里最大限度促进他们的利益。战略重点
则明确质疑现有秩序,探索如何改变当前结构和社会
关系。全球生命伦理学的注意力将转向战略重点,同
时继续关注理论和实践。最后,全球生命伦理学的一
个主要概念是合作。如果不对全球化进程进行控制,
全球性问题将成倍增加,人类面临的威胁也会增加。
然而想要控制全球化进程,必须要有尽可能多的参与
者进行合作。只有在相互尊重和价值观相同的基础上,
合作才能实现。为了应对全球威胁,必须采取集体行
动。但首先要确定共同领域。如何做到这一点? 全球
生命伦理学的主要概念和工具将在接下来的章节中进
行阐述。

本章重点

- 本章分三步阐明了全球生命伦理问题:

  - 由于以下特征,问题是全球性的:①全球规模;
    ②相互联系;③持久性;④普遍范围;⑤需要全
    球行动

  - 在以下情况下,这些问题具有生命伦理学意义:
    ①与健康和人类生活息息相关;②提出规范性
    挑战

  - 问题通常具有三个特征:

- □ 模糊性
- □ 情境
- □ 视域

- 为了解释为什么某些问题已成为全球生命伦理问题,本章对全球生命伦理学的视域和情境进行了探索:
  - 全球生命伦理学的视域具有两个特征:
    - □ 关注个体的相互联系
    - □ 考虑社会、政治和经济权力的重要性
  - 全球生命伦理学的情境有两个方面:
    - □ 流动性
    - □ 相互依存性

- 全球生命伦理问题的根源与自 20 世纪 80 年代以来一直主导全球化进程的自由市场意识形态和新自由主义政治有关。

- 了解全球生命伦理问题如何对生命伦理产生影响以及为什么会产生影响。制定适当的对策需要全球生命伦理学具有新概念、新方法和新实践。

参考文献

1　See: John Dewey (1981) *The later works, 1925–1953. Volume One, 1925: Experience and Nature.* Edited by Jo Ann Boydston. Southern Illinois University Press: Carbondale, p. 184.

2　The quotation about the problematic situation is from: Larry A. Hickman and Thomas M. Alexander (eds) (1998) *The essential Dewey. Volume 2: Ethics, Logics, Psychology.* Indiana University Press: Bloomington and Indianapolis, p. 140.

3　Saulius Geniusas (2012) *The origins of the horizon in Husserl's phenomenology.* Springer: Dordrecht.

4　Geniusas (2012) *The origins of the horizon in Husserl's phenomenology*, p. 7.

5　Thomas Pogge (2013) *World poverty and human rights: Cosmopolitan responsibilities and reforms.* Polity Press: Cambridge (UK) and Malden (MA), 2nd edition.

6　Jonathan Kennedy and Lawrence King (2014) The political economy of farmers' suicides in India: Indebted cash-crop farmers with marginal landholdings explain state-level variation in suicide rates. *Globalization and Health* 2014; 10:16; doi: 10.1186/1744-8603-10-16.

7　See: www.amsa.org/members/career/international-exchanges/ (accessed 5 August 2015).

8　Hakan Seckinelgin (2008) *International politics of HIV/AIDS: Global disease – local pain.* Routledge: Abingdon (UK).

9　David Harvey (2005) *A brief history of neoliberalism.* Oxford University Press: Oxford, New York.

10　Friedrich Hayek (1944) *The road to serfdom.* University of Chicago Press: Chicago, pp. 36 and 204.

11　Von Wright is quoted by Zygmunt Bauman (1998) *Globalization: The human consequences.* Columbia University Press: New York, p. 57.

12　David Harvey (2005) *A brief history of neoliberalism*, p. 2.

13　Saskia Sasssen (2014) *Expulsions: Brutality and complexity in the global economy.* The Belknap Press of Harvard University Press: Cambridge (Mass) and London (England), p. 215.

14　Ayn Rand (1964) *The virtue of selfishness: A new concept of egoism.* Signet/Penguin: New York, pp. 27, 31 and 80.

15　Joseph Stiglitz (2012) *The price of inequality: How today's divided society endangers our future.* W.W.Norton & Company: London/New York.

16　See, for example, Chen, Y.Y. Brandon and Flood, Colleen M. (2013) Medical tourism's impact on health care equity and access in low- and middle-income countries: Making the case for regulation. *Journal of Law, Medicine & Ethics* 41(1): 286–300; Smith, Kristen (2012) The problematization of medical tourism: A critique of neoliberalism. *Developing World Bioethics* 12(1): 1–8.

17　For the negative impact of neoliberal policies on healthcare, see: Sara E. Davies (2010) *Global politics of health.* Polity Press: Cambridge (UK) and Malden (USA).

18　See Maxine Molyneux (1985) Mobilization without emancipation? Women's interests, the state, and revolution in Nicaragua. *Feminist Studies* 11(2): 227–254.

第6章
全球响应

　　全球生命伦理学的发展是为了响应正在引发特定问题和新型问题的全球化进程。全球生命伦理学会如何响应？上一章中的分析强调，响应措施至少应符合三个标准。首先，响应措施应该与问题的规模和范围相适应。生命伦理学只有提出全球性和全面性的观点，才能恰当地解决全球性问题。其次，响应措施需要确定问题根源。生命伦理学应仔细研究在全球化时代驱动日常生活和政治决策的新自由主义逻辑，否则就无法理解当今的生命伦理问题是如何产生和发展的。新自由主义逻辑是基于普遍的固有规范框架而运作的，该框架包含竞争、效率、利己思维以及不受社会和文化约束的个人自由等元素。第三，全球和地方是相互联系的，因此时间和空间限制不再那么重要。全球性响应始终都应是地方性的，只能在地方化之后进行应用。第四，全球响应是动态的；如果响应措施有效，就会被扩展到其他地区,成为全球性措施。同时,全球响应是多态的。由于缺乏主导范式,多方网络采用了多中心进行活动。在这种背景下,全球生命伦理学作为最新学科,不仅是时间进程的新阶段,还具有另一个新阶段的特征,即"超空间",其质量和方法不仅仅是早期方法的扩展。

然而有人质疑全球生命伦理学根本无法响应全球化导致的问题。因为全球生命伦理学只是全球各种伦理方法的集合,所以它不能也不应提供全球性对策。本章将从解决这些从片面角度看待全球化的争议开始,然后对全球响应的可能性和必要性进行论证。全球响应之所以有可能性,是因为如前文所述,全球生命伦理学设定了不同的视域,这种视域更关注人类整体的生存而不是个体的自我实现。最后,本章将论证全球生命伦理学能够对全球生命伦理问题提供的四种对策:①全球伦理学框架可以替代主流伦理学框架;②解决全球性问题的不同方式;③具有包容性的全球惯例;④独立的批判性话语和战略实践。这些将在后续章节中进行进一步阐述和解释。

没有答案的全球生命伦理学

全球生命伦理学有可能对全球生命伦理问题作出响应的观点受到了多方质疑,质疑的理由如下:

- **没有新内容** 从经验主义角度看,全球生命伦理学实际上并没有什么新内容,只是在更广泛的范围内应用的"旧版"生命伦理学。与其说这是"全球生命伦理学",不如说是"全球化的生命伦理学"。以英语为母语的国家主导着主流生命伦理学国际期刊这一事实表明,全球生命伦理学只是指在全球范围内传播的西方生命伦理学。全球生命伦理学的这一狭义版本意味着,问题对策要么来自主流生命伦理学,要么来自当地环境。这种观点的问题在于它没有认识到全球化的根本影响。它认为中心与外围是完全割裂的两部分,主流生命伦理学可以从中心(西方)向外围(其他地区)逐渐传播。然而,在全球化进程的影响下,这一假设已经过时。这些相互联系的动态进程以及新的全球性问题的出现,必定使生命伦理学成为超越西方概念和西方方法的学科。因此,西方主导的主流期刊没能反映这种变化也就不足为奇了。新期刊的开发需要时间,最近已经出现了几本面向全球的期刊。此外,全世界只有6%的人说英语。要评估全球生命伦理学的现状,必须参考英文出版物以外的依据。

- **没有可能性** 从理性主义角度看,全球生命伦理学没有发展的可能性。人类的生活条件具有道德多样性。哲学家 Tristram Engelhardt 认为人们在所有道德问题上都存在分歧:不仅在涉及堕胎和安乐死之类的特殊事件上存在分歧,在世界观和道德本身的相关问题上也存在分歧。这些分歧多年来一直存在。此外,因为人们对"道德的基础是什么"这一问题颇有争议,所以相关问题不可能通过理性的方式解决。因此,全球生命伦理学是一个不合理的失败项目。任何寻求全球共识的尝试都是徒劳的。就像 Engelhardt 所说的那样,对全球性问题的响应将引起"许多分歧性答案的共鸣"[1]。使用"全球生命伦理学"一词的唯一正当方法是将其作为一个空框架,从而使各种生命伦理学方法能在框架内兼容与合作。

> ### Engelhardt 的全球生命伦理学
> "……全球生命伦理学最多只能提供一个简单伦理框架,在这一框架中,个人和道德社群可以在有限的民主国家和全球市场内和平地寻求对道德和生命伦理学的不同理解。这样的生命伦理学不能充分诠释权利、善良、美德和人类繁荣。"[2]

Engelhardt 的"全球生命伦理学没有发展的可能性"这一论点过于肯定。令人惊讶的是,几十年来一直在改变人类生活的全球化进程没能对伦理学产生显著影响。

尽管伦理问题倍增,但伦理观点、思想和论据都没有发生任何变化。统治世界的是理性,而不是道德。面对全球性问题,人类在道德层面上无能为力。此外,每种对策都有其特殊性。人们可以继续分析和讨论这些对策,但不能说服他人和 / 或与他人达成一致。全球生命伦理学的唯一目的是创建自愿合作的程序机制,使道德陌生人能够像在市场上一样,以和平的方式交换意见。因为要解决由市场意识形态引起的全球性问题,就需要生命伦理学本身成为市场。

另一种声称"生命伦理学不能对全球性问题作出响应"的观点则强调,生命伦理学因为受到原则主义的过分支配,所以无法进行改革。全球化进程中的权力问题和不平等问题导致生命伦理学无法向全球生命伦理学过渡,因此生命伦理学注定会成为永远无法全球化的抽象论述。除了生命伦理学之外,另外一种规范方法——生物政治学——也是必要的。这种观点的提出是基于早期的批判观点,例如 Dan Callahan 认为生命伦理学是"乐于助人的侍女",旨在使医疗技术造成的问题合法化[3]。然而 Callahan 得出的结论不是拒绝生命伦理学而是扩展生命伦理学。

- **不可取**　人类学研究和社会学研究经常提出的一个观点是:全球化实际上就是西方化。因为道德价值观始终取决于文化,所以道德价值观只能对特定文化具有相关性和适用性。在这种背景下,全球生命伦理学是地方伦理学的一种特殊形式。当全球生命伦理学声称具有普遍性时,实际上是对其他地方强加了其有局限的西方观点。批判者认为,要求所有理性的人认可所谓的"普遍"价值观是比传统帝国主义更为微妙的殖民形式。这种形式之所以微妙,是因为它没有通过统治或强加"上层"价值观来发挥作用,但却得到了相同的结果。

生命伦理扩张主义

"所谓的全球生命伦理学可能会从现有的生命伦理学中借鉴一些道德准则,或者发明一些新的东西。实际上,西方生命伦理学在世界上占主导地位。因此,新近表达的全球生命伦理学可能被西方文化的鲜明色彩所沾染,或者可能只是……在全球生命伦理学范畴内的另一种西方生命伦理学。如果将其强加于西方文化中的非西方社群或异端社群,那就构成了伦理扩张主义。"[4]

"生命伦理学是美国的发明"这一论断引起了人们对全球生命伦理学主张的强烈抵制。如果生命伦理学是特定文化的特征,那么它不仅不能应用于其他文化,还凸显了生命伦理扩张主义的危险性。例如,Engelhardt 认为寻求道德共识和全球宣言是为了向其他国家和地区推广特定的生命伦理学。全球生命伦理学的相关宣言无非是各民族之间的任意协议。目前尚不清楚批判者到底反对的是什么:是拒绝这种全球生命伦理学思想,还是拒绝全球化的生命伦理学思想?

• **没有必要**　较为务实的观点指出,没有必要发展一系列共同的价值观和原则(即全球生命伦理学)来解决全球性问题。就像在临床伦理学中一样,人们虽然没能就基本原则达成共识,但是也可以协商如何合理处理有问题的病例。解决问题时人们可以遵循商定的伦理原则,无需就其使用的理论依据达成一致。这些原则的使用环境在很大程度上起决定性作用。正如临床伦理委员会通常要做的一样,解决问题时必须在认真考虑病例的情况下进行权衡。因此,可以通过务实的方法在协商的基础上克服道德上的分歧。在伦理实践中,不同文化背景的人可以聚在一起,就特定问题达成共识。伦理不仅是理论,还是在具体情况下的实践。这种观点的问题在于,生命伦理学可能已经放弃了发展全球性方法,而经济、社会和政治制度却没有。零碎的案例分析可以启发下一步的行动,但不会影响发展趋势。

• **傲慢态度**　对全球生命伦理学的质疑怀疑其发

展潜力。全球生命伦理学的抱负虽然很大,但永远无法
实现。有人认为全球生命伦理学这个概念过于宽泛,几
乎囊括了当今世界的所有问题。全球生命伦理学是详
尽的伦理学,涵盖了政治、社会科学、经济、生态、文化、
哲学和神学等领域。有时,全球生命伦理学甚至失去了
与医学和医疗保健领域的根本联系。例如,显而易见,
战争会影响人的健康状况,药物也可以用作战争武器
(例如生物武器)。因此,战争是一个全球性的生命伦理
问题。但是战争问题本身不在生命伦理学的范围之内。
战争与战争问题本身的这种区别并不鲜见。例如,遗传
学导致了生命伦理问题,但是没有人认为遗传学应该纳
入生命伦理学的范畴。在主流生命伦理学中,许多伦理
学问题来源于科学技术的发展。当今的生命伦理问题
则主要是由经济、社会和政治发展引起的。这意味着全
球生命伦理学应扩展知识范围和专业范围,加强与更多
学科的联系。

　　另一种怀疑的观点则质疑全球生命伦理学解决问
题的能力。全球性问题难以解决,因此全球生命伦理学
应持谦虚态度。全球生命伦理学是世界各地的生命伦
理学家之间的学术对话。尽管生命伦理学专业人员的
圈子正在扩大,但他们仅仅是为了讨论一些普遍关注
的问题并达成共识。全球生命伦理学正面临无法战胜

的挑战。如果能够区分生命伦理学和生物政治学,并将全球性问题留给复杂的政治工作,会对解决问题更有帮助。

新环境——不同对策

全球生命伦理学能否针对这些异议和批评给出回应? 有人给出了肯定答复,因为全球生命伦理学的发展是涉及多方面的复杂现象。人们常常认为道德多样性和同质化是对立的概念,担心全球化会使各种文化、传统和思想同质化。然而只用二元思维来理解全球化是不够的。二元思维认为"全球"的局限性和静态概念与"地方"相对。"全球"被认为是不受环境限制的、去情境化的空间,涵盖并跨越不同的环境。实际上,能否"全球化"取决于特定资源(即科学知识和全球资本)的分布。健康旅游的例子表明,"全球"是通过"地方"手段达成的,只有通过政府政策才能将这种现象推广至全球范围。健康旅游只在少数符合条件的国家具有可行性,例如卫生专业人员受过良好教育且会说英语、医疗机构足够的国家。地方行动只有链接到共享的全球框架,并且表现得不再具有"地方性",才有可能获得成功。例如,健康旅游想要大获成功,就必须让"游客"确信自己所接受的医疗保健不只符合泰国或印度的特定标准,还符合全球标准。在持续的互动过程中,"全球"和"地方"本身正在相互转换。

伦理学也是如此。全球生命伦理学因永远无法解决长期存在的分歧而受到批评。即使在一个充满活力、不断发展的世界中,我们也陷入了共识与分歧之间的对立。理性地讲,我们甚至不能克服差异、不和谐和多样性等相关问题。伦理学中的分歧过度排斥共同的视域和理想以及共享的规范性惯例和形象,因此只关注分歧过于片面。许多学者都指出,生命伦理学观点之间的不兼容性被夸大了。实际上,不同的生命伦理学方法(例如西方和非西方生命伦理学)之间有很大相似性。关于所谓的亚洲价值观的辩论就是一个著名的例子。

亚洲价值观

20世纪90年代东亚政治领导人明确表示"亚洲价值观"(例如有序的举止、和谐与纪律)与"西方价值观"(例如个人自由和权利)有很大不同。来自亚洲的 Amartya Sen 批评了这一运动。他指出,像科学和技术本身一样,民主思想、自由和公众参与政治决策等观念不仅属于西方,还属于所有文化。印度和中国的传统也表达了关于

自由、宽容和平等的主张。实际上，占世界人口 60％
的亚洲的特征是多样性和异质性。只强调某一个身
份是由于缺乏对文明及相互依存性的理解。提出"亚
洲价值观"这一概念可以轻易掩盖专制家长式作风。
Sen 得出这样的结论："……在某种意义上讲，用来
证明权力主义正当化的所谓亚洲价值观并不属于
亚洲。"[5]

　　我们必须要重视道德多样性，但人类的生存不仅仅
取决于争议、分歧和多样性。提倡依据独特特征进行分
类(例如"亚洲")会将人们限制在社会生活的某个方面，
否认了他们具有多重身份这一事实。此外，这种分类方
式还否认了互动的重要性。实际上，文化并不是同质的、
固定的和孤立的，文化之间也需要交流互动。它也排除
了进行跨文化规范性判断的可能性。

　　批判性观点将伦理学预设为一种不受情境限制的
话语。

　　首先，伦理学被预设为一种理论。它是经过理性识
别和分析后得以应用的原则和规范。理论先于实践，否
则就不能作出规范性判断。实际上，伦理实践不是预先
形成的，而是逐渐发展而来的。这种预设忽略了这一事
实。伦理主张也不是产生于理论框架，而是源于实践。

实践经验引发了伦理反思和理论分析,从而促进了伦理框架的制定。随着时间的流逝,伦理框架会变得越来越复杂。二元思维只允许具有约束力的普遍道德或应被遵循的多样性、特殊性道德存在。在这种思维模式下,人们没有中间立场,因此不可能建立有限的共识然后再扩大共识领域。人们理所当然地认为,全球生命伦理学只能是在世界范围内推广的普遍原则。在这种批判性观点中,伦理学不是可以思考、沟通和谈判的问题。

第二种预设是伦理学是先验的,它是一种超出其应用条件的论述。伦理学不仅要重申其基本价值观,还应该对其基本价值观进行批判性审查。但是,在日常实践和现实世界中,伦理学可能不是中立的,而是被催生问题的意识形态所浸透。伦理学的主流论述重申了引发首要伦理问题的概念和思想:伦理学通过强调自由和自治个人的理性选择不受外部命令和控制,重申了新自由主义的逻辑。例如,Engelhardt 通过呼吁"让市场成为伦理模型",解决了分歧问题。伦理学认为"道德交易场"是唯一合理的道德形象[6]。在"道德交易场中",人们可以在协商的基础上循序渐进地进行合作。此外,这种观点还以个人的特定形象为前提:"我们是分离的",每个人都有不同的道德观。我们都是道德陌生人。伦理学话语的基本单位是在市场型伦理空间中运作的自由人和责任人。道德话语的重点在于个人而不是社会和文化对政府权力的控制。全球化背景下,这些前提的局限性恰好推动了全球生命伦理学的发展,因为弥补这些局限性需要新的和更广阔的伦理学视域。

最后,批判性观点还指出全球生命伦理学是一种统治世界各国的政治工具。全球原则宣言是有议价能力的参与者讨论后的结果,同时,大多数国家的代表也不想抵制正在形成的共识。归根结底,解决分歧与政治息息相关。全球化政治进程使市场功能和个人的道德选择合法化。这种批判性观点还认为,全球生命伦理学使政治进程进入了公众辩论范围。生命伦理学是一种政治手段,因为政治决定的合理性必须通过诉诸伦理原则来证明。生命伦理学的概念和原则可以用来转移或消除可能存在的批判:生命伦理学可以将辩论重点集中在与个人知情同意和个人决策相关的特定问题上,同时将社会背景和政治经济权力关系置于辩论范围之外。这种生命伦理学观点低估了伦理话语对政治进程的潜在影响。它假定了以个人为中心的生命伦理学与针对群体、组织、国家和结构的生物政治学之间的错误二分法(参见第 12 章)。但是,全球生命伦理学可以推动团体改善个体的生活条件。例如,人权话语不仅提供了法律和伦理框架,还使全世界的群体和社群(妇女、儿童、移民、残疾人)对政治地位有了新的认识,他们开始反抗州、组织和企业施加的歧视、边缘化和压迫。因此,全球伦理学框架可以发挥解放作用。它唤起了人们对获得更好的生活条件和更多尊重的希冀。社会科学家 Arjun Appadurai 以孟买的无家可归者为例[7],指出住房不仅是住所,还具有人格意义:它体现了尊严和亲密关系,是参与交际、获得公民身份的条件。这个例子说明了为什么全球生命伦理学的思想并没有得到既有的主流专家的支持,而是得到了那些在全球化进程中遭遇不平等待遇的人群的支持,如女权主义的生命伦理学家、残疾人组织和少数群体的代表。

全球响应的不可避免性与必要性

一些推崇全球生命伦理学的学者提出了更有力的主张。他们认为,如果承认全球生命伦理问题的存在和紧迫性——尽管事实并非总是如此——那么我们只能通过全球生命伦理学进行全球响应。全球性挑战要求全球生命伦理学对其进行分析和调查以制定应对政策。因为全球性问题不可能只存在于某个国家、文化或社群中,所以某个国家和地区的法律、政策和法规不足以应对全球性问题。尽管我们在如何起草和实施全球对策这一问题上存在分歧,但是断定生命伦理不能也不应为全球性政策作出贡献是不切实际的。当今生命伦理学问题的全球性影响要求人们采取全球性措施。正如上一章所指出的,许多问题是相互联系的。这意味着存在"系统性风险",也就是说,整个全球系统可能会崩溃。一个人不可能一次性解决一个问题,因此,目前需要的是一个包容的过程,而不是进行问题管理。主流生命伦理学无法制订这种包容的方法。解决全球性问题需要更全面的生命伦理学,这种生命伦理学正在发展中。

目前不仅有"是否需要政策和法规来解决全球性问题"的争论,更重要的是,还有"了解当前人类生活环境"这一困难亟需解决。伦理学不仅仅是应用于复杂情况的原则,也不仅仅是在实践中总结的理论。伦理学更不只是可以辨别是非善恶的力量。伦理学也寻求自身对人类的意义。它涉及道德经验、道德敏感性、社会关注和公共美德等。在西方历史中,西方哲学与其他地区的哲学传统和精神传统有所不同。西方哲学不仅是一种学说、话语或理论活动,还是一种生活方式、一种生存选择、一种实践道德操守以及对世界的关注[8]。

因此,理论与实践之间的关系并不是伦理学中的新问题。全球生命伦理学重新引发了关于伦理学问题本质的辩论。当代伦理学是一种偏向理性的话语活动、一种生活经验还是一种生活方式?还是所有这些?当今的伦理问题严重质疑了我们在面对"全球他人"遭受的痛苦、不公正待遇和不平等待遇时所遵循的道德价值观和原则。这种对抗引发了伦理学问题。例如,是否存在人类共享的而不是个人占有的商品? 每个社会对人类发展至关重要的基本社会商品是什么?

全球生命伦理学还需要重新认识文化多样性的概念。解决全球性问题不只是要求我们接受和尊重文化多样性。人们通常将文化视为过去的遗产、习俗或传统。实际上,文化同样面向未来。它构思了社交生活方案并表达了集体志向。Appadurai 将文化描述为"渴望与传统之间的对话",对健康、幸福、美好生活和尊严的渴望存在于所有文化和社会中。他建议在全球话语中发挥文化固有的"渴望能力",以便与边缘人群互动并向边缘人群传达思想、在经济分析中植入价值观最后达成共识[9]。对于全球生命伦理学而言,使不同的世界成为人类发挥能力的道德视域是想象的可能性而不是真正的可能性。可能性伦理学将引发希望政治。

最后,为了回应对全球生命伦理学悲观主义的批判,本书还需要对道德进步的可能性多做些讨论[10]。人类历史的一系列暴行、残酷和野蛮行为的确证明了伦理话语的徒劳和无能。但是,详细的实证研究表明,今天我们生活在人类历史上的最和平时期。各种形式的暴力(例如谋杀、强奸、酷刑、内战、种族灭绝和恐怖主义)已大幅减少。尽管对这一现象的解释有所不同,但这种减少明显与道德敏感性和道德行为的重大变化有关,例如自我控制能力的增强、尊严文化与合作文化的出现以及同胞情的日益浓厚等。随着时间的流逝,伦理学视域似乎有所扩大,人们逐渐开始考虑他人的观点。渐渐地,伦理学关注的圈子也扩大了,人们可以从直接和即时的经验中总结抽象的理论,还能对更多的人报以同情。这不仅对暴力行为造成了巨大冲击,也使得奴隶制、州际战争、配偶虐待、杀婴和虐待儿童等长期现象变得无法容忍。道德进步之所以得以实现,是因为伦理学范围在历史进程中得到了扩展:从家庭和部落扩展到民族和国家,再到整个人类,也许还会扩展到动物和自然界。这种扩展反映了 Potter 的同事 Aldo Leopold 所预测的伦理学的发展趋势(参见第 3 章):从关注个人到关注社会和环境以及生命伦理学。至少在 Potter 眼中,关注生命伦理学是最终阶段。

理论上的不可能性与实践中的现实性

全球生命伦理学能否对全球性问题作出响应这一问题备受争议。一方面,有些人强调分歧是不可调和的,因此全球生命伦理学不可能解决全球性问题。另一方面,有些人则指出,至少在某些基本原则上存在基本共识,因此全球生命伦理学具有现实可行性。基于这些争论,本书提出了一个中间立场,认为尽管存在广泛的分歧,但也达成了有限的共识。而且,因为伦理学是动态的,所以这种共识可能会随着时间的推移而增加。全球生命伦理学的中间版本吸取了上述批评的一些教训。

- 全球生命伦理学的中间版本认识到了生命伦理学问题的多样性和变化性。全球生命伦理学如果能够同时接受相同点和不同点,就能够具有可行性。认识到差异和多元化并不等同于排除共同点。同样,共识并不等同于排除分歧。全球伦理学框架的"通用性"始终必须"地方化"。框架一旦形成,也只能应用于特定环境中的问题。然而,通过全球伦理学框架解决特定环境的问题时难免会出现分歧。例如,如何平衡框架内的各种道德要素?对脆弱人群的伦理关怀如何发挥作用?因此,普遍性并不排除特殊性,两者反而会在复杂的辩证互动中相互作用、相互促进。

- 因为全球生命伦理学处于普遍主义和道德多样性的辩证逻辑中,所以全球生命伦理学不是一成不变的,而是和全球化一样,是动态的。全球生命伦理学是一个跨文化的过程,而不是已经可以适用于全世界的成品。全球生命伦理学的发展不仅可以通过抽象推理和原则运用来实现,还可以通过参与解决"地区"中具体的实际问题并将解决问题的经验扩展到全球框架中来实现。这创造了不同国家或地区的价值观趋同于共同价值观的可能性。

• 全球生命伦理学将如何应对全球性问题取决于人们对差异的认识和趋同的可能性。全球生命伦理学将在多样性中寻求共性,试图调和同一性和差异性。它不会通过演绎法将全球性原则应用于世界范围。调和过程将体现全球伦理学框架的共性。因此,全球审议和文化间的对话至关重要。共同价值观只能建立在共识的基础上,并通过在新兴的全球社群内磋商、审议和谈判来确定。显然,这将是一个长期过程。它必然会涉及政治,而且不会提供一致、清晰的理性推理结果。许多相关问题将会出现,例如,有全球性社群吗? 谁有权制定全球伦理学框架? 如何采取全球行动?

全球生命伦理学正在形成。当前多种版本的全球生命伦理学正在发挥作用,其中大多数是在全球化的驱动下发展的。然而目前肯定没有世界通用的全球生命伦理学方法。但是,有些方法、实践和经验可以为解决问题提供指导。这些方法、实践和经验还需要进一步的批判性分析、理论探索和实践检验。

全球生命伦理学的视域

全球生命伦理学将如何以及从什么角度去应对全球性问题？这个问题可以追溯到上一章中讨论的视域问题。全球生命伦理学如何将其视域扩大到主流生命伦理学普遍接受的视域范围之外？对当前视域的缺点和曲解之处的批判主要来自两个方面：对主流生命伦理学的批判和对新自由主义意识形态的批判。这些批判同时指出了应将什么内容放在更广阔的视域中。

a. 生命伦理学规范

对主流生命伦理学的批判引起了人们的普遍关注。20世纪70年代和80年代，主流生命伦理学专注于自我解放、强调个人自主权和患者权利。毫无疑问，目前这些片面的内容已经变得枯燥乏味。对个人的关注忽视了人类赖以生存的社会和文化，巩固了新自由主义的意识形态。对于一些人而言，主流生命伦理学已成为医学 - 工业复合体的仆人。生命伦理学研究的大部分资金来自大型科技项目，例如人类基因组计划、纳米计划等。生命伦理学界独立、批判性的声音极少。用生命伦理学家 Albert Jonsen 的话来说，生命伦理学变得非常枯燥：太熟悉了，太温顺了[11]。它也反映了上一章中讨论的10/90差距：生命伦理学关注的问题只与少数人有关。

因此,生命伦理学需要改进。生命伦理学不应该只关注医学和科学问题,还应该关注制度挑战和全球性挑战。它还应从为医学 - 工业复合体、生物科学和技术的利益服务的模式中解放出来。批判性观点要求对生命伦理学的概念基础和规范基础进行反思。其中第一个需要反思的方面是"个人是理性的、自我实现的人,专注于最大限度的自我利益"这一有局限性的概念。生命伦理学问题被视为个人决策问题,这忽略了社会和经济环境的作用。这种看法对理解主流生命伦理学有两方面含义。一方面,这意味着对于生命伦理学而言,一些问题并不是直接相关联的,例如贫困、吸毒、移民或环境退化等问题。另一方面,这意味着生命伦理学是基于经验的而不是前瞻性的。例如,人们现在关注的是安乐死或自愿放弃治疗的案例本身,而不是医疗管理和健康保险变化的长期影响。第二个需要反思的方面是主流生命伦理学发挥的作用较小。主流生命伦理学是个人互动的程序空间。除非个别成员自愿采用,否则主流生命伦理学不会提出任何规范性要求。"共同利益"或"公共利益"等概念只是指个人财产或个人利益的集合。第三需要反思的方面是政府作用有限。政府应通过减少对个人自由的干预,保证个人的权利和自由,为个体发展创造条件。例如,健康是一项个人权利,人们有自由追求健康,但是政府没有义务提供健康。

b. 新自由主义规范

对新自由主义意识形态的批判为阐明全球生命伦理学视域提供了另一个机会。德国哲学家 Jürgen Habermas 认为,这种意识形态对规范性有特定的理解[12]。新自由主义意识形态展现了作为理性决策者的人类形象、充满边缘化和排斥现象的后平等社会形象以及民主的经济形象[公民为消费者,国家为客户(公民)提供服务]。正如上一章所述,这些理解正在驱动全球化进程。强调个人选择意味着错误的选择,导致了不良的生活环境。个人责任的首要地位使不平等合理化,因为重要的是机会平等而不是结果或地位平等。社会结构和社会安排的重要性则被否认。Ayn Rand 认为,"……没有一个实体可以称为'社会',因为社会只有一些个体,所以……"[13],伦理主要与我们自己的利益有关,与我们和他人的关系无关。因为伦理学与社会环境无关,所以伦理学中没有集体意识和权利感。对 Friedrich von Hayek 而言,社会正义只是一个空洞的短语,没有实质性内容[14]。实际上,维护个人自由比正义更重要。

这些规范性理解日渐受到批评,因为人类不仅仅是市场参与者。无论进行何种交易,他们都不只是消费者、交易者或购买者,他们有自己的价值和尊严。此外,人类是相互联系、相互依存的。这种相互联系不仅可以促进商业发展,还对个体发展具有重要意义。个体只有参与社会活动才能发展。没有其他人,个体就无法成为自主决策者。社会制度和社会机构仅仅是个人行动的程序舞台,但也体现了团结、社会责任、正义与合作等价值观。

c. 扩大视域

上述批判性分析讨论了主流生命伦理学视域的缺点,这促使全球生命伦理学扩大其视域。这个新的全球视域主要有四个方面。

1. **个体**　生命伦理学话语应该从更广泛的个体视角出发,而不是坚持把个体的自我实现放在首要地位。个体的理想是他们共同生活的广泛环境的一部分;个体的理想从来都不是孤立的,而是通过社交生活中的互动形成的。

2. **社会**　生命伦理学话语需要呈现更丰满的社会形象。为了清晰阐明人类只能在相互联系的社会里得以发展,生命伦理学必须重新评估合作(而不是竞争)和社会责任(而不是个人责任)的作用。与意识形态相比,社会对市场的作用也很明显。这种作用不是自主中立的力量,而是人的力量通过社会和政治政策创造、培育和维持的。

3. **共同利益**　人类共同享有大量对生存至关重要的资源。未来人们可以"生活在一起",这意味着人们可以共享文化和社会价值观。此外,生命伦理学还需要重新考虑,对于人类生存所必需的互动和团结来说,什么样的公共资源(例如教育和护理)是最基础的。

4. **集体行动**　主流生命伦理学已经采取了各种形式的行动:作出判断、在伦理委员会中进行审议、提出政策建议并制定指南等。在全球范围内,生命伦理学必须采取新的参与形式。如果想要影响和改变社会环境,那么人们必须采取集体行动。全球和地方的联锁模式还意味着,必须同时在各个级别上制定应对措施。全球发展影响着国家生命伦理治理体系,反之亦然。因此,在全球原则上达成共识和建设国家生命伦理基础设施是相互影响的,而不是单向式的传达。全球行动意味着将地方行动与全球网络相结合。

这四个方面为重新认识生命伦理学提供了结构基础,为新视域和新方法的发展奠定了基石。这种全球视域有助于引入新的语言,解构在健康观念和伦理学观念中被新自由主义浸透的主流词汇。在这种视域下,自我管理、自我护理、自我控制、授权、个人责任、竞争和消费者选择等概念可以得到补充,并以其他词汇代替,如世界公民、合作、团结、参与、包容、脆弱性、相互关怀和社会责任等。生命伦理学话语中引入的新概念不仅改变了语言表达方式,还为新形象、新方法和新视域的出现创造了可能性。这些新概念可以使全球生命伦理学摆脱市场的主导,打破竞争性个人主义的统治。在这种视域下,全球生命伦理学一定能指出并分析剥削、排斥、驱逐和社会退步等现象表现出的全球化威胁。全球生命伦理学可以通过构建框架引入新的视域,这将在第11章中进行解释。

在上述新视域中,全球生命伦理学的任务是改善全球卫生状况、改进提供护理的社会结构。伦理成为了社区、人群、州和跨国组织的关注点,而不再是个人的主要关注点。因为人类在同一星球上享有共同的命运,所以生命伦理学不能对正在危及人类生存的全球化问题视若无睹。

全球生命伦理学响应

在更广阔的视域中看到的上述方面为全球生命伦理学问题的响应提供了新的概念和经验。接下来的章节将从四个方面对此进行详细说明。

a. 全球伦理学框架

能否为生命伦理学构建全球伦理学框架? 要回答这个问题,就需要对倡导"世界伦理学"这一行为进行研究。世界主义的道德理想是:世界各地的所有人都应该认为自己是世界公民。世界伦理学就受到了这种理想的启发。这种理想与人们共享的内容有关:他们生活在全球道德共同体中,并享有共同的遗产。一个标准的世界主义道德理想的例子是国际人权话语,其依据是无论公民是否属于特定文化或特定国家,都享有基本权利。国际人权话语在生命伦理学领域的《世界生命伦理和人权宣言》(UDBHR)中得到了体现。

b. 全球治理

世界主义不仅是一个道德理想,还是一项政治计划。如何建立和巩固生命伦理学全球治理机构? 如何达成尊重人权的全球协议? 可以形成无国界的团结吗? 目前已经有国际文件可用于国家、组织和个人之间的合作,但是应用时的标准与设定的标准有所不同。

c. 全球实践

对全球生命伦理学问题的响应不是通过全球性原则或制度的应用一蹴而就的,而是必须通过合作与行动来构建和完善的。将伦理学框架强加于全球范围并不能形成全球实践。当道德观念的定位受到展示人类共同未来的全球话语的启发时,全球实践就会在普遍主义和特殊主义的二分法中出现。自下而上的世界主义将带来全球团结。

d. 全球话语

哲学家 Jean-François Malherbe 认为,生命伦理学方法多种多样[15]。尽管目前以解决方案为中心的实用主义风格(例如在临床伦理学和研究伦理学中)占主导地位,但它常常与哲学主义风格相结合,试图恢复伦理学的概念分析和理性判断传统。也有一种提出了丰富观点的宗教风格,以及一种旨在社会内部达成部分共识的政治风格。这些生命伦理学风格将在全球生命伦理学中得到延续。但是,全球视域将把社会责任、脆弱性、团结和可持续性等新的愿景和概念注入到生命伦理学的论述中,这也许会引发一种新的"全球"风格。这种风格关注的范围将更为广泛,包括个人价值观、社会价值观、文化价值观和环境价值观等。

本章认为,全球生命伦理学有能力对全球性问题作出响应。当下的主流生命伦理学问题是由新自由主义市场意识形态占主导地位所致,因此全球生命伦理学应将自己定义为批判性全球话语。将重点放在社会、政治和经济背景上是第一步,但还不够。全球生命伦理学必须主张颠覆政策和社会的优先事项:经济和金融相关政策应遵循人的尊严和社会正义等伦理原则,不应以个体利益为最终目标。生命伦理学还应坚持把重点更多地放在人的脆弱性和社会责任上,这意味着要有社会包

容、体制支持和社会安排等方面的具体战略。生命伦理
学需要采取更积极的倡导措施和行动,以补充学术研究
的局限。社会不平等现象和造成人的脆弱性的环境并
非不受社会和政治控制,因此,生命伦理学话语要更多
地听取弱势群体、被剥削者和穷人的声音,让这些群体
参与政策制定和执行。全球不平等现象和人的脆弱性
进一步增强了合作的意义。结成全球联盟、建立新的团
结网络是应对全球威胁的首选方式。个人主义的观点不
可能从根源解决不平等、剥削和脆弱性问题。如果全球
生命伦理学想要影响和改变社会环境,就要让所有国家
和地区采取集体行动。但是,如何针对全球生命伦理学
问题激发这种集体行动能力呢? 这将是下一章的主题。

本章重点

- 全球生命伦理学因不能响应全球生命伦理学问题
  受到批评:

  - 没有新内容:全球生命伦理学实际上正在使生
    命伦理学全球化。

  - 没有可能性:道德多样性至高无上。

  - 不可取:全球生命伦理学意味着生命伦理学扩
    张主义。

  - 没必要:可以以务实的方法解决问题。

- 傲慢:实际上过于宽泛和无能为力。
- 这些批评是片面的,因为它们有特定的前提:
  - 二元思维和静态思维割裂了全球和地方,然而全球化进程的特征是全球和地方相互作用、相互依存。
  - 对多样性和分歧的重点关注导致全球生命伦理学没能意识到共同观点和共同实践。
  - 伦理学的思想主要是理论性的、脱离情境的,然而伦理学的特征还包括对生活方式和共存方式的现实关怀。
  - 在实践中,生命伦理学与生物政治学脱节,而个人决策和政治决策却相互作用。
- 解决全球性问题需要全球生命伦理学的三点原因:
  - 全球问题无法分割,需要全球响应。
  - 伦理学不仅需要确定和应用原则;还需要了解人类生活环境。
  - 伦理学就像文化一样,是传统与理想之间的对话;伦理学还设想未来人类生存的可能性。
- 通过对主流生命伦理学和全球化的新自由主义意识形态的批评,全球生命伦理学能够从更广泛的视角为全球问题提供对策,阐明当前方法中所缺少的内容。

- 扩展的全球生命伦理学包括：
  - 个体的更广泛视域。
  - 积极的社会观念。
  - 关注共同利益。
  - 强调集体行动。
- 全球生命伦理学对策将涵盖四个主要方面：
  - 全球伦理学框架
  - 全球治理
  - 全球实践
  - 全球话语

参考文献

1　H. Tristram Engelhardt (ed.) (2006) *Global bioethics: The collapse of consensus*. M&M Scrivener Press, Salem, p. 15.

2　H. Tristram Engelhardt (2006) *Global bioethics*, p. 40.

3　Callahan's critique of bioethics as 'handmaiden' is made in: Daniel Callahan (1996) Bioethics, our crowd, and ideology. *Hastings Center Report* 26(6): 3–4.

4　Renzong Qiu: The tension between biomedical technology and Confucian values. In: J. Tao (ed.) (2002) *Cross-cultural perspectives on the (im)possibility of global bioethics*. Kluwer Academic Publishers, Dordrecht/Boston/London, pp. 71–88.

5　Amartya Sen (1997) *Human rights and Asian values*. Sixteenth Morgenthau Memorial Lecture on Ethics and Foreign Policy. New York, Carnegie Council on Ethics and International Affairs, p. 30.

6　H. Tristram Engelhardt (2006) *Global bioethics: The collapse of consensus*. M&M Scrivener Press: Salem, p. 23.

7　Arjun Appadurai (2013) *The future as cultural fact: Essay on the global condition*. Verso: London/New York.

8　Pierre Hadot: *Qu'est-ce que la philosophie antique?* Gallimard: Paris 1995.

9　The notion of 'cultural aspiration' is introduced by Appadurai (2013) *The future as cultural fact*. Verso: London, New York, p. 195.

10　See, Kenan Malik (2014) *The quest for a moral compass: A global history of ethics*. Atlantic Books: London; Steven Pinker (2011) *The better angels of our nature*. Penguin Books: London; Peter Singer (2011, original 1981) *The expanding circle: Ethics, evolution, and moral progress*. Princeton University Press: Princeton and Oxford.

11　Albert Jonsen (2000) Why has bioethics become so boring? *Journal of Medicine and Philosophy* 25(6): 689–699.

12　Jürgen Habermas, *Die Zeit* 2001 (www.zeit.de/2001/27/Warum_braucht_Europa_ eine_Verfassung, accessed 5 August 2015).

13　Ayn Rand (1964) *The virtue of selfishness: A new concept of egoism*. Signet/Penguin: New York, pp. 14–15.

14　Friedrich Hayek (1944) *The road to serfdom*. University of Chicago Press: Chicago, p. 57.

15　Jean-François Malherbe: Orientations and tendencies of bioethics in the French-speaking world. In: Corrado Viafora (ed.) (1996) *Bioethics: A history*. International Scholars Publications: San Francisco/London/Bethesda, pp. 119–154.

第7章
全球生命伦理学框架

在关于伦理学全球化的辩论中,全球伦理学经常被视为具有双层结构 / 分层的现象:国际层面上,独立的国际话语圈定义了所有人都可以接受的最低标准集合[1];地方层面上,则存在着多种不同的伦理学方法和观点。这些特殊的、"地方的"道德标准,定义了超出最低标准的伦理要求。这样的分层也可用于全球生命伦理学。一方面,已经存在一套能够兼容各种文化传统的全球性原则。这些原则在国际人权语言中得以体现,并解释产生具体的生命伦理原则。另一方面,人们致力于将生命伦理学标准的表述进一步具体化,以适应特定的宗教和文化背景。这些地方道德共同体的代表通过建设性对话,甚至有时通过谈判,将他们的观点带到全球辩论当中,因此全球和地方的辩证关系也有助于构建全球生命伦理学。此外,特定的文化和传统对于解释和应用全球标准也很重要。因此,全球生命伦理学的普世原则是不断在多边层面上表述,审议和制定的结果。正如本章将要探讨的那样,这种双层模型过于简单。首先,区分两个层面意味着全球生命伦理学具有层级结构,然而实际上全球和地方层面在同一层级交互。其次,所确定的全球性原则的普世性是地方层面之间及各自内部交互的结果,因此,事实上正是特殊的文化背景和伦理学方法塑造了全球性原则。因此,全球生命伦理学由若干组成成分构成(而非两个层面),而相应的全球框架具有"后普世"的特质。

《世界生命伦理与人权宣言》的通过是全球生命伦理学发展的重要一步[2]。它提出的伦理原则框架超出了熟知的主流生命伦理学的原则:自主权,善意,非恶意和公平(实际上是整合的)。《世界生命伦理与人权宣言》反映了 Potter 提出的广义生命伦理学的概念,它涵盖了对健康保健的关切,对生物圈和后代的关切,以及对社会公平的关切。该宣言认为,存在一个全球道德共同体,世界公民在其中日益相互关联,同时共享全球价值,共担全球责任。该全球共同体产生了某些共同原则,比如,保护后代的原则,利益共享的原则和社会责任的原则。不同义化背景下的各种伦理学体系正在融合成为一个所有世界公民共享的单一规范框架。这一过程由世界主义的道德理想驱动,它关注共同遗产、全球互助和地球未来,因此它所关注的是全人类。同时,人权话语的实践经验也为这一进程注入了活力。人们无论其国籍或具体文化归属,都拥有基本权利,这一点并非仅仅是一项理论主张。人权语言之所以具有吸引力,是因为它是每个人都可参与的公共话语,且具有法律和政治意义。

本章将详述各方为在人权实用语言和世界主义道德理想之间发展全球生命伦理学的框架,而作出的种种努力。在这之前,本章将首先介绍人权传统和 20 世纪 90 年代各方对共同价值观的探求。

人权

1947 年的纽伦堡法典,在以自愿同意为首要条件的受试者人权的基础上,制定了医学研究的伦理原则。它强调,重点在于受试者的权利,而非医疗专业人员的义务,这表明仅仅强调美德和职责的职业道德已经不足以确保医疗保健中的伦理要求。该守则被视为现代人权时代的开始。它启发了联合国于 1948 年通过的《世界人权宣言》。

对人权的重视在 20 世纪 90 年代成果突显,国际刑事法庭和大量人权组织纷纷成立。当前全球化影响进一步扩大,而巴尔干、卢旺达、索马里的暴行和侵犯人权

行为仍然存在,加之南非种族隔离制度的结束和苏联的崩溃,在此背景下,人权提供了妥当的全球框架,其中有两个原因:

- **普世性** 《世界人权宣言》的首创在于其普世性。人人有权享有人权,因为人权属于人类。这种普世性意味着一个人不仅仅是具有特定个性,由特定的文化和传统所塑造,还会遭受不公、歧视和驱逐。对于无法在地区水平解决的全球性问题,这是一个有用的视角。这一视角也消除了文化多样性的边界。它还提供了一种可以有效对抗新自由主义作为全球意识形态之影响的话语,它明确指出,权利和人的尊严比经济增长和自由市场更为重要。

- **解放力** 尽管人权已由政府和国际组织制定,但其全球范围内的传播一直以来都是社会运动、特定领域内的政治斗争以及反抗压迫和屈辱的结果。人权激励了贫穷和无家可归的人们,残疾人,患者组织和土著居民。要求尊重和平等对待将个人问题转变为政治和社会问题。也使得尊重脆弱主体和受害人的权利成为必需。这就意味着仅仅保护个人权利和自由是不够的。人权激励人心,赋予人们力量,鼓励人们对美好未来的畅想,为人们创造新的机会,并改变人类生存的条件。人权话语为女权生命伦理学所青睐。例如,平等的观念可以用于解放妇女,而非压迫妇女。土著居民等弱势群体通过呼吁人权加强了自己的地位。获得可用医疗的权利激发了人类免疫缺陷病毒/艾滋病领域的社会运动。因此,人权话语具有超越其法律范围的变革能力。它将机构程序与现有做法、公民倡议和行动主义联接起来。也可以有效调和普通人性的道德和法律语言与其特定环境中的实际行动。

《世界人权宣言》(UDHR,1948年)

序言的第一句声明"对人类家庭所有成员的固有尊严及其平等的和不移的权利的承认"乃是世界自由、公平与和平的基础。

这呼应宣言第一条:"人人生而自由,在尊严和权利上一律平等。他们具有理性和良心,并应以兄弟关系的精神相对待。"[3]

人权话语在医学、生命科学和健康保健领域有所扩展,大体上伴随着生命伦理全球化视角的出现。国际组织和政府间组织,例如世界卫生组织(WHO)、世界医学会(WMA)、国际医学组织理事会(CIOMS)、联合国教科文组织(UNESCO)和欧洲理事会(Council of Europe),已经在人权传统的背景下制定了生命伦理标准。

探寻共同价值观

制定、规定和实施人权无疑是重要的,但对于一个全球性伦理框架而言,仅此一点是否足够? 这一问题引发了一场对共同价值观的探寻,显见于 20 世纪 90 年代。一个例子就是全球治理委员会(Commission on Global Governance),该委员会于 1992 年联合国成立 50 周年之际,首次由一群权威人士召集。其报告有力地表达了一个观点:全世界所有住民都处于同一困境,因为大家共享同一"全球社区"——地球。若无"社区伦理",地球将无法生存。

我们的全球社区(our global neighborhood)

"我们呼吁坚持全人类都应坚持的核心价值:尊重生命、自由、公平和平等、相互尊重、关怀、和人格完整。我们还相信对全人类最有利的就是对一套共同权利和责任的认可。"[4]

探求共同价值观的动机有两个。首先是生命伦理问题的全球性本质。生命伦理问题不能以一个拼接的方式或从具体的、"地区"的视角出发,由各个主体分头解决。因为我们共享未来,所以人类需要一个共同的

使命。这一观点促使所有联合国会员国将共同价值观转化为政策目标,并制定了 2015 年之前要实现的具体目标。

《联合国千年宣言》(2000 年)[5]

"因此,只有以我们人类共有的多样性为基础,通过广泛和持续的努力创造共同的未来,才能使全球化充分做到兼容并蓄、公平合理。"对 21 世纪的国际关系必不可少的价值观包括:

- 自由
- 平等
- 互助
- 容忍
- 尊重大自然
- 共同承担责任

其次有关的动机是处理全球问题的能力不平等。生命伦理学在西方国家发展完善,但在其他地方则不然。这可能会导致生命伦理实践方面的差异,通常不利于生活在没有强大生命伦理学基础设施的国家的人们(如 Trovan 案所示)。虽然道德观念和道德实践有所不同,然而这并不能成为不去确定基本伦理原则的借口。这

就是从前呼吁制定一项生命伦理全球议程的原因(例如1995 年国际医学组织理事会(CIOMS)的《伊斯塔帕宣言》[6]),也是联合国教科文组织(UNESCO)各项倡议的重要动机。发展中国家代表之前就明确提出了建立伦理原则共同框架的要求。他们担心医学的快速发展可能不会使他们充分受益,或可能不成比例地损害他们的利益,或可能以双重标准对他们区别对待。发展中国家发出的建立全球规范框架的呼吁表明,全球生命伦理原则未必一定由富裕和强大的国家强加给世界其他地区。这种框架的首要作用是保护弱势方。

共同价值观的探寻首先根植于现实实践。例如世界宗教议会的活动。1993 年,来自 40 多个宗教和教会传统的大约 200 位领导人签署了"迈向全球伦理"(Towards a Global Ethics)的声明。由德国神学家 Hans Küng 起草的这份声明宣称,所有传统共享共同的价值,例如尊重生命、互助、容忍、非暴力和平等权利。该宣言在于指出世界宗教如何相通,而不在于指出它们如何相异。它肯定了伦理高于市场经济的优先地位[7]。

在同一时期,联合国教科文组织(UNESCO)承担了确定共同价值观的挑战,尤其是在医学科学和技术领域。下一节讨论了这个国际组织为何以及如何参与全球生命伦理。

宣布全球生命伦理

1945 年的联合国教科文组织（UNESCO）组织法宣布，和平必须建立在人类的智力和道德互助上。该组织第一任总干事 Julian Huxley 指出，为使科学造福于和平、安全与人类福祉，有必要将科学的应用与价值尺度联系起来。因此，指导科学发展为人类造福意味着"寻求与现代知识和谐一致的道德重述……"[8]。

作为联合国的专门组织，联合国教科文组织（UNESCO）的活动必须实现与所有成员国相关的目标。所以，促进科学和国际合作应成为解决世界人口基本问题和需求的途径。科学本身不是目的，而是促进国家发展和解决诸如贫困、环境恶化和儿童死亡率等全球问题的手段。此外，联合国教科文组织（UNESCO）的活动必须考虑与所有成员国相关的所有立场。为促进这一点，联合国作出了许多努力。例如，使用六种官方语言（阿拉伯文，中文，英文，法文，西班牙文和俄文），这样可以极大地丰富议题的讨论，吸收更多来自不同文化的声音。

尊重文化多样性是主要关切之一。联合国教科文组织（UNESCO）制定各项计划，以保存和保护例如在建筑、艺术、文学、哲学和科学等领域的文化成就。联合国教科文组织(UNESCO)确认和保存世界所有地区的文化成就,这表明所有文明和文化都为人类当前的发展状况作出了贡献。但是,在所有这些丰富性和多样性中,人们也可以发现共同价值观和共同利益的表达。

a. 世界伦理计划

联合国教科文组织(UNESCO)对生命伦理的兴趣可以追溯到 20 世纪 70 年代,当时许多国家出现了生命伦理问题,"生命伦理"一词也随之出现。联合国教科文组织(UNESCO)开始召开有关遗传学、生命科学和生殖技术发展的生命伦理专题讨论会和会议。特别受到关注的是科学技术进步与人权之间的关系。1992年 6 月,当时的联合国教科文组织(UNESCO)总干事 Federico Mayor 决定成立国际生命伦理委员会(IBC),并由法国律师 Noëlle Lenoir 担任主席。该委员会的任务是摸索如何起草旨在保护人类基因组的国际文书。广泛的磋商集中在五个主题上:基因组研究、胚胎学、神经科学、基因治疗和基因检测。委员会研究了每个主题的各个方面:当前在世界范围内的研究进展,研究结果的应用以及当前和未来的主要伦理问题。这些初步研究促使委员会发起一项更为大胆的倡议,即 1997 年的世界伦理计划。是否有可能制定出既可以指导遗传学又可以指导全球生命伦理的生命伦理原则?

b. 国际标准制定

制定国际规范标准是联合国教科文组织（UNESCO）在伦理领域的工作目标之一。联合国是现有的、可供所有国家探索和讨论可能的共同价值观和原则，以及就规范性文书进行谈判和达成共识的唯一平台。为确定共同标准也在区域级别上作出了努力。《奥维耶多公约》在欧洲达成共识的可行性激发了对全球共识的寻求。一方面，该公约以及早先世界医学会（WMA）通过的《赫尔辛基宣言》都提到了人权，因此，将生命伦理与人权联系起来已非首创。另一方面，联合国教科文组织（UNESCO）可以在已有的遗传学规范性文书，熟知的比如《世界人类基因组与人权宣言》（1997 年）和《国际人类遗传数据宣言》（2003 年）等文书的基础上，着手制定新的全球伦理的国际规范。

c.《世界生命伦理与人权宣言》的发展和内容

193 个会员国于 2003 年授权联合国教科文组织（UNESCO）制定一项关于生命伦理的世界宣言。原则上，所有生命伦理议题都在讨论范围。要就全球原则达成共识，审议、协商和谈判的过程必须细致且全面。显然，鉴于起草宣言的时间有限，文本制定过程和最终形成的共识一直饱受诟病，因为宣言拟定不能做到征求所有相关主体的意见，而且参与拟订的专家没能代表其他一些主体的立场。

宣言阐述中有争议的问题之一是生命伦理的范畴。相关主体至少提出了三种观点：①生命伦理属于医学和卫生保健的范畴；②生命伦理属于社会环境的范畴，例如获得健康的机会；③生命伦理属于环境的范畴。很显然，世界的不同地方有着不同的生命伦理概念、定义和历史。《宣言》通过的文本中，关于生命伦理范畴的表述明显是这些观点的折中，它将医学伦理、生命科学和应用于人类的相关技术，与社会、法律和环境方面联系了起来。

该宣言的核心体现在 15 项伦理原则中。他们确定了道德主体相对于不同类别的道德客体的不同义务和责任。这些原则是根据道德客体范围的逐渐扩大来安排的：个人（人的尊严原则；受益与伤害原则；自主权原则），其他人（同意原则；隐私原则；平等原则），人类群体（尊重文化多样性原则），全人类（互助原则；社会责任原则；利益共享原则）以及所有生物及其环境（保护后代原则和保护环境、生物圈和生物多样性原则）。

《世界生命伦理与人权宣言》

应遵守下述原则：

- 人的尊严和人权

- 受益与损害

- 自主权和个人责任

- 同意

- 没有能力表示同意的人

- 尊重人的脆弱性和人格

- 隐私与保密

- 平等、公正和公平

- 不歧视和不诋毁

- 尊重文化多样性和多元性

- 互助与合作

- 社会责任和健康

- 利益共享

- 保护后代

- 保护环境、生物圈和生物多样性

一些原则已被广泛接受(例如同意原则)。其他原则已经在先前的宣言中得到了认可(例如利益共享原则)。新《宣言》中的一套原则在个人主义的道德观点与面向群体、社会、文化和环境背景下的道德观点之间取得了平衡。《世界生命伦理与人权宣言》承认自主权原则及互助原则。它强调社会责任和健康原则,该原则旨在使生命伦理决策重新适应许多国家所迫切需要解决的问题(例如获得高质量的卫生保健和基本药物的问题,尤其是妇女和儿童的卫生保健和基本药物的问题,获得充足的营养和水的问题,减少贫困和文盲的问题,改善生活条件和环境的问题等)。最后,《世界生命伦理与人权宣言》将生命伦理原则根植于管理人的尊严、人权和基本自由的规则之中。有关原则适用的部分表述了适用原则过程中应持有的精神态度。它要求专业、坦诚、一致和透明的决策过程;要求设立伦理委员会;要求适当的风险评估和管理;要求有助于避免对无伦理基础设施国家之剥削的跨国伦理实践。

d. 宣言地位

与《奥维耶多公约》不同,《世界生命伦理与人权宣言》在国际法中不构成约束性的规范性文书。它的执行机制薄弱,也没有报告和监督程序。文本也非常通用化,未提供关键术语的定义,原则的措词也不具体。因此,对它的解释和应用可能会大相径庭。尽管如此,各国对文本的一致通过并不只是象征性的表示。这是历史首次,国际社会所有国家承诺尊重和执行,在单一文本以及在国际人权法更广泛范围内提出的生命伦理基本原则。特殊利益团体也已通过了先前的关于生命伦理的国际宣言,例如世界医学会(WMA)通过了《赫尔辛基宣言》。联合国组织通过的宣言虽然属于"软法",但也是国际人权法律的一部分。《世界生命伦理与人权宣言》说明,生命伦理已发展成为一项全球性的尝试。在其成熟过程中,确定了通用原则。应该注意的是,考虑到个人和人际的观点,还有集体、社会和环境的观点之后,现已纳入主流生命伦理的 4 项原则,形成了由 15 项原则组成的更为广泛的伦理体系。

全球生命伦理的组成部分

　　制定《世界生命伦理与人权宣言》的过程显示,全球生命伦理似乎按照一个双层模型展开。在国际层面,生命伦理确定了普遍原则,定义了一套所有人都可以接受的标准。普遍原则"宣称"致力于表达道德想象、引导全球期望,但并不强加给全世界。但是,诸如流产、安乐死和干细胞研究等有争议的伦理问题,是在具体的伦理传统和集体环境中由地方一级解决的。在这种地方的操作层面上,就需要利用多种不同的伦理观点和道德文化来解释和应用通用原则。

　　这种双层模型的问题在于它预设了一个层级结构。它设定全球原则是基本原则,全球原则为多样化的具体的伦理体系提供了一套基础价值。一种观点认为基于基本原则的全球伦理已经存在,只需在不同的文化传统中被挖掘出来,对共同价值观的探寻就是被这个观点所启发的。全球原则是探索和发现的过程。共同价值观是既存事实,而不是持续对话的结果,人们只需要认识到共同价值观的存在即可。因此,在这个双层模型中,全球生命伦理原则就隐藏于地方环境,我们只有动用智慧,不断鉴别、确认,才能将它们挖掘出来。

　　然而实际上,全球和地方"层面"之间的关系却复杂得多。一方面,全球原则并非简单的预设,而是地方环境相互作用的结果。全球原则不是被发现的,而是被特定环境所塑造的。更恰当地说,全球原则是"后普世"原则;它们不是先验的,不是预设的基本或根本原则,而是具体伦理传统之间批判性对话的结果。全球原则介于抽象的世界主义和具体的多元文化主义之间。从这个角度来看,普世性不是指超越所有差异并从具体和个人经验中抽象出来的预先设定的原则。认为普世性是先验的、规定的和理性的必要是西方文明的典型立场,而这一立场就如法国哲学家 François Jullien 指出的那样,并不被其他文化所接受[9]。从全球角度来看,普世性应该是调控性的,指导着我们求同的过程。共性不是指定的,而是体验的;共性为个人的蓬勃发展创造条件;共性在世界化的过程中出现。

　　另一方面,地区的生命伦理环境并不是探索发现通用原则的场所,他们代表着不同的伦理观点,需要我们认真对待。重点在于全球期望和地方操作并非脱节,而是不断互动的。全球和地方的辩证关系决定了全球生命伦理。它仍在制造当中,而并非成品。全球生命伦理虽然还没有定论,各方还在进行交流、学习、审议、谈判、提出异议,但这过程中也有趋同的可能性。

在这样的辩证观点下,全球生命伦理由反思和行动的三个部分构成。第一部分是制定和阐明全球伦理框架。这一部分会陈述和明确全球生命伦理的期望,为其应用和实施提供指导。这部分的关键是该框架作为一个全球性框架的实质和可接受性。第二部分是文化多样性的地方环境。这一部分会解决特定环境中的特定问题,重点不仅在于全球框架会如何影响地方伦理方法,还在于地方伦理关切和观点会如何反作用于全球框架。这部分的关键是全球问题的治理。第三部分是全球惯例,而这一点上,全球和地方环境相互作用。"文化间性"的概念对于解释这种辩证的交互是很有用的(参见第8章)。全球框架不是简单地应用于地方,而会根据地方条件进行修改和调整。这里的问题是,哪些条件可以促进有益的交互,从而可以将全球原则转化为卫生保健和医学研究的实际安排(图7.1)。

全球生命伦理的组成部分

一套共同标准(人权;全球原则)　　不同伦理传统中的具体标准
定义和陈述的期望水平　　　　　　解释和应用的操作水平
全球共同体　　　　　　　　　　　特定群体

全球范围　　⟵⟶　　地方范围

　辩证互动:相互交流,启发,表述,审议,学习,谈判
　趋同可能性
　后普世性

图 7.1　全球生命伦理的构成

　　《世界生命伦理与人权宣言》是政治磋商的结果,取得的共识是由各种不同的立场所组装的,或者说混装的。它并没有对谈判过程中所作决议的逻辑基础作出明确的说明。尽管如此,它仍然是至关重要的,因为它给出了能够指导全球生命伦理进一步发展的根本期望的子文本。这些期望构成了全球框架的伦理实质。他们还决定,全球生命伦理作为一种可以解决全球问题并可以在新自由主义意识形态下对这些问题的根源进行批判性评估的话语,它的可接受性如何。

　　对于进一步探讨根本理想而言,与人权的联系和世界主义这两个子文本非常重要。

生命伦理与人权

《世界生命伦理与人权宣言》的新要素之一是将生命伦理与人权联系起来。这个立场颇具风险,因为人权话语经常被人诟病的问题也恰恰是全球生命伦理本身受到批评的原因:对于人权的基础并没有共识;人权强加了西方的主流观点,在许多国家是缺乏说服力的陌生词汇;而且人权在社会变革上的侧重也削弱了相关学术研究的价值。因此,什么使人权话语对全球生命伦理具有吸引力? 这里可以指出人权话语的五个优势。

a. 全球期望

人权框架满足了在一个多样化世界中形成跨域文化和国家的规范性判断的需要。它呈现的是一个超越文化、国籍和宗教的框架。因此,人权和生命伦理具有几个共同的特征:他们具有相同的起源(对大屠杀的恐惧和防止未来暴行的需要),相同的目标(再也不应将人类个体用作实现某种目的的手段),相同的普世性诉求。人权适用于所有人。将生命伦理原则与人权联系起来,可以在全球范围内推广生命伦理。基本思想是,人类福祉不应由地理位置(地理或文化)来定义,也不应该由种族、性别、国籍和民族等特定特征来确定。自由与平等的理想超越了任何具体的设定或者环境。每个人都有同样的尊严,需要无条件的尊重。

b. 解释语境

将人权作为发展生命伦理原则的语境,其优势是适用的价值和原则已被广泛(尽管不是普遍)接受(例如尊重人的尊严),而且也就已经在国际社会所采纳的日益增多的规范性文书得以体现。人权作为语境也就意味着人权话语是生命伦理实践的约束和最终权威。不得限制生命伦理原则,除非限制理由与国际人权法一致。《世界生命伦理与人权宣言》中的若干原则(例如同意原则)就强调,只有在符合人权的情况下,才能限制生命伦理。关于尊重文化多样性和多元性的新的原则,也表述了限制该原则适用的情况,即该原则不可被援引以违背人权或侵犯《世界生命伦理与人权宣言》的其他原则。这种限制意味着某种基于尊重文化多样性的特定的做法只有在遵从诸如同意原则、不歧视原则和利益共享原则等其他原则的情况下,才具有正当性。

c. 规范性提高

国际人权法增加了生命伦理话语的规范性力量。人权支持了不可谈判、不可折中的原则和规范。例如,坚持人体完整性意味着酷刑,残忍惩罚和器官买卖永远是错误的。然而,也可能会有试图合理化这些做法的观点。对个体施加酷刑可能会获取能够挽救其他成千上万的生命的信息。器官买卖可能会帮助等待器官移植的晚期肾病患者,没有器官买卖他们可能会死亡。功利主义观点在卫生保健领域尤其具有影响力,因为通常情况下,医疗干预(挽救生命,治愈疾病,预防疾病)的结果明显且具有说服力。过去,结果导向行为会在未告知患者并取得同意的情况下使用新技术和设备。这一现象在医学研究领域尤为明显,因为医学研究通常认为多数人的利益可能远大于少数人的利益。人权话语提出了一个无论结果如何都必须坚守的原则和规范的框架,因为危及的是人性本身。

　　医学研究中的一系列丑闻和滥用行为促使西方国家的主流生命伦理着手制定基本原则和政策的框架,以引入立法和监督机制(参见第2章)。如今,全球生命伦理面临着类似的挑战。在 Trovan 案中,有人认为,新药对帮助发展中国家人民很重要,但知情同意的原则很难在不识字或具有社区或家庭同意传统的群体中实施。另一个观点强调,西方医院的护理标准不能在发展中国家使用。这些观点合理化了采用双重标准的医学研究实践:在发展中国家采用相对低于发达国家的标准,因为只有这样,医学实践才更加可行。人权话语可以反驳这样的观点,可以强调伦理原则是普遍的,在美国不符合伦理的研究在尼日利亚也不符合伦理,而且研究的目的并不能证明手段的合理性,例如改善群体的医疗保健不能说明剥削部分人、利用穷人、发展不足或以社会悲剧为代价增进知识这些行为是正当的。

d. 实际应用

目前许多生命伦理行为与决策有关。各级生命伦理委员都会起草政策建议。在国家一级,他们分析伦理准则、提出法案并协助决策。在地方一级,他们就制度准则和政策为医院理事会或研究机构提供建议。生命伦理家会以专家委员会成员的身份参与决策或直接参与公共论坛。人权话语通常有助于决策工作,因为人权强调凡是人类皆有人权,具有很强的现实操作性。一方面,人权既是理论话语,也是现实实践。尽管关于人权的普遍主张及其哲学和神学依据的讨论仍在继续,但这并不妨碍人权的实践性和公开性。例如,尽管有关健康以及健康权的含义在哲学基础上仍然存在争议,但法庭和辩护团队仍然可以在实践中应用健康权。1946 年通过的世界卫生组织(WHO)组织法中已经提到,享有可达到的最高健康标准是一项基本权利。尽管众多国际文书都认可这项权利,但不久之前它才真正产生影响力。这个变化始于 2000 年。权利的规范性内容以及国家和其他主体的义务得以明确并具体化。人权理事会(Human Rights Council)自 2002 年开始任命独立专家作为健康权特别报告员。这些专家发布年度报告、审查国家情况并处理有关侵权的个人投诉。公民和非政府组织能够利用越来越多的法律解释和证据向政府施加压力,要求政府改进获得治疗和护理的权利。现在,大量国家的宪法中都纳入了健康权。

健康权

"8. 健康权不应理解为健康的状态。健康权同时包含自由和权利。自由包括控制个人健康与身体的自由,……和不被干涉的自由……作为比较,权利包括参与健康保护系统的权利,而该健康系统应该为人们享有最高可获得健康提供公平的机会。

11. 委员会解释健康全国……,健康权作为一个广泛的权利,不仅意味着可获得及时且适当的健康护理,还包含健康的基本决定因素,例如可获得安全且可饮用的水和足够的健康,足够的安全的食物供应,营养和住房,有利于健康的职业和环境条件,可获得健康相关的教育和信息,包括性健康和生殖健康。"[10]

另一方面,人权语言是作为人权和生命伦理基础的人文主义的重新定义。对需要护理和保护的个别患者和弱势群体的关切,推动了医疗保健政策的制定。但是

使用人权则可以把同情、关切、互助和需要等的道德性诉求转换成为权利和尊严的诉求。例如,有观点认为,严重贫穷应被视为侵犯人权,因为穷人被剥夺了获得基本生活必需品的权利。因此,权利为受害者赋予尊严。人们不再被视为可怜的受害者,而被视为世界公民,拥有与其他所有人一样的诉求和权利。人权实现了人人平等和人民赋权,并且提供了一种通用而客观的标准来评估人类行为,避免归咎于个人。

e. 新型活动形式

辩护,这种新型活动形式的兴起,展现了将生命伦理与人权联系起来的优势。医疗保健和研究的全球化让我们看到,事实上在世界范围内,生命伦理的教学、研究、咨询、政策制定和公开辩论的基础设施千差万别。生命伦理原则(和法律法规)不能在各国等同地应用和执行。由于现已采用全球生命伦理学框架,因此,权益宣传能够帮助加强这些基础设施,并更好地执行伦理原则。权益宣传在医疗保健和社会工作领域为人所熟知。尤其对于护士而言,权益宣传更是一项核心职责。患者权益团体在护理和临床研究中起着重要作用。权益组织可以为无家可归者或人类免疫缺陷病毒/艾滋病患者发声。儿童权益宣传被视为应对虐待儿童行为的核心的儿科任务。权益宣传工作在国际援助等其他领域也变得尤为重要,因为我们认识到全球经济体制的力量过于强大,以至于即使我们非常清楚贫困和边缘化的原因,没有积极行动和干预措施的话,也不会有任何改变。在全球化的背景下,权益宣传因为有助于培养批判性思维而被认为是振兴公民社会和参与民主的手段。权益宣传内容不仅可以是政策或立法的改变。还通常直接涉及弱势、边缘化和被排斥的人或群体,试图实现他们的权利。对于全球生命伦理而言,权益宣传是有效影响日常实践和实践政策的一种手段,有助于将纸上的协议转化为日常生活中的行动。它是各种全球实践的重要组成部分之一,关于全球实践的内容见第11章。

伦理监察者

WEMOS是一个由医学生和热带疾病专家于1981年在荷兰成立的非营利组织。它的使命是创造一个人人都有权享有最佳健康的世界。它的主要活动包括游说政府、地方能力建设、抗议人才流失和倡导可负担医疗。这些活动还包含伦理环境的监察,即保证伦理原则在医学研究和医疗获取中得到遵守。对不符合伦理的做法会选出典型对外公示,并附上研究被试人员的证词。WEMOS在肯尼亚、赞比亚、玻利维亚和孟加拉国与相似组织展开合作。印度孟买的伦理与权力研究中心就是其中之一。WEMOS 与该研究中心的 AMArJesani 博士共同制作了关于印度药物临床试验的录像，展示了当人们被雇用作为研究被试而没有受到相当的保护时有多么脆弱。印度有着接近 200 万的非政府组织（而美国只有 150 万）。在全球卫生方面，世界上的非政府组织多如牛毛难以统计，仅仅与艾滋病相关的就超过了 6 万个[11]。

世界主义

推动全球生命伦理发展的第二个子文本是世界主义的理想[12]。这些理想通常见于历史文本，例如斯多葛派哲学认为每个人既是自己所属 polis 的公民（polis，希腊语，意为城市，人民，市民），同时也是 cosmos 的公民（cosmos，希腊语，意为世界）。首先，人们出生，与其他公民有着相同的起源、语言和风俗习惯。其次，他们参与这个世界，因为他们属于人类。全人类享有同样的尊严和平等。人人皆为世界公民的观点，将个体从诸如文化、传统和集体等分类以及性别和种族中解放出来。人文主义取代了社群主义。这就意味着突破生于某个地方属于某种文化的这种身世局限,成为可能。世界主义表达了对不受具体的、有限的范围所束缚的生活的渴望,它可以实现无界限的更广泛的互助。它的道德理想就是,所有人都属于一个世界共同体("人类"),而人类的福祉不由特定的地点、群体、文化或宗教所界定。因此,全球公民对于其他个体,无论远近,皆负有责任。世界主义经常使用上一章中讨论的扩大道德关切圈的隐喻。

世界主义的理想

- 人类一体:人类属于世界;世界公民
- 世界包括人类全体;世界共同体
- 界限没有道德价值
- 对差异持开放态度
- 着重于人类共性
- 所有人都有平等的道德地位
- 世界公民有责任与他人互助,这不仅仅是一项权利

世界主义的理想受到质疑。有人认为"世界公民"只是一个隐喻或抽象概念,而不是现实。世界公民所属的世界共同体或国家并不存在。民族国家是唯一的基础政治共同体。文化认同只能在民族国家的特定领域内构建。与远方的其他个体之间的社会纽带短暂且虚幻。

然而,过去几十年的全球化进程表明,"世界公民"已经不只是一个隐喻。全球化不仅在主观上与世界的"世界主义化"相关,而且在客观和政治上也是如此。

第一,在主观层面,有人认为一种全球意识正在浮现,人们越来越意识到我们生活在一个共同的世界。三种体验催发了这种意识。第一种体验是,世界是有限的。目前世界的每一个地方和每一处空间都已为人所知,不再有未知的领域,距离消失了。第二种体验是,世界很小。电视广播和互联网将发生在世界各地的事件立即带到我们身边。我们共享同一个星球;相互的关系和联接不可避免。第三种体验是,世界是一个整体。我们只有一个世界。即使世界不是像传统城邦那样的社群,人性是共通的。如果这个星球毁灭,所有人都会受难和灭亡。全球意识通常以消极的形式呈现:灾难、恐袭、侵犯人权行为或危机前的应对。远方他人的痛苦使我们意识到,我们所有人是一样的脆弱,有着一样的基本需求。也就是说,全球互动和相互依存提高了我们的道德敏感性。人们意识到不论他们身处何处,都处于同样的困境。

小世界

1967 年社会心理学家 StanleyMilgram 发布了他的小世界实验。如果随机选取世界上的两组人,他

188 第 7 章 全球生命伦理学框架

> 们互相认识的几率有多大？ Milgram 发现 5 个中间
> 人就足够把所有人联系起来(或者可以说人与人之
> 间存在 6 度分隔)。他的结论是:"我们都被一个紧
> 密编织的社会关系网连接着"。这个实验的参与人
> 员仅限于美国而且那时还没有出现互联网和社会媒
> 体。类似 Facebook 等的社交网络宣称他们让这个
> 世界变小了,将 6 度的分隔降低至 4 度[13]。

第二,在客观层面,世界主义化已经客观存在。民族国家的自主权在经济、政治和法律上都受到全球化的侵蚀。各国越来越受制于全球法律体系和国际法(例如成立于 2002 年的国际刑事法院可以起诉犯下反人类罪的个体,例如主要领导人)。而且业已全球化的风险也需要集体响应。最后,全球性的组织和主体,尤其是非政府组织,也开始崛起。

第三,在政治层面,世界主义造成对主权的质疑。面对全球挑战,单个国家或者无力应对或者遭到经常性的无视。如今的政治日益成为公民社会的领域。全球活动由公民团体承担,区别于以往传统的政治权力机关。他们参与直接的和平行的沟通,分享信息,并通过宣传向这些权力机关施加压力。他们并不利用已有的机构,而是参与到特定事业当中,发展新型集体组织,展

开社会运动,打开新的问题,使用最新技术建立全球网络并组织世界论坛和全球峰会。

伦理话语在改变吗?

尽管全球化与世界主义的联系日益紧密,但全球进程的理论和实践后果却不稳固。这些过程是否促进了人与人之间进一步的联系并增进了对整个人类的关注? 还是它们加剧了冲突与纷争? 对此的预想并不乐观。人权不断受到侵犯。全球价值一遍遍被重述,却仍然没有改变实践。最近,一些国家,特别是美国,对人权和国际法产生了强烈反对,认为以前商定的普遍标准,例如禁止酷刑,在国家安全面前已经不再适用[14]。社会运动此起彼伏,但对世界公民的动员既持久也不稳固。而且这种动员还不一定是积极的。它可以用于全球人道主义行动,也可以用于恐怖主义和圣战主义。以上讨论就引出一个问题:全球性的身份认同是否真的开始出现。世界主义是一种道德理想,还一种虚幻的未来?

要回答这个问题,必须考虑道德话语的发展方向是否可变,以及是否在变。全球化的背景下,出现了两个基本变化。第一个变化是,"世界"的概念呈现出了不同的含义。最初,世界意为起源地或居住地,后来又曾被视为一个可供同一领土内的个体相互动的中性空间。然而全球范围内,"世界"具有更广泛和积极的含义。它不再是指一个空间,而是定义了一个单个个体所属的人类共同体。这个世界不只是人类所居住的地理位置,而且是他们所生活的人类社会。作为一个互动的舞台,世界不仅仅是领土。它是价值、语言、思想和习俗的集合。这个世界影响着人类,就像人类行为构成并改变了世界一样,这样的世界并不中立,而属于我们。我们依靠我们的世界,而我们的世界是我们共同努力的结果。这种相互依存解释了生态动机在全球话语中的作用。世界已经成为一个道德关切:它不仅是个既定事实,是人类的一项资源,同时也是人类得以生存的条件。哲学家 Hannah Arendt 就用 mundus 来解释世界这个概念,mundus 在希腊中表示世界[15]。

第二个变化是,开始使用"人性"这个术语。在人权话语和世界主义的影响下,对人性整体的关注不仅成为了评估个人行为的基本标准,还成为了评估国家、公司、社区的政策和干预措施的基本标准。不征得研究对象知情同意的这种行为被谴责为"反人类罪"。这个罪名适用于在任何情况下都应坚持的普遍原则。它还使公民社会具备了道德功能;公民社会可以为每个人发声,并不仅仅因为它代表了其余的世界人口,更是因为它表达了对人类共同利好的关切。"世界"的新含义以及"人性"的概念关注共性而非差异,因此也为伦理提供了灵感。它们打开了一个新的话语,这个话语强调那些由来已久但却遭到忽视的问题:全球共同体、共同遗产和全球公域。这些问题将在下一章中讨论。

本章重点

- 全球生命伦理学框架的发展是受到了人权话语和世界主义道德理想的启发。

- 人权作为一个有吸引力的全球性话语,原因有两个:
  - 普世性
  - 解放力

- 20 世纪 90 年代对共同价值观的探寻为联合国教科文组织(UNESCO)于 2005 年通过的《世界生命伦理与人权宣言》奠定了基础。

- 该《宣言》是生命伦理的第一个全球性框架,国际社会认定为软法。

- 宣言包括 15 条伦理原则,涵盖了广泛的道德客体:从个人到社区再到人类再到环境。

- 这里的全球生命伦理不是一个双层结构的现象，而是由三个持续相互作用的组成部分构成：全球性的原则框架，地方多样化的解释和应用环境以及相互交流、相互启发、共同协商的全球实践。

- 全球性原则框架的基础是两个道德理想：人权话语和世界主义。

- 人权话语对全球生命伦理具有吸引力的原因是：
  - 有类似的全球期望
  - 提供了可接受的解释语境
  - 扩大了生命伦理的规范力量
  - 有现实可操作性
  - 便利了诸如游说等的新型活动方式

参考文献

1 The two-level model of global ethics is presented by William M. Sullivan and Will Kymlicka (eds) (2007) *The globalization of ethics.* Cambridge University Press: New York, pp. 4, 207 ff; see also: David Held (2010) *Cosmopolitanism: Ideals and realities.* Polity Press: Cambridge (UK) and Malden (MA), p. 80 ff.

2 *Universal Declaration on Bioethics and Human Rights,* UNESCO, Paris, 2005; http://unesdoc.unesco.org/images/0014/001461/146180e.pdf (accessed 4 August 2015).

3 *Universal Declaration of Human Rights,* UN General Assembly, December 1948. www.ohchr.org/EN/UDHR/Documents/UDHR_Translations/eng.pdf (accessed 4 August 2015).

4 Commission on Global Governance (1995) *Our global neighbourhood.* Oxford University Press: Oxford/New York, p. 336.

5 Nations Millennium Declaration (adopted in September 2000); www.un.org/millennium/declaration/ares552e.htm (accessed 4 August 2015).

6 CIOMS (1995) A global agenda for bioethics: Declaration of Ixtapa. *Canadian Journal of Medical Technology* 57: 79–80.

7 Parliament of the World's Religions (1993) *Toward a global ethics.* Chicago: Council for a Parliament of the World's Religions.

8 Julian Huxley (1946) *UNESCO. Its purpose and its philosophy.* Preparatory Commission of the United Nations Educational, Scientific and Cultural Organization. Paris, p. 41; http://unesdoc.unesco.org/images/0006/000681/068197eo.pdf (accessed 4 August 2015). See also: Henk ten Have and Michèle S. Jean (eds) (2009) *The UNESCO Universal Declaration on Bioethics and Ruman Right: Background, principles and application.* UNESCO Publishing, Paris.

9 For a philosophical analysis of the relations and distinctions between the notion of 'universal', 'uniform', and 'common', see François Jullien (2014) *On the universal, the uniform, the common and dialogue between cultures.* Polity Press: Cambridge (UK) and Malden (MA).

10 UN Economic and Social Council: *General Comment 14,* August 2000.

11 The WEMOS video is accessible via: www.youtube.com/watch?v=aoMnvUyCPuE

12 See: Kwame Anthony Appiah (2006) *Cosmopolitanism: Ethics in a world of strangers.* Allen Lane (Penguin Books): London; Robert Fine (2007) *Cosmopolitanism.* Routledge: London and New York.

13 Stanley Milgram (1967) The small world problem. *Psychology Today* 1(1): 61–67. See also: Lars Backstrom, Paolo Boldi, Marco Rosa, Johan Ugander and Sebastiano Vigna (2012) *Four degrees of separation.* Proceedings of the 4th ACM International Conference on Web Science (see: http://arxiv.org/abs/1111.4570).

14 Jens David Ohlin (2015) *The assault on international law.* Oxford University Press: Oxford and New York.

15 Philosopher Hannah Arendt has used the term 'mundus' in her book *The human condition.* University of Chicago Press: Chicago, 1958. The human world in her view is 'not identical with the earth or with nature, as the limited space for the movement of men and the general condition of organic life. It is related, rather, to the human artefact, the fabrication of human hands, as well as to affairs which go on among those who inhabit the man-made world together.' (*The human condition,* p. 52). See also: 'Mundalization' used by In-Suk Cha (2008) Toward a transcultural ethics in a multicultural world. *Diogenes* 219: 3–11.

第8章
共享这个世界

共同的视角

国际人权法和世界主义理想激发了全球道德框架的发展。然而,全球生命伦理不是简单地将普遍的人权应用于道德问题和道德探求。一个原因是,人们对于人权内容的看法不同。一些人认为,人权主要指消极权利,而消极权利通过强调不干涉原则来保护个人免受国家侵害,因此,公民权利和政治权利比社会权利和经济权利更为重要。另一些人,尤其是发展中国家的人则认为,人权也指积极权利,比如获得需要由国家提供的某些基本商品的权利。关于人权内容的争议与对人权作为个人权利的极简主义解释有关[1]。极简主义认为人权话语是个人赋权的话语;其核心是道德个人主义。其主要目的是确保个人可以自由选择如何进行生活。人权话语并不强行规定单一的美好生活的模式。另一方面,对消极权利和积极权利貌似人为的切割也使极简主义遭到抨击。人类生存的基本条件得不到满足,行使公民和政治权利也就无从谈起。所有人权都是相互依存的。反对酷刑的权利与生存权同样重要。健康权的重要性近来与日俱增,这表明人权不止有个人的维度,还有互助和集体利益的维度。因此,强调人类状况的共性是很重要的。人权话语是全球性的,因为人类有着共同的需求和弱点。

世界主义的理想为在全球生命伦理中解释和应用人权提供了更广泛的语境。而且重要的是,这些理想将个人和群体联系起来。个人属于特定群体,同时也属于世界这个最大的群体。因此,个人主义方法是不够的。个人赋权只有在与他人共存的相关的环境中才能实现。这种更广义的人权看法经常出现在非西方的观点中,例如非洲乌班图的世界观。

乌班图伦理观

在班图语种,乌班图描述了一个特殊的非洲世界观。它表示一个人通过其他人成为一个人:"我的存在是因为大家的存在"。创造和定义一个人的是他的集体。作为一个人而存在不是一个预设而是一个过程的结果,是通过礼节和学习社会规则融入一个集体的结果。由于个人是组织中的一个节点,因此集体具有优先性。重点在于集体成员的共性和相互依存性。因此个体对于彼此不仅有权利,还有义务和责任[2]。

世界主义的另一内涵是,权利不能与义务和责任分开。在世界这个无边界群体中,公民对彼此负有责任。这一点通常出现在非西方的观点里。

因此,世界主义为全球生命伦理提供了更多更丰富的观点来解决全球问题。世界主义表明伦理是用不同的语言表达的:权利的语言也是责任的语言;原则的语言,也是价值和美德的语言。此外,世界主义理想还可以帮助我们重新思考如何在世界各地的实践环境中实施伦理原则。人权话语经常受到批评的原因是,人权的执行总是交给对人权不感兴趣或本身就是人权侵犯者的国家来执行,因此人权的执行不是无效就是会受到政治因素的左右。另外,在全球化时代,有很多诸如跨国公司等的非国家主体也可能有侵犯人权的行为。在生命伦理领域,执行伦理原则甚至更加困难,因为没有任何机构或实体能够审查和监测这些原则的适用并实施制裁。世界主义提出了其他的适用模式(这一带你将在下面的章节中讨论),不仅扩大了参与者和利益相关者的范围,而且可以指导人权在不同环境下的应用和解释。权利可能会发生冲突,个人自由可能与平等冲突,私有财产权可能与公平冲突,然而世界主义关注的是人类的共通之处。在一个所有人都具有平等道德地位的全球道德共同体中,确定共同的观点是很重要的,这一点不仅仅是对人类基本需求或人类繁荣条件的经验判断。人权就规定了全人类共通的个人生存必要的需求和条件。但确定共同观点最首要的还是一种规范性作用。如果人类有相似的基本需求,有相同的脆弱性,那么伦理话语的重点就不应该放在个人身上,而应该放在对每个人都至关重要的共性的保存、保护和改善上。如果全球生命伦理问题(参见第 5 章)与全球化的新自由主义意识形态有关,就特别需要强调共同的观点。人权话语和世界主义提出了一种不同的全球化观,即对人的关注应该考虑其社会、文化背景和所处环境。世界主义不足以遏制新自由主义的全球化。我们需要的是一个不同的方向。保护个人的尊严不受可能的剥削和边缘化是不够的,尽管这是必要的第一步。更应该做到的是,人们的生存条件得到改善,生活水平得到提高。这就需要我们将视线转向人类之间的连接点;换句话说,我们需要拓宽伦理视域,需要超越个人的视角,聚焦于共性和集体行动。医疗保健领域充分说明了个人利益与公共利益之间的联系。健康是人类正常运转的必要和普遍条件。每个人都能过自己的生活,这是一件好事,然而,这只有在某些初步条件得到满足的情况下才能实现,即健康、清洁的空气和水、饮食和营养、基本药物等不是私人资源,而是人人可得的公共资源。

全球道德共同体

生命伦理的全球化使"共同体"的概念成为人们关注的焦点。在许多非西方文化中,个人并不高于群体而享有特权。因此,全球生命伦理应该认识到,在许多国家,相比于对家庭、社区和社会的责任,个人权利可能并没有那么重要。更加关注共同体的另一个原因是,最近的政策强调了健康问题的社会决定因素。当健康是社会条件和经济条件的结果,而不是个人保健和医疗技术的结果时,促进健康意味着在地方和国家层面强化公平,并且还要在全球层面强化公平。

全球生命伦理的出现不仅激发了人们对共同体的兴趣,同时也拓宽了道德共同体的概念。例如在关于保护后代和代际公平的辩论中,强调人类共同体包括的不只是这一代人,对后代的责任是确保人类生存的根本。在关于利益共享原则的辩论中,也出现了类似的观点。利益共享原则这一新的原则在生物勘探方面,即寻找和收集可能用于药物开发的天然物质,具有重要意义。这些天然物质大量存在于巴西和印度尼西亚等发展中国家,而且品种多样,许多发展中国家的传统医学就是以这些天然物质为基础的。然而这些资源和土著居民的传统知识越来越多地被商业公司无偿利用去制造新的有利可图的药品(这种做法被谴责为"生物剽窃")。但是在目前强调产权的环境下(见下文),传统知识被视为无人归属,可以自由获取。因此,为对抗这种不公平行为,我们提出了利益共享原则。

生物剽窃

印度香米在南亚已经种植了几个世纪。当地农民通过选种和杂交改良了稻米的质量。1997 年 9 月,得克萨斯州的 RiceTec 公司获得了印度香米品系和谷粒的广泛专利权。这引发了公众的抗议。印度的非政府组织发起了一场国际运动,最终导致于 2002 年撤回该公司的部分专利权。另一个例子是日本化妆品公司资生堂。它为几个用于制作抗老剂和护法液的植物成分和香精申请了专利权。这些专利权全部基于印度尼西亚中爪哇省的传统术士和农民的知识和经验。由于呼吁抵制资生堂产品的抗议和媒体运动,资生堂于 2002 年撤销了部分专利权。

以上这些新的讨论实际上指的是一个把人类本身视为道德共同体的根本性话语，主要表述了两个相关联的方面：第一，全球共同体不仅包括人类，还包括所有的自然。共同体的概念被拓宽，它不仅包括人类；非人类物种也需要被视为我们共同体的成员，因为我们有共通的依赖性和脆弱性；第二，地球不是某一代人的所有物，每一代人都继承它，并把它传给下一代。由于人类生活的相互依存性和我们星球的脆弱性，新型的共同体应该包括过去、现在和未来几代人。当人类自身被视为一个"全球共同体"，而这个共同体照管所有由人类所保护的公地，并且这个共同体需要得到保护才能保障人类的生存，只有这样，人类物种的存续才能得到保证。

这就从两个方向扩展了全球共同体的概念：共时方向上，从人类扩展到所有形式的生命；历时方向上，从现代人扩展到不同的世代。这也就意味着"全球共同体"成为了一个具有道德价值的概念，因为它不仅涉及共同体的范围，还涉及内容，范围是包含世界公民的世界性范围，内容是具体全球价值和全球责任的确定以及全球惯例和制度的建立。定义全球共同体的价值是指人类共有的共性，特别是与全球共同体相联系的两个概念：共同遗产和公地。这两个概念强调人类有着共通的需求和弱点；只有在一定的共享条件下才能生存和繁荣；

而地球上的生命只有在人类合作的情况下才可以持续。下面两节将详细介绍这些概念。

共同遗产

"人类共同遗产"的概念在 20 世纪 60 年代末被引入国际法，以管制诸如海底和外层空间的共同资源。一个里程碑是 1967 年 11 月马耳他大使 Arvid Pardo 在联合国大会(UN General Assembly)上的讲话[3]。他认为，海床和洋底是人类共同的遗产，应该为和平目的和整个人类的利益而加以利用和开发。事实上，这一新概念可以追溯到更为古老的罗马法，罗马法将 "res extra commercium"，即商业以外的事物、不能交换的财产，例如公共财产(如海洋)和公共财产(如河流)，作为独立的类别与其他财产分离开来。这一类别定义了不能在经济上交换，因此也不能被任何人出售或拥有的法律客体。对私有财产和公共财产的区别最著名的是，1609 年 HUGO Grotius 在他的著作《自由之海》(Mare Liberum)中主张海洋就像空气和太阳一样，是 "属于所有人的"(res omnium communes)，每个人都在使用和享用这些东西，但它们却不属于任何人。

这一概念最初适用于在国家边界以外具有物质资源的公共区域，例如海底、月球、外层空间和南极，后来又扩展到国家领土内的重要资源,例如热带雨林。将区域列为共同遗产意味着它们对人类的生存至关重要,同时也定义了全球责任。公共区域不能被占用,而需要国际合作以开展共同管理。各国不论其地理位置如何,都应公平地享有公共区域可能的利益,并且这些公共区域只应被用于和平的目的。最后,应该为后代保存这些公共区域。在 20 世纪 70 年代,人类共同遗产的概念纳入了文化的范畴。当文化成就(例如马丘比丘或中国的长城)具有突出的普遍价值(例如杰出、独特和不可替代),并且对地球生活的可持续性和品质特别重要时,可以被视为共同遗产。雨果伦理委员会(HUGO Ethics)是第一个在人类基因组上应用共同遗产概念的机构。随后,联合国教科文组织(UNESCO)在 1997 年的《世界人类基因组和人权宣言》中宣布,人类基因组是人类遗产。

《世界人类基因组与人权宣言》
(UDHGHR,1997 年)

第 1 条:"人类基因组意味着人类家庭所有成员在根本上是统一的,也意味着对其固有的尊严和多样性的承认。象征性地说,它是人类的遗产。"这个基本声明有几个现实意义:基因组不能被占据为私人财产且产生经济利益(第 4 条);科学进步的利好

> 应面向所有人(第 12 条);研究结果应用于和平的目的(第 15 条);科学知识和信息应自由交换并开放使用(第 19 条)。

下一步就是将人类共同遗产的概念应用于生命伦理本身。欧洲理事会(Council of Europe)于 1949 年成立时,其章程确认,精神和道德价值是理事会中各国人民的共同遗产。价值代代相传,是合作的基础,是维护人类社会和文明的必要条件。《世界生命伦理与人权宣言》制定的伦理框架就是秉持这样的精神发展起来的。确定和宣布的伦理原则必须被视为人类遗产。这些原则代表了一种连贯的道德价值,让全球公民能够在全球道德共同体中一起行动和生活。

共同遗产是普遍和特殊之间的桥梁

扩展共同遗产的概念可能有助于发展"全球道德共同体"的概念。就像特定的群体只有通过共同的思想和符号才能繁荣一样,将特定的道德价值和文化对象确定为世界遗产,才能支持全球共同体。对于共同体建设至关重要的,才能称之为遗产。当遗产的概念在全球范围内得到应用,并被视为人类遗产时,就激发并创建了一个具有共同价值观和文化象征的全球共同体。这些价值和符号总是具体的,是特定身份的表达。它们反映了人类在历史和世界上的不同特点,但将它们视为共同遗产意味着它们对人类具有重要意义。它们的特殊性可以普遍化,不再是某一种特定文化的代表,而是整个人类文化的代表。但这并不意味着它们失去了特有的特征,在一个更广泛的框架中被同化。它们与这个框架相互作用,这个框架也因此受到了影响。当特定的物质、对象和价值兼具普遍性与唯一性时,就可以被认定为人类遗产。这些遗产与其他遗产的区别就在于,它们表明多样性是人类的决定性特征。在此,人类典型的特征——普遍性被具体化,多样性本身成为共同的遗产。

共同遗产的概念把世界和地方结合在一起。它突出了人类在所有多样性中所共享的东西。但是,使用这个概念具有规范性含义。第一,为了今世后代的利益,遗产应该得到保护。第二,遗产是受益非负担,它应该成为交流、创新和创造的共同源泉;遗产对于人类未来,如同生物多样性对于自然一样必要。第三,遗产是一种超出经济资源的存在。它不要剥削,而要全人类的包容和参与,以造福每一个人。"宣称"尊重人类的脆弱性、社会责任和保护后代等伦理原则是全球生命伦理的原则并将其恢复为人类的共同遗产,并不是简单地将它们作为人类活动和创造的单一空间投射到世界上。遗产

不是静态的;它助力于把人类建设成一个想象中的道德
共同体,为组织和表达分歧提供了一个总体结构。因此,
共同遗产的概念是世界主义的一个工具,世界主义的
目的就在于建立一个不断成长壮大的、具有共同象征性
的、以共同利益和全球互助为前提的全球道德共同体。
因此,全球生命伦理不仅仅在于倡导普世价值或承认道
德多样性,更在于辩证性地连接普遍性和特殊性,而这
个过程的挑战就是如何求同存异。

文化间性

如何能够在承认道德观念和方法上的分歧的同时,
寻求共同价值观? 如第 6 章所述,如果能够克服对于全
球化的简单化看法,答案就会出现。全球化既不单单产
生统一性,也不单单产生多样性;全球化同时产生两者。
目前人们置身于多种文化的交融当中。一切文化传统
都是混合的、动态的,不是僵化的,而是可以改变的。类
似的观点也适用于生命伦理。当然,不同的伦理视角
是存在的,但差异并不排除有一个共同的核心。因此,
"文化间性"一词比"多元文化主义"更恰当[4]。多元文
化主义的问题在于:虽然承认多元文化和价值体系的存
在,但却并没有真正考察人们怎样才能一起生活,怎样
才能融合起来产生新的社会关系。在实践中,提到多元

文化主义往往联想到涵化政策,即"外人"融入或者被同化进入主流文化,或者文化冷漠,即"外人"文化与主流文化和平共存,由此产生平行独立、无互动的群体,或者文化表达甚至文化撤退,即由于害怕失去文化自我而特别表达传统文化身份,加强"我们"和"他们"之间的差异。然而,一个全球化的世界,其特征不仅仅是多重价值体系的存在,更为首要的特征是这些体系之间的持续互动和相互学习。"文化间性"这个词,强调的是互动。"间性"是指分离,但也指联系和沟通。多元文化主义强调尊重多样性、个人自由、公正和平等待遇,而文化间性则引入了互动、对话、参与、信任、合作和互助的道德词汇。比起引起分歧的部分,文化间性更关注什么使人们团结在一起。它比多元文化主义具有更积极的指向;只有共存是不够的,更应该努力实践,去构建共同体。如果有共同点,就需要通过交流沟通来培养。跨文化对话的动力是寻求一致,或者说是共性,而不是统一性。趋同是文化之间不断"互译"的结果。因为没有一种道德语言是预设的,是根本的,或者是比其他语言更基础的,所以不可能跳过相互交流的过程。一个全球性的、"跨文化的"、普遍接受的参考点是不存在的。存在的只有"间隙"空间,在那里,文化相互影响,相互重叠,人们相互交流。达成共识的第一步是承认存在根本不同的"语言"。只有在差异得到表达和承认之后，共识才成为可能。我们别无选择，只能用不同的语言交流，寻找共同的遗产。趋同不是偶然的，而是不断进行审议、协商和谈判的结果。

文化间性

- 着重于互动、对话、互惠和沟通
- 关注差异种的综合、共享、相似和共性
- 承认动态的身份认同和文化演变
- 促进统一和社会凝聚
- 学习如何一起生活

公地

共同遗产指的是过去，而"公地"指的是未来。这两种观念都超越了个人的视角；它们强调人类共享什么，需要尊重和保护什么。它们强调传播的中心作用；人类需要保护他们从上一代人那里得到的东西，并把它传给下一代。这两个概念都唤起了失去、有限和生存等语境。然而，对公地的强调更明显地将注意力从过去转移到未来。公地提出了我们如何能成为好祖先的问题。"公地"激发了人们对地球资源、后代和社会转型的关注。

在人类历史上,公地是规则[5]。一个典型的例子就是存在可供公众使用并由周围的社区管理的土地。作为"公地"的土地不属于任何人,维持它是一项共同利益,需要合作和集体行动。遗传多样性则是另一个例子。

星球的遗传多样性

遗传多样性对于人类的生存必不可少。它被视为共同遗产以及农业公地。传统上,农民在地方公地上交换种子以改良已有的植物品种,从而提高产量,提高农作物对旱灾和病虫害的抗性。这些地方公地随着农业的产业化逐渐消失。育种者开始将种子收集并储存在种子银行里,进而建立育种者的公地。20世纪80年代公共育种项目私有化。这导致了利用产权控制种子并保护遗传品种的农业业务的出现。育种者可以免费利用的公地消失了。5家公司[例如孟山都(Monsanto)和杜邦(DuPont)]控制着30%的全球种子交易和38%的农业专利。然后,对于消失的遗传多样性的关注重新激活了公地的概念。2008年,斯瓦尔巴全球种子库在斯匹次卑尔根岛永冻土区的腹地开放,这个种子库由荷兰政府资助,具备450万种子样本的储存容量,开创了一个非商用的全球性的农作物遗传多样性的资源库。

不同类型的公地是有区别的:自然公地(如渔场、森林和水源),社会公地(如关怀安排、公共空间、废物处理和灌溉系统),精神和文化公地(如知识和文化产品),数字公地(特别是互联网和万维网)和全球公地(如海洋和太空)。这些类型有不同的性质,有的是可消耗的(如自然公地),有的是可再生的(如社会和文化共有物),有的是竞争性商品(一个人的使用会减少其他人可以使用的数量,如很多自然公地),有的是非竞争性商品(使用知识、想法和信息不涉及竞争,不会减少别人适用的机会反而会增加别人使用的机会)。因此,对竞争性商品应该实行获取限制,而对非竞争产品则需要开放获取。全球公地是非排他性的(因为无法限制获取而对所有人开放)和非竞争性的(一个人的使用不会影响其他人使用)。

尽管性质有差异,但所有的公地都具有共同的基本特征。首先,公地不能用常见的私有制和公有制的差别加以区分;它们是由一群人共同所有的集体财产(如地方公地)或是由地球上所有人所有的集体财产(如全球公地)。其次,公地对于人类的存续和长期生存必不可少(因为它们提供水、食物、住所,还有健康和知识)。第三,公地需要为子孙后代而保存,所以必须保证公地的可持续性。这也就是公地经常与纳入和排除、管制和监控获取以及防止过度利用的机制联系在一起的原因。

最后,公地不单单是资源,还是社会实践(因此有人提倡使用"公地化"一词)。公地表达了社会合作、互惠、共享和社会和谐的内容。公地指的是和谐与共(或者可以理解为"共同体"),不仅是人与人之间的和谐与共,也指人与自然、环境和土地之间的和谐与共。人类使用公地,也是公地的一部分。公地是基于共同利益和共同理想的社会安排。

对公地的重新关注

长期以来,公地被认为是一种古老的社会习俗,它在发达国家已经消失,现只存在于与世隔绝的土著群体。一方面,公地被认为是可悲的,因为公地鼓励搭便车行为。集体财产的问题就在于没有人为之负责,个体可以谋取利益最大化而不用分担成本,因此个人私利将毁掉所有人的长期利益。另一方面,新自由主义将共同商品转化为私人财产,而公地就是反抗新自由主义的范例。全球化重新激发了对公地的关注。例如,1995年全球治理委员会就全球公地进行了讨论[6]。公地是人类生存的资源;公地是全球居民区,是未来几代人的家园。将公地转为私有财产并限制公地使用的负面影响开始受到越来越多的关注。公地私有化会阻碍人们对公地的使用,药物研究和创新领域就是一个例子。对一些科学发现赋予专利可能导致出现多个所有者,例如基因片段。对同一事物的赋予过多的产权意味着没有人可以使用它。这就导致所有权分散,相应资源的使用受到阻碍。这种现象被称为"反公地",因为它与共享的概念相悖。

生物医学研究中的反公地

在过去 30 年中,药物的研发稳步向前,但是重大新型药物的发现却在下降。相反,制药公司将研发投入集中于已获得必要专利权的已有药物的衍生品上。新药研发的缺口是如何发生的?专利反公地。很矛盾的是,生物科技专利所有权越多,可能意味着救命的药物创新越少。那些应该研发的、可以研发的药物并没有被研发出来[7]。

公地的概念很有趣,因为它强调社会共享而不是私人占有,强调共同利益而不是个人利益,强调合作而不是竞争。它是一个话语的重要组成部分,这个话语提供:①对新自由主义的一般性批评;②对产权的具体批评;③与环境和生物圈的联接。

a. 公地是集体财产,属于地球上的所有人,或属于地方和跨国社区,这种观点意味着人们总是参与其中。

公地不是简单的可以被占用、收获和使用的资源；相反，它们是由依靠公地生活、生存和繁荣的社区的社会实践所发展、维持和管理的。公地是在人类的合作努力中产生的。例如，出现了新形式的共同财产，如万维网、自由软件和诸如知识共享、公共科学图书馆、促进知识和信息共享的一般公共许可等的主张。人们从事集体事业是因为他们关心公共利益。商业化和商品化让公地无法使用，因此威胁着现在和未来几代人的繁荣。这是医疗保健领域"公地论"的观点：卫生取决于诸如清洁的空气、健康的水和安全的食品等因素；由于这些公共卫生设施（例如提供个人卫生、公共卫生、水、污水处理和疫苗接种的系统）是经过时间推移而形成的公共卫生的一部分，因此，它们不应作为一种特权或商品，而应作为一种权利，为所有人享有。例如，地下水和含水层长期以来一直被视为公地，是公共资源，但现在日渐私有化。近9亿人无法获得安全的饮用水；世界40%的人口无法获得可靠的卫生设施。每天大约有1万人死于不安全的水和糟糕的卫生设施所引起的可预防的疾病。这些数据被用于支持水应该是公地的观点，因为这是唯一能让所有人都能得到水的途径[8]。

水资源战争

科恰班巴,玻利维亚第三大城市,于 1999 年按照世界银行的要求将城市供水私有化。私人公司大幅提高了水价。一个社区联盟组织了一系列抗议活动。因此,2000 年政府不得不废除供水私有化。世界银行总裁重申了免费或补贴供水会导致滥用行为的观点。2010 年,在玻利维亚政府的倡议下,联合国大会宣布,获取干净饮用水和卫生条件是一项人权。这项人权作为公地,对于人类的基本需求必不可少。然而,世界一流瓶装水公司——雀巢的主席却坚称水是和食物一样的东西,应该具有市场价值。

"公地语言"激活了介于私有和公共产品、市场和国家的新自由主义二分法之间的第三种选择。公地的观点认为,有一些公共领域、范围和资源应该开放使用,因为它们对所有人都发挥着特殊的作用。

b. 公地话语对于与全球化相关的知识产权制度(IPR)至关重要(尤其是版权、商标和专利)。产权已经存在了几个世纪,并与新的知识技术的创新和创造联系在一起。如今,它们又与贸易紧密相连。自 20 世纪 80 年代以来,专利申请激增,涉及范围不仅包括新药,还包括基因资源、传统知识、生物有机体以及所有形式的生命。专利是对一项发明的制造、使用、出售或进口权利暂时授予的垄断。专利有效期通常是 20 年。当代生活中,许多领域的知识产权在全球范围内不断扩大,尤其是在生命科学和医学领域。知识产权已经成为全球化的一个主要组成部分。

专利和生物制药

1980 年,美国拜杜法案(Dayh-DoleAct):允许大学为公共资助的生物医学研究成果申请专利;导致生物科技公司大量涌现。2014 年,美国生物科学公司聘用员工达到 160 万。

1980 年,美国最高法院(USSupremeCourt)于 Diamond 与 Chakrabarty 案:一个通过生物工程制成的微生物取得了专利权。

1984 年,美国 Moore 案:准许关于人类细胞系的专利。

1988 年,美国 HarvardOncomouse 案:首个转基因动物的专利。

1994 年,《与贸易有关的知识产权协定》(TRIPS)。

1995 年,世界贸易组织(WTO)建立。

2001 年,《TRIPS 与公共健康多哈宣言》。

> 2011 年, 欧洲法院 (EuropeanCourtofJustice): 人类胚胎干细胞不可申请专利。
>
> 2013 年, 印度最高法院 (SupremeCourtofIndia): 驳回诺华公司 (Novartis) 对抗癌药物格利卫 (Glivec) 的专利申请。
>
> 2013 年, 美国最高法院: "基因和基因编码的信息不可申请专利……就是因为它们是从遗传物质中分离出来的。" 但是, 合成 DNA 可以申请专利。

对全球知识产权制度的主要批评是, 它加剧了全球不平等。专利活动集中于全球北部的少数公司。这在生物技术领域尤为明显: 90% 的生命形式专利由北方公司持有, 而且在发达国家内部, 产权通常集中在少数几个权利人手中。专利引起的垄断, 允许单个所有者阻止人们对资源的访问。研究表明, 垄断增加了药品的价格。垄断企业阻碍了比较便宜的仿制药进入市场。

此外, 对知识产权的关注也与生物剽窃现象有关[9]。从商业的角度来看, 收集生物或基因材料是因为它可能会产生可以申请专利的商业产品。从植物中提取药物的例子有很多: 奎宁来自金鸡纳树, 长春新碱来自玫瑰色长春花。前者用于治疗疟疾, 后者用于化学治疗, 西方公司将它们提取出来、申请专利、然后制药销售, 然而它们作为传统知识的一部分,其实已经被土著居民使用了几个世纪。秘鲁的克丘亚人用金鸡纳树的树皮来退烧,而在马达加斯加,长春花作为一种民间药物已经有几个世纪的历史了。因此,商业公司从植物中提取这些物质用于商业用途就属于侵占行为。多年来的常识变成了私有财产,土著居民在发现这些知识方面的重要作用遭到忽视。他们不能证明是他们发现了这些物质的医学用途(没有书面声明);他们的知识是公共的、开放的;这不是个人的成就,而是一种古老的利益分享的实践。

全球知识产权制度不仅加剧了不平等,而且其本身也是不公平的全球制度秩序的结果(参见第4章)。这一秩序由世界贸易组织(WTO)和《与贸易有关的知识产权协定》(TRIPS)刻意制定,是西方国家和国际企业作为发展中国家产权所有者共同施压的结果。相关国家没有得到公平的代表,没有充分的信息共享,没有民主的商讨,只受到了政治和经济上的双重胁迫。所有的谈判都是秘密进行的,没有公众参与。各国被各种双边贸易协定强迫遵守这一秩序。而且世界贸易组织有一个争端解决机制,即如果国家违反规则,可以采取惩罚性措施。但不公平的不仅仅是秩序形成的过程。知识产权的全球化主要使西方国家受益。国际法律环境由知识产权所有者塑造,而且符合他们的首要利益。知识产权体系就说明了卫生和卫生保健的全球环境本身可能是不公平的。

由于批评的声音越来越大,尤其针对缺乏获得可担负医疗途径的批评,产权严苛的执行方式得以放宽。《多哈宣言》就主张公共卫生和健康权比保护专利权更重要,可以称为是发展中国家的成功之举。

《多哈宣言》(2001 年):专利权与健康权

《与贸易有关的知识产权协定》(TRIPS)旨在全球范围内保护知识产权。同时它也包含了"灵活性"以保护公共健康。由于很多发展中国家没有利用这些灵活性,因此《多哈宣言》提供了更多促进基本药物获得的机会。国家可以利用对仿制药强制性许可,这样,在未获得专利持有者许可的情况下,也可以制造或者进口专利药物。还可以利用专利药的平行进口,从一个国家到另一个国家以最低的价格买进药物。

然而,在实践中,发展中国家不能利用灵活性来改善药物的获得。一个主要原因是,发展中国家与欧盟和美国签署了区域和双边自由贸易协定,其中包括比《与

贸易有关的知识产权协定》要求更为严格的知识产权条款,比如,延长了专利期限,并要求对药物的测试数据提供专门保护。因此,在临床试验中获得并提交的用于新药审批的数据就不能用于获取仿制药的批准。这就导致各国无法为本国人口开发或购买价格较低的仿制药。

获得药物的途径减少

2008 年世界卫生大会(WHA)声明知识产权"不会也不应该阻碍会员国采取措施保护公共卫生"[10]。尽管如此,现实却不是这样。举个例子,2004 年签订的中美洲贸易协定提供了包括数据专有权在内的强力的产权保护。这就允许了外国制药公司在没有仿制药公司竞争的情况下推广药物。在 75% 的人口生活在贫困线以下的危地马拉,这样的现象导致药品价格升高。仿制药不是被移出市场就是根本无法进入市场。因此,中美洲贸易协定减少了获得药物的途径。

知识产权制度的主导地位引发了对公共领域地位的质疑。什么是所有人都能得到的;我们可以合作的公共空间是什么? 知识是私人的还是公共的? 私有化和商品化有什么限制吗? 产权制度实施得越严格,对获取

知识和信息的限制就越大。这不仅对卫生保健有影响,对科学也有同样的影响。传统上,科学信息可以公开获取;使用和阐述一个特定的科学理论或发现是不需要许可的。新的想法不仅来自于竞争,也来自于合作:人们可以通过网络、个人通信、公开发表的刊物以及其他渠道分享想法,重要的思想能够通过这些途径蓬勃发展。创造性活动需要自由的交流和讨论;它建立在他人思想的基础上并改变他人的思想[11]。然而,当前的趋势是从自由文化转向许可文化,在许可文化中,产权法被用来控制信息和保护现有的商业利益。因此,知识产权可能侵犯言论自由和健康权等人权。然而目前,保护产权似乎比满足人类基本需要更为重要。产权不再是通过帮助实现人权以促进全人类繁荣的工具性权利。它们已成为强者的工具,而人权却在于保护(或至少应该保护)弱势群体。这一基本批评要求我们在全球范围内对产权进行重新讨论,将产权的伦理价值与卫生、教育、文化和科学的伦理价值相平衡。此外,还需要对现行知识产权法的技术官僚概念进行批判,因为这些概念没有考虑到不断上升的伦理冲突。然而产权目前只是有限的专家群体的专长。

c. 第三,公地的概念将人类、环境和生物圈联系起来。"公地"作为一种社会实践,将社区与作为公共财产的特定区域、领域或资源联系起来。管理公地需要社会合作和个人参与,以便制定社会规范、划定边界、监测制度和实施制裁。集体治理的目标是可持续性,不要耗尽公地。传统上,森林公地被认为是生物多样性的储备库,其中包括需要为人类而保存的物种资源;森林不是树木的集合,也不等同于纸张和木材等经济资产,这些资产能够被更有利可图的如桉树或棕榈树等所取代。在全球环境恶化的今天,公地作为人类与自然的和谐关系,作为人类与栖息地之间的纽带,正受到越来越多的关注。在世界环境与发展委员会(World Commission on Environment and Development)看来,环境是共同财产;生态系统由大家共享。人类生活应该融入一个更广泛的语境;只有在与所有生命和环境和谐相处的情况下,人类生活才是可持续的。因此,"公地"常常与可持续发展而非增长联系在一起。有趣的是,目前,特别是在拉丁美洲,人们提倡一种新的世界观,重新实现了生物和自然之间的传统联系。"健康生活"(living well)的观念提倡一种不同于新自由主义意识形态的生活期望。这个观念的一个基本要素是尊重自然作为生命之源的完整性。这样的生活期望已先后在 2008 年和 2009 年被纳入厄瓜多尔和玻利维亚的宪法,这两个国家都拥有大量土著人口。在玻利维亚的倡议下,联合国宣布 4 月

22日为国际地球母亲日,感恩作为我们家园的地球及其生态系统。

健康生活(法文:buenvivir;克秋亚语:sumakkawway)

厄瓜多尔曾经在20世纪70年代经济非常繁荣。然而1995—2000年之间,它却成了拉丁美洲最贫穷的国家之一(贫困人口从1995年的34%上升到2000年的71%)。受到政局动荡、腐败和新自由主义政策的影响,厄瓜多尔的卫生保健和教育等公共服务崩溃。这样的情况急需采取社会和政治措施。Amazon、Anders当地住民的关于"健康生活"的世界观提供了灵感。在厄瓜多尔,这个世界观叫做SumakKawsay(克秋亚语),在玻利维亚叫做Suma Qamana(艾马拉语),在不同群体中有着不同的表达。比如,加拿大的土著社会有一种联接个人、土地、家庭、价值、精神和日常生活的世界观。这个世界观像一棵大树:个体行为就像是树叶;群体风俗就像是小的枝干;伦理就像是大的枝干;价值就像是大树的躯干;但是整棵树是扎根于土壤里面的[12]。

这些替代方法在两个层面上使用了公地的概

念。在全球层面：地球是我们的家园。地球母亲（或
Pachamama）是我们存在的基础，她不能被个人所拥有。
我们，作为人类，属于它且分享它。在地方层面：由于人
类是特定社区的一部分，而这些社区与自然有着密切的
联系，因此人类有责任尊重所有在其社区范围内的所有
的生物。

生命伦理和公地

对公地的重新关注对全球生命伦理辩论产生了若
干影响。

• 第一是批判性地重新评估了专利这一概念[13]。
20世纪90年代以来发展中国家知识产权制度的实施
对药品的可及性和可负担性产生了负面影响。即使允
许一定程度的灵活性，发展中国家仍受到发达国家和工
业的压力，被要求实施比《TRIPS协定》和《多哈宣言》
更为严格的产权保护。没有证据表明，专利保护对于促
进发展中国家的研究和发展是必要的。因此人们请求
废除专利，或者至少开发其他的方法。专利也不鼓励创
新，还损害公众健康和社会福利。此外，知识产权制度
与人权存在冲突。保护知识产权本身不应是目的，利用
产权增进人类繁荣才应该是目的。健康应该比贸易更
重要。

- 第二是主张减少可以申请专利的"对象"[14]。2002 年,生物技术活动家们提出了一项共享遗传公地的协定。他们认为植物、动物和人类的生命不应该被授予专利。提案重申了基因组是人类共同遗产的观点。然而,自 1980 年以来,越来越多的生物和遗传材料的专利被授予专利。这种为人类基因授予专利的做法现在得以重新考虑。

Myriad 案:人类基因不可获取专利

1990 年发现了与乳腺癌和卵巢癌高风险相关的两个基因:乳腺癌 1 号基因(BRCA1)和乳腺癌 2 号基因(BRCA2)。几年之后,生物科技公司万基遗传(MyriadGenetics)获得了这两个基因的专利权。从此,万基遗传垄断了乳腺癌的遗传检测,单次检测费用高达 4 000 美元。这对公共健康造成了巨大影响,再加上万基遗传阻碍低价检测的做法,终于在美国引发了抗议专利权的法律诉讼。2013 年,美国最高法院裁定,自然出现的人类基因不可获取专利。这里必须要对自然产品和人工产品作出区分。例如,修饰 DNA 属于人造产品,是可以获取专利的。裁决支持了人类基因组是人类遗产的观点。获取知识不应该受到限制,科学思想的交流不应该受到阻碍。至此,公共领域被重新定义并开放,遗传检测不仅能够负担,而且科学研究也会因此受益[15]。

2013年,印度最高法院驳回了制药公司诺华(Novartis)对抗癌药物格利卫(Glivec)的专利申请[16]。仿制药制造商可以继续以很低的成本提供这种药物。

- 第三是影响了关于药物获取的讨论。发展中国家无法获得基本药物可能是各种因素的结果。医学研究的10/90差距(参见第5章)就是其中之一。卫生保健基础设施薄弱是另一个原因。但是,对药品申请专利、限制仿制药竞争和提高价格肯定也是一个重要因素。有几种方法可以限制专利对护理和治疗的可获得性和可负担性的负面影响。在伦理方面,可以批评全球道德秩序的内在不公平性。人权措施也可以加强健康权的实施。在政治方面,可以在产权法律框架内提供灵活性。在经济方面,可以生产和鼓励使用仿制药。另外还有更有针对性的伦理方法,例如呼吁学术研究人员和大学的特殊责任。

扩大医疗保健:大学的责任

在最具创新性的药物中,近20%是由大学授予专利的(就艾滋病药物而言,这一比例为25%)。大学可以以人道主义许可的方式同意发展中国家生产仿制药。这种模式在 2001 年首次用于为南非的艾滋病患者提供较便宜的药物。耶鲁大学在 1986 年为一种抗反转录病毒药物司他夫定申请了专利。该专利授权给一家制药公司，该公司开发的一种药物泽瑞特（Zerit）于 1994 年批准上市，并列入世界卫生组织基本药物清单。有一段时间，司他夫定是世界上最常用的抗反转录病毒药物。它为耶鲁赢得了 2.61 亿美元的版税。在南非，许多人负担不起，因为每天的剂量需要 2.23 美元。非政府组织"无国界医学"写信给耶鲁大学当局，请求允许进口印度一家公司生产的斯塔维杜恩的仿制药，其价格下降到了 1/34。该大学拒绝了这一要求。发现司他夫定的研究人员在很大程度上得到了公共资助，他写信给《纽约时报》支持这一请求。耶鲁学生也加入了这个行列。最终，该大学同意不执行该专利。结果，药物的价格下降了 96%。2001 年，这些学生成立了基本药物大学联盟（UAEM），这是一个由研究型大学的学生组成的普世性组织，其目标是强调大学和研究人员在促进全球获得公共卫生产品方面的责任。

- 第四是重新定义了数据共享这一公共领域[17]。临床试验结果用于向监管机构申请新药的上市审批;而且经常(但也不总是)发表在科学杂志上。但患者相关的数据本身并不公开,而被视为资助公司的财产。现在有人认为,这种做法应该改变。共享数据将改善医疗,造福患者。临床试验数据复杂;它们需要由不同的利益相关者(包括关键的和独立的研究人员)进行分析和评估,确认证据有效性。然后才可以审查有关各方关于安全性、功效和有效性的主张。最近有太多的例子表明,已发表的临床证据是有选择性的、有偏见的或不完整的。从伦理上讲,公众获得更可靠的信息的比数据保护或商业秘密更重要。数据共享也说明科学活动是一个合作的活动。

磷酸奥司他韦

2009 年 6 月,世界卫生组织(WHO)宣布猪流感(H1N1influenza)暴发为大流行病。2 个月之后,世界卫生组织(WHO)建议有症状患者尽快使用抗病毒药物磷酸奥司他韦进行治疗。各国政府开始囤积磷酸奥司他韦。英国的卫生部门购买剂量达到 4 000 万,美国 6 500 万。世界卫生组织(WHO)的建议是基于 2003 年发布的十个临床试验的元数据分析。独立非盈利研究组织——Cochrane 协作网希望审查证据，要求制药商提供附有原始数据的临床研究报告，而不是已发布的临床试验报告。他们的要求以数据属于商业机密为由遭到拒绝。几年之后，Cochrane 协作网才有机会获取所有临床试验的完整数据。2014 年 4 月，协作网得出结论，数据不足以证明该药物对于猪流感的治疗有效。超过 200 亿的公共资金遭到浪费[18]。

欧洲药物管理局（European Medicine Agency）宣布，2015 年 1 月起，药物授权的决定下达之后，会尽快发布支持药物授权申请的临床报告。2016 年起，欧盟一项新的临床试验法要求所有临床试验都要注册，临床研究报告也要公开。一些大型制药公司已经改变政策，开始提供数据访问。这场数据共享运动汇集了科学家、媒体（例如英国医学杂志）和非政府组织。在合成生物学等新兴研究领域，数据共享也在迅速发展。

• 第五是人们开始努力将科学重新定义为开放和共享的活动。由于生物技术的商业化和生物医学研究的私营化，在过去的几十年里，科学已经从学术领域转向了企业领域。这已经影响到了科学界的传统规范。随着越来越多的科学不端行为和利益冲突的案例，人们越来越担心科学的完整性和客观性会受到损害。

科学的妥协

2000 年 2 月,新英格兰医学杂志(New England Journal of Medicine)就其未能贯彻利益冲突政策的做法公开致歉。过去 3 年间,几乎一半以上在该期刊发表的关于药物治疗的文章,都来自为该期刊提供资金支持的制药公司的作者[19]。

这些关切引起了人们对科学伦理和研究伦理的更多关注。政策和法规应保证科学是一种独立和协作的努力,其目的是为了增进知识和健康等基本价值,而不是为了利润。这方面的努力也表明,科学建立在"公地"概念的基础之上:思想和知识是可以广泛获取和共享的。开放的交流和自由的思想交流对科学的发展是必不可少的。当今时代的两大技术发展也说明了这一点:①公开的基因组数据有助于获得基因组信息,对人类基因组计划的成功至关重要;②如果没有共享的代码和开源软件,互联网也不可能发展得如此迅速。科学公地是健康研究的必要条件,还有一个原因,即健康不仅由医疗产品和服务促进,也由能够改变个人行为的科学信息所促进。例如科学信息告诉我们,改变饮食、更频繁地

锻炼和戒烟可以降低心血管疾病的发病率。但是,科学信息促进健康的前提是这些信息是公开的、可靠的。科学公地的概念进一步激发了开放获取出版物的运动。不受限制地获得出版物对于科学的进步和知识的传播是至关重要的。

公共科学图书馆

公共科学图书馆创立于 2003 年,是一个由科学家们出版可以开放获取的科学期刊的非营利性机构,目前已经出版了 7 个同行评审的期刊(例如在生物、临床试验、遗传和医学方面的期刊)。读者们注册会员之后可以免费获取期刊资源。一般对作者收取出版费,但对低收入国家的研究员不收取出版费。其他期刊也因此对线上出版物采取开放获取的方式。大学、协会和资助机构也越来越多地要求所资助的研究成果可以开放获取。

共同的观点

到此为止我们坚持的观点是,人权话语和世界主义理想启发了全球生命伦理学框架。这两个灵感来源都强调个人作为世界公民的权利和责任,同时也认为个人相互依存且有着共同的困境:大家都是脆弱的,都有相似的基本需求,生存都依赖与他人的合作和生物圈的可持续性。本章着重阐述了对共性的思考。在当下这样一个以经济和金融力量为主导的、一切都为私人利益服务的背景下,应该如何考虑共性? 诸如全球共同体、共同遗产和公地等概念不是被视作古老传统,就是被视作乌托邦式的空想,又或者被视作传统生活方式的浪漫回归,再或者被视为一种绝无可能改变全球化影响的狭隘思维。本章认为这些概念都与全球生命伦理息息相关。尽管这些概念是全球性的,但也不妨碍它们深深地根植于地方实践当中。它们弥合全球和地方之间的差异,强调合作和集体行动,直面全球性挑战的本质。它们还将不同层面的伦理问题联系起来:个人、群体、社会和全球。另外,这些概念还表明,塑造一种不同类型的全球化是可能的——一种不被私有化和商品化的新自由主义话语所主导的全球化。这些概念可以帮助在贸易、健康和公平之间,在自由和控制之间,在个人利益和公共利益之间,在个人繁荣和人类生存之间取得平衡。

共同遗产和公地的概念对全球生命伦理的有用之处在于它们具有规范性影响。这些影响既具有限制性又具有规范性。

a. 限制性影响

由于共同遗产不属于商业范畴并且要求利益共享,人类活动就受到了限制。公地对于人类生命的延续至关重要。公地指的是"超越国界的利益",因为公地关系到全人类。因此,有必要保护公地不受个人、国家和公司的剥削。科学和技术干预也应有所限制(本杰明·富兰克林曾说,限制剥削的唯一方式是限制技术;然而与此相反,对人类而言,只要能做的,就会去做)。这些限制也制约了新自由主义意识形态。公地不应该属于任何人,但即使公地属于什么人,也应该为所有人享用。被视为共同遗产和公地的对象不应该变成可以交易并具有交换价值的商品。公地的价值是不同的,它的价值在于,它是人类生存所必需的(例如水),它保障人类自由和谐的发展(例如知识和信息),它对积极的生活和人类繁荣至关重要(例如医疗和教育),而且它决定了创新创造的环境(例如数字共享)。

b. 规定性影响

共同遗产和公地的概念进一步将注意力集中在应该做什么上。它们为全球生命伦理原则提供了一个基本原理,因此可以为生命伦理的讨论重新定向。它们扩展、补充和涵盖了主流生命伦理的个人主义取向。人类不是孤立的个体。"公地"和"共同遗产"意味着联系;

它们不仅是物质或非物质资源,还是让群体出于人类繁荣和生存的共同关切而相互合作的社会机制。因此,注重个人繁荣的原则应与有关群体、社会和生物圈福祉的原则相辅相成。全球生命伦理不仅关注个人利益,更关注公共利益。"公地"和"共同遗产"的概念引入并阐述了诸如利益共享、保护后代和环境、互助与合作等伦理原则,方便了生命伦理讨论的重新定向。

　　总之,本章所讨论的共同观点为上一章陈述的全球生命伦理学框架中提出的原则提供了理论基础。如果共同遗产和公地的道德意义得到全球话语的承认,这些原则就是合理的。共同遗产和公地的观念提供了一种不同于主流伦理的道德观点,它们拓展了生命伦理的视野,使之发展成为一项全球性的努力。这种不同的道德观念强调的是共同利益,而不是个人利益;是合作而不是竞争;是在社区中共享而不是在市场中交换;是关心共同财产的公民而不是消费者和生产者;是保存和保护,而不是利用和开发;是未来的需要而不是当前的需要;是包容而非排斥;是归属、协作和相互联系,而不是个人自主和自给自足。

　　由于这些共同的观点构建了对于科学研究以及卫生保健实践的不同的看法,因此它们对于生命伦理尤其重要。将这些人类活动的领域视为公地就是让人类活动摆脱了新自由主义的统治。然而,公地总是处于被私有化的危险之中。因此,公地需要对所有因着共同关切而团结起来的有关方面时刻保持警惕。公地需要治理,这也就是下一章的主题。

　　问题还在于,是否会出现一个"生命伦理公地",使得生命伦理能够在主导话语中占有更多分量。关键就是全球伦理框架如何得到切实的阐述和应用。伦理上的考量可能是细致的、令人满意的,但它们是否会在现实世界中产生影响? 考虑到新自由主义全球化的广泛普及和强大的利益相关者对现有体系(例如知识产权制度)的猛烈捍卫,生命伦理的论述似乎苍白无力。然而,历史案例表明,伦理话语也不是寸步难行。最好的例证就是奴隶制的废除,这是一场卓有成效的实践运动[20]。直到19世纪奴隶制在美国和英国等国家正式禁止之后,这场运动的经济影响才开始显现。然而,仍然有人在道德上反对这场运动。奴隶制的废除是一场道德运动的结果。它不仅使用了伦理论证,而且还使用了各种社会变革的战略和工具,将道德理想转化为实践活动。接下来的几章将讨论全球生命伦理会如何推动实际的变化。

本章重点

- 人权话语和世界主义启发了全球伦理话语。因为人权话语和世界主义有着共同的理念:全球共同体、共同遗产和公地。

- 全球生命伦理越来越关注共同体这个概念,并扩展了道德群体的概念(包括所有的生命形式及其后代)。

- 人类共同遗产:

  - 这个概念意指私有财产和公共财产框架之外的、人类代代相传的东西。

  - 其具体特征是:非自用;共同管理;利益共享;和平利用;为子孙后代而保存。

  - 它的应用从公共领域发展到文化,再到人类基因组,再到伦理原则。

  - 它在地方和全球之间架起了一座桥梁;它创造了一个拥有自身价值和象征意义的全球道德共同体。

  - 它指的是文化间性。

- 公地:

  - 公地有不同的类型:自然、社会、知识和文化、数字和全球公地。

- 其特点是:集体所有;生存必需;集体行动与合作;社会性和共享性。
- 全球生命伦理可以使用公地的概念:
  - 作为对新自由主义的一般批评。
  - 作为对强化全球不平等的国际产权制度的具体批评。
  - 作为连结人类、环境和生物圈的依据。
- 当前的生命伦理辩论反映了对"公地"概念的重新思考:
  - 请求废除或限制专利行为。
  - 限制可申请专利的对象。
  - 增加医疗机会。
  - 数据共享。
  - 开放科学和出版。
- "共同遗产"和"公地"的规范性影响有:
  - 限制性:限制商业干预和技术干预。
  - 规定性:宣扬与利益分享、脆弱群体、后代、公平、互助、社会责任、环境和生物圈有关的具体伦理原则。

参考文献

1 For the minimalistic interpretation of human rights: Michael Ignatieff (2001) *Human rights as politics and idolatry.* Princeton University Press: Princeton and Oxford (especially pages 57 and 66).

2 Ubuntu ethics is explained in: Leonard Tumaini Chuwa (2014) *African indigenous ethics in global bioethics: Interpreting Ubuntu.* Springer: Dordrecht. See also: Thaddeus Metz (2010) African and Western moral theories in a bioethical context. *Developing World Bioethics* 10(1): 49–58.

3 For the speech of Arvid Pardo in the United Nations General Assembly, 22nd session, 1 November 1967: www.un.org/depts/los/convention_agreements/texts/pardo_ga1967.pdf (accessed 4 August 2015).

4 Michele Lobo, Vince Marotta and Nicole Oke (eds) (2011) *Intercultural relations in a global world.* Common Ground Publishing: Champaign (Ill); Ted Cantle (2012) *Interculturalism: The new era of cohesion and diversity.* Palgrave Macmillan: New York.

5 Derek Wall (2014) *The commons in history: Culture, conflict, and ecology.* MIT Press: Cambridge (MA) and London (UK).

6 UN Commission on Global Governance (1995), see https://humanbeingsfirst.files.wordpress.com/2009/10/cacheof-pdf-our-global-neighborhood-from-sovereignty-net.pdf, especially pp. 251–3 and p. 357 (accessed 4 August 2015).

7 Michael Heller (2013) The tragedy of the anticommons: A concise introduction and lexicon. *The Modern Law Review* 76(1): 6–25 (quotation on page 21).

8 COMEST (World Commission on the Ethics of Scientific Knowledge and Technology) (2004) *Best ethical practice in water use.* UNESCO, Paris. (http://unesdoc.unesco.org/images/0013/001344/134430e.pdf) (accessed 4 August 2015).

9 Daniel F. Robinson (2010) *Confronting biopiracy. Challenges, cases and international debates.* Earthscan: London/New York.

10 World Health Assembly: Global strategy and plan of action on public health, innovation, and intellectual property, 24 May 2008: http://apps.who.int/gb/ebwha/pdf_files/A61/A61_R21-en.pdf (quotation on page 6, item 8) (accessed 4 August 2015).

11 Lawrence Lessig (2004) *Free culture: The nature and future of creativity.* Penguin Books: New York.

12 Alberto Acosta (2014) *Le Bien Vivir: Pour imaginer d'autres mondes.* Les Éditions Utopia: Paris.

13 Michele Boldrin and David K. Levine (2012) *The case against patents.* Working paper. Research Division, Federal Reserve Bank of St. Louis: St. Louis (http://research.stlouisfed.org/wp/2012/2012-035.pdf). Alternative approaches are elaborated in: Dan L. Burk and Mark A. Lemley (2009) *The patent crisis and how the courts can solve it.* The University of Chicago Press: Chicago and London.

14 Donna Dickinson (2013) *Me medicine vs. We medicine: Reclaiming biotechnology for the common good.* New York: Columbia University Press.

15 For the US Supreme Court ruling (2013) www.supremecourt.gov/opinions/12pdf/12-398_1b7d.pdf (accessed 4 August 2015).

16 The ruling of the Supreme Court of India (2011) is given in: http://indiankanoon.org/

doc/1692607/ (accessed 4 August 2015).

17 Marc A. Rodwin (2012) Clinical trial data as a public good. *JAMA* 308(9): 871–872.

18 Tom Jefferson, Mark Jones, Peter Doshi, Elizabeth A. Spencer, Igho Onakpoya and Carl J. Hennighan (2014) Oseltamivir for influenza in adults and children: Systematic review of clinical study reports and summary of regulatory comments. *British Medical Journal* 348: g2545.

19 David Weatherall (2000) Academia and industry: Increasingly uneasy bedfellows. *The Lancet* 355: 1574; Robert Cook-Deegan (2007) The science commons in health research: Structure, function, and value. *Journal of Technology Transfer,* 32(3): 133–156.

20 Seymour Drescher (2009) *Abolition: A history of slavery and antislavery.* Cambridge University Press: New York.

第9章
全球卫生治理

决定全球生命伦理的原则是一回事。原则的应用则是另一回事。在地方和国家层面,生命伦理问题经由政府常规机制加以解决:立法、政治决策、从业人员自我管理、公开辩论、专家建议和实践指南。全球化对政府的这些机制提出了挑战。在全球层面,没有负责原则适用的权力机关。生命伦理问题的全球性质决定了国家层面的机能不足。被某个国家在伦理上禁止的做法,有时却被另一个国家在法律上禁止,或者被另一个国家所允许。第一章中提到的代孕母亲就是一个很好的例子。法国等一些国家禁止一切形式的代孕,英国等一些国家只有商业代孕是非法的,而在印度和美国的一些州,代孕则是合法的。这些差异表明,地方层面对代孕母亲的伦理评价存在差异,且对伦理评价的实际应用是受到限制的。就全球层面而言,强制一个国家执行一个伦理立场也不是不可能。即使所有国家都认同道德价值和原则的重要性,但是,要在世界各地的卫生保健实践中实施这些价值,仍然是个挑战,性别歧视、买卖器官、缺乏知情同意的案例反复发生就证明了这一点。这里的问题就是今天所谓的"治理"。如果存在全球性的伦理框架,如何在全球层面使用这个框架来解决全球性问题? 伦理原则,无论从理论的角度来看是否具有普世性,只有当它们融入地方法律、价值、习俗、制度和实践当中,并且可以在日常卫生保健中被人们所使用时,才具有现实意义。问题是,在没有一个世界政府或全球政治权力机关的情况下,如何在全球范围内做到这一点。

本章将阐述在卫生保健、药物和医学研究领域中"治理"的概念,并着重探讨治理在全球生命伦理中的作用。首先,本章会解释"全球治理"的概念。然后,阐述以卫生为重点的全球治理机制和活动。在当前埃博拉疫情的应对中可以明显看到治理问题的存在。这些问题将在本章第三节,联系全球化的不同路径加以讨论。随后将论证全球治理需要新模式的观点,尤其是考虑到所面临问题的全球性。不仅应对全球挑战的方法多种多样,而且大多数方法都是试探性的、无组织的,效果也不是很好。生命伦理参与全球治理有两种路径。本章将讨论第一种路径。首先,全球治理的概念意味着规范性的动机和选择。而全球卫生治理需要对目标和方法进行批判性分析。这种批判性分析的目的不在于利用技术优势主导政策实践,而在于提出以下伦理问题:与贸易、经济增长和安全相比,卫生的价值是什么？卫生干预应侧重于特定疾病还是侧重于卫生保健系统的基础设施？面对类似埃博拉病毒等的全球性威胁,全球互助有哪些要求？这些问题为生命伦理开辟了第一条路径,即批判性反思全球治理的机制、方向和成果。下一章将讨论生命伦理在全球治理中的第二种参与路径,即当生命伦理本身成为治理的一项特别机制时,它是如何参与全球治理的。

全球治理

全球治理的概念在全球治理委员会 1995 年的报告中使用后广为人知。它与"统治"的概念不同,"统治"与国家的权力和权威有关。而引入"治理"这个新术语的原因是全球化削弱了国家在解决全球问题方面的作用。然而,这个概念以模糊和无效为由遭到异议。对一些学者来说,这个概念只有在存在一个世界政府的情况下才行得通,而世界政府只是一个乌托邦式的想法。其他学者则对全球化究竟能否被控制、规范或管理表示怀疑。尽管如此,越来越明显的一点是,仅靠国家和国家间的合作已经无法充分解决诸如气候变化、大流行病、移民、救灾救助和贫困等全球性问题。

全球治理

"治理是个体与机构、公共与私人、管理公共事物的多种方式得集合。治理是一个持续的过程,通过这个过程可以融合冲突的或不同的利益然后采取合作。"[1]

"全球治理"是一个宽泛的概念。它至少涉及五个方面。

1. **全球问题的中心性** 当代的威胁不再是局部的或针对个别国家的,而是全球性的和相互关联的。它们对于一个国家或主体来说过于复杂。因此,当前的风险和问题的性质要求我们采取新的办法。

2. **集体行动的必要性** 创建新的决策原则、规范、机制和程序需要各方在政策和措施上的合作。基于相互协商、过程透明和各司其职的伙伴关系和集体行动是必不可少的。

3. **主体的多样性** 解决全球问题不仅涉及各国政府,而且涉及广泛的主体:政府间组织[例如世界卫生组织(WHO)和联合国教科文组织(UNESCO)];多边经济机构[例如世贸组织(WHO)、世界银行和国际货币基金组织(IMF)];国际法;非政府组织[例如大赦国际组织(Amnesty International)、人权观察组织(Human Rights Watch)和透明国际组织(Transparency International)];社会运动;跨国公司(例如制药公司);专业组织[例如国际医学协会(WMA)];慈善机构;大众媒体;宗教机构和大学(有科学家组成的知识群体)。

4. **活动的多级性** 需要在全球、区域、国家和地方各级采取集体行动。

5. **目标的差异性** 虽然全球治理着重解决共同关切,但对于治理的目标是什么却没有达成一致。目标可以是在国际生活中促进秩序、稳定、人权、和平、民主、平等和公平等。这种发散性取决于对全球治理的不同理解。它主要是一种侧重于技术解决问题的方法吗? 还是一种规范性和政治性的方法,旨在消除问题根源并抨击问题根源所在全球体系? 第一种观点认为,知识、科技和专业技能是必需。第二种观点认为,全球规范、思想和行动是必需。

卫生是全球治理最古老的目标之一。今天,正如千年发展目标(MDG)(参见第7章)中宣称的那样,卫生是国际合作的中心议题之一。虽然由个别国家对其公民的卫生负责,但问题的全球性要求我们采取共同行动。与此同时,在缺乏最高政治权力机关的情况下,全球卫生问题需要以一种不同的、无等级的方式加以处理、管理和协调,这就使得全球合作成为一种必要。

全球卫生治理

卫生保健领域的国际合作始于 19 世纪后期。在 19 世纪 20 年代末暴发于印度而在 19 世纪 30 年代蔓延至欧洲的一系列霍乱疫情促使国际社会自 1851 年开始召开国际卫生会议,然而会议提出的公约普遍没有得到有效执行。那时,国际合作的主要动机是将疾病排除在西方国家之外,强调在西方国家以外的来源国采取卫生措施。而且,各国主要关注的问题是这些以隔离为主的措施会不会扰乱国际贸易。直到 20 世纪初,随着第一份国际卫生协定[1903 年的国际卫生规范(International Sanitory Regulations)]和第一个正式的全球卫生机构[1902 年的美洲国际卫生局(InternationalSanitaryBureauofthe Americas)和 1907 年的国际卫生办公室(Office International d' Hygiene Publique)]的问世,国际卫生合作才得以进一步加强。世界卫生组织(WHO)成立于 1948 年。自 20 世纪 90 年代以来,全球治理进入了一个新阶段,人们对全球卫生的关注巨增,相关的伙伴关系、援助和资金也有所增加[2]。

a. 全球卫生

过去20年来,人们对全球卫生的再次关注要归因于几个方面[3]。首先是新疾病的出现,特别是新型感染。过去30年中,每年都会出现一种新的传染病(埃博拉、西尼罗河病毒或非典型性肺炎)。由于出现抗药性,诸如结核病等的已知疾病正卷土重来。这些传染病在全球范围内威胁着人类健康,甚至出现在来源国以外的国家。据估计,有30种传染病仅存在于发展中国家,而仅存在于发达国家的传染病只有一种(军团病)[4]。

第二个原因是贸易和疾病之间产生了联系。尽管这种联系由来已久,也能够解释在全球治理的早期阶段人们对隔离措施的分歧,但全球化加深了这种联系的影响。病原体可以在数小时内传播到地球的另一个地方。互联网和媒体可以即时传播突发事件的信息。例如,环境灾难具有跨国性质,涉及多个政府、非政府组织、公司和国际组织。食品污染也是如此。工业生产的食品出口到许多国家。如果不执行安全标准,不仅会在一国之内造成灾难,还会通过贸易传递负面影响。2008年的中国婴儿奶粉丑闻就是一个例子。三聚氰胺,一种有毒化学物质,被掺在牛奶和婴儿配方奶粉里面来增加蛋白质含量。成千上万的婴儿住院治疗。中国食品的声誉一落千丈,若干国家禁止了中国乳制品。

科特迪瓦的有毒废弃物污染

2006 年 8 月底,在科特迪瓦首都阿比让,一个拥有 400 万住民的城市,大约有 3 000 人出现了肠胃和呼吸问题。原因是荷兰石油贸易公司船只 Probo Koala 号在阿比让港口附近多处地点倾倒有毒废物。而科特迪瓦的卫生部门授权了倾倒行为,认为倾倒物只是废水。分析表明倾倒物中至少含有两种有毒物质:挥发性的硫化氢和可以在环境中持续存在并通过食物链富集的有机氯化物。科特迪瓦政府 1 周之后才采取行动,向联合国报告没有能力处理这个问题,并在 9 月份要求国际援助。法国专家敦促移除有害污泥。一天之内医学咨询量达到 1 万余例,23 人住院治疗,17 人死亡。

第三个原因是新自由主义政策的影响越来越大。20 世纪 80 年代和 90 年代,这些政策导致公共卫生状况恶化,特别是在发展中国家。世界银行(WB)等机构开始强调卫生与发展之间的关系。自 2000 年以来,世界银行(WB)一直是全球最大的卫生保健外部资助者。世界卫生组织(WHO)的政策使许多国家的药物获取过程复杂化,并成了自 1994 年《与贸易有关的知识产权协定》问世以来,国际斗争的焦点。

对全球卫生的关注最终反映于伙伴关系的指数级增长。尽管20世纪90年代全球卫生总开支停滞不前，许多发展中国家的卫生保健支出大幅减少，但90年代之后的支出呈指数级增长。现在可利用的卫生援助资源比以往任何时候都多。民间社会团体特别是非政府组织和全球卫生伙伴关系的增长尤为明显。许多新的主体进入了全球卫生领域：政府间和人道主义组织、非政府组织、私营企业和慈善基金会。还建立了广泛的伙伴关系，如全球抗击艾滋病、结核病和疟疾基金（2002年）。

b. 世界卫生组织（WHO）

作为国际卫生政策的主要决策机构，世界卫生组织（WHO）的目标是："所有人都要达到尽可能高的健康水平"[5]。基本思想是，健康是每个人的一项基本权利，而健康采取广泛的定义，不只是消除疾病或身体虚弱。世界卫生组织（WHO）在一些领域取得了成功。1980年根除了天花。麦地那龙线虫病、麻风病和脊髓灰质炎经过长期的运动也已经大幅减少。2002—2003年间的非典型性肺炎疫情的应对被视为有效响应的成功案例之一。另一方面，由于世界卫生组织（WHO）在2009年的猪流感（H1N1流感）期间反应过于迅速，从而造成全球恐慌，因此也受到了不少批评。

世界卫生组织（WHO）对于全球卫生事务难以进行

集体管理的原因至少有两个。首先,作为一个专职卫生工作的联合国机构,它以各个国家为中心。方案和预算都由会员国决定。世界卫生组织(WHO)基于会员国会费的经常预算自 2011 年以来一直在下降。三分之二的资源是预算外捐款,指定用于特定用途。因此,世界卫生组织(WHO)难以控制其财务状况,制订优先项目的灵活性和能力也就大打折扣。第二个原因是,越来越多的全球卫生资金援助并不通过世界卫生组织(WHO)进行操作。不仅世界银行(WB)等其他机构可以提供资源,而且拥有比世界卫生组织(WHO)更加雄厚资金的私人财富基金会也可以提供资源。各国有意建立了独立于世界卫生组织(WHO)的新机构和伙伴关系,自主进行预算和授权(例如作为独立实体的全球基金),大幅削弱了世界卫生组织(WHO)的公信力和领导地位。

参与全球卫生治理的主体

- 世界卫生组织(WHO)。
- 其他联合国组织:联合国儿童基金会(UNICEF)(儿童免疫、母乳喂养和口服补液);联合国人口基金(生殖健康);联合国开发计划署(UNDP)(儿童保健、产妇保健和人类免疫缺陷病毒/艾滋病;参与千年发展目标的护理人员)。

- 其他政府间组织:世界银行、国际货币基金组织和世界贸易组织。

- 非政府组织。例如:国际红十字委员会(成立于1958年);无国界医生组织(MSF)(1971);医生促进人权协会(1986年);健康伙伴组织(1987年);人民健康运动组织(2000年);全球健康观察组织(2005年);食物和水观察组织(2005)。

- 慈善基金会:巴斯德研究所(1887年);洛克菲勒基金会(1913年);阿加汗基金会(1967年);卡特中心(1982年);比尔和梅琳达·盖茨基金会(2000年)。

- 八国集团和二十国集团等政策论坛,他们在2002年建立了抗击艾滋病、结核病和疟疾全球基金。

- 公私合营组织,将国家和非国家主体结合起来。例子:全球疫苗和免疫联盟(Global Alliance for Vaccines an Immunization,2000年);国际艾滋病疫苗计划(International AIDS Vaccine Initiative,2001年);国际药品采购机制(2006年)。

- 国内和国际民间社会组织,例如,治疗行动运动(1998年,南非);卫生差距(全球获取项目,1999年);治疗宣传和扫盲运动(2005年,赞比亚)。

- 卫生名人和联合国及非政府组织的亲善大使,音乐家如Bono和Elton John;中国女主体彭丽媛担任世界卫生组织(WHO)结核病和艾滋病大使。

c. 主体很多,但没有协调人

基于以上原因,全球卫生治理的概念变得难以捉摸。这个概念最初与负责集体应对的世界卫生组织(WHO)等机构有关,现在却涉及全球卫生中的众多利益攸关方甚至卫生部门以外的机构。这些组织有不同的目标和利益需求,卫生只是他们所考量的价值之一。世界银行(WB)专注于经济增长和发展,在经济和卫生之间作出权衡。世界贸易组织(WTO)通常优先促进贸易,而非卫生监管。跨国公司致力于实现股东的利益最大化,而不是提供基本的卫生需求。非政府组织开展了各种各样的活动,例如监测和报告、传播信息、宣传具体目标、提供救济和援助,但这些活动的范围和任务往往有限且集中于个别问题。

治理不是统治。全球卫生领域表明,没有任何集中权威能够全面统治。没有一致的行动框架,只有一系列有时重叠、有时相互冲突的规则、规范和原则。许多主体有着不同的利益需求和议程安排。许多学者认为,我们迫切需要新的治理安排[6]。新的安排不仅要更加一致和协调,而且还要更加着重于解决优先事项和具体目标,例如获得药物、保护脆弱群体和被边缘化的群体、贫穷和全球公平。

治理的问题

20世纪60年代,决策者们确信传染病不再是一个严重的威胁(美国卫生局局长在1967年宣布,现在是"合上传染病这本书的时候了")。如今,这些疾病被视为重大挑战,是"全球化的阴影"。由于人类的通信和交通更快、更密集,已知和未知的疾病正在全球蔓延。遏制它们的努力必须是全球性的。尽管全球卫生治理传统上侧重于传染病,而且抗击传染病的斗争可以把广泛的主体互助起来,但正如最近的埃博拉疫情所表明的那样,一个有效的治理体系很难自我显现。

a. 埃博拉病毒的威胁

埃博拉(出血热)于1976年在中非首次发现,并不是一种未知的疾病。在刚果、加蓬、苏丹和乌干达等国家已经暴发过24起疫情。这些疫情经常局限于贫穷的农村村庄,最多只有几百病例。尽管埃博拉病毒导致一半的感染者死亡,但它的传染性并不强。它不能像流感一样通过空气传播。已知的对策是:隔离有症状的患者;追踪接触者;观察这些接触者的症状(21天)。只要能够避免接触感染者的体液,埃博拉的传播就能够得到控制。这种策略在塞内加尔和尼日利亚等国家取得了成功。不幸的是,目前还没有治疗方法或疫苗。

埃博拉出血热

2014年3月23日,几内亚共和国卫生部告知世界卫生组织(WHO),在邻近塞拉利昂和利比里亚的偏远雨林中暴发了埃博拉出血热。报告确认49例确诊病例,其中死亡病例29例。然而,埃博拉出血热疫情在2013年12月份就已经出现。无国界医生组织(MSF)在2014年2月份曾经派出团队调查。据报告,利比里亚首批感染者出现于3月份,塞拉利昂首批感染者出现于4月份。然后疫情于5月份扩散至利比里亚首都蒙罗维亚。6月份,无国界医生组织(MSF)警告世界卫生组织(WHO),此次埃博拉疫情的暴发很不寻常,并且疫情在6月份会完全失去控制。

2014年8月初,2名美国的援助人员感染,他们被带回美国并使用实验药物AMApp进行治疗。至此,世界似乎才意识到问题的严重性。8月8日,世界卫生组织(WHO)宣布埃博拉疫情为"全球紧急事件"。而此时,已有2 240确诊病例,1 229死亡病例。尽管已经指定了联合国特别协调员,但是仍然没有协调响应。2014年10月,西班牙和美国的首批感染者死亡。2015年夏季,总确诊人数达到25 000例,超过11 000人死亡。

　　埃博拉疫情的应对是全球治理失败的一个例子[7]。尽管无国界医生组织（MSF）试图提高公众的警惕，但响应非常缓慢或者根本没有得到响应。卫生部面对疫情毫无准备。政策也是杂乱无章。直到2014年8月，西方传教士感染者的死亡悲剧盖过了无名感染者的数据，才形成了全球响应。美国政府称埃博拉病毒为一项"安全威胁"，决定派遣大量军队帮助建立治疗中心。但即使在2014年9月，联合国也没有作出重大响应。

　　埃博拉疫情中，用关键作者的话说，我们所缺少的是大规模、协调的人道主义、社会、公共卫生和医疗的响应。而相关主体、知识、专业技能、预防策略是全部具备的。批评的声音尤其针对世界卫生组织（WHO）领导作用的缺失。世界卫生组织（WHO）对流行病范围和影响的认识迟钝。没有在早期主动采取行动。没有协调救助工作。世界卫生组织（WHO）后来承认，对疫情的应急处理不当。它原本可以发挥强有力的协调作用。但也有人指出，责任不仅在于世界卫生组织（WHO）。近年来，会员国大大削减了世界卫生组织（WHO）的预算。近期，卫生危机的预算削减至一半，针对传染病的资源被转移，数百名工作人员被解雇。因此，迟缓的全球响应也是成员国紧缩政治的结果。

　　治理失败的第二个原因是前面提到过的技术官僚

政策的方法。原则上,如何控制疫情是众所周知的:隔离、调查和观察。应该采取措施,并采取生物危害防护措施。但这种方法低估了艾滋病的社会、政治和经济背景。几内亚、利比里亚和塞拉利昂是世界上最贫穷的国家(分别有 55%、64% 和 53% 的人口生活在国家贫困线以下)。几内亚在 2010 年之前一直有军事独裁的历史,而塞拉利昂和利比里亚在 20 世纪 90 年代的内战中遭受重创,内战于 2002 年和 2003 年结束。鉴于这段历史,人们根本不信任他们的政府。这些国家的卫生设施和基础设施遭到破坏。许多卫生专业人员离开了。大部分医疗保健是在捐助者的支持下提供的(塞拉利昂为 60%~70%;利比里亚为 80%)。平均寿命很低(塞拉利昂为 48 岁;几内亚为 59 岁)。在这种背景下,各国不仅没有准备,而且无法采取必要的措施。一个主要问题是缺乏卫生专业人员(几内亚 1 000 万人口中只有 940 名医生;塞拉利昂 200 万人口中只有 136 名医生;利比里亚 400 万人口中只有 51 名医生)。专家估计,每个埃博拉患者的治疗需要配备 4 名训练有素的工作人员,因此将需要数千名额外的卫生工作者。此外,已有 300 多名卫生专业人员死亡[8]。

第三种解释与缺乏道德参与有关,或者更确切地说,与缺乏全球互助有关。糟糕的全球治理主要是道德失败的结果。缺乏国际援助和互助表明漠不关心[9]。有关国家无法应付这一流行病,国际援助却有限且不协调(至少在开始是这样)。较大的国家没有采取任何主动行动,而非政府组织(例如 MSF)派出了志愿者,而像古巴这样的小国则派出了数百名卫生工作者。大多数西方国家更关心的是保护自身安全,试图在自己的边界上阻止威胁,而不是从源头上消除威胁。埃博拉病毒首先被认为是发达国家的安全威胁。也许这是由已经存在的认为这种病毒极其危险的看法所加强的。冷战期间,埃博拉病毒曾是前苏联生物武器计划的一部分。作为回应,美国在军队的特殊生物安全实验室投资研发药物和疫苗。由于预算削减,这项研究的资助在 2012 年停止了。2014 年 8 月提供给外籍传教士的试验性药物数量有限,但没有针对非洲患者开发。

　　2014 年夏天,世界卫生组织(WHO)召开了一次关于埃博拉感染伦理问题的电话会议。重点是未经证实的药物是否可以用于患者。在全球一级没有提出关于协调不足的伦理问题,在地方一级也没有提出由于情况恶化而造成的困境受影响的国家,以及国际社会的冷漠和缺乏互助的问题。伦理关注的是个体治疗的前景,而不是正在发生的实际公共卫生灾难,就好像灾难可以用一种药物消除一样,尽管人们对它的疗效和风险知之甚少。

b. 治理方面的五个缺口

国际学者 Thomas Weiss 和 David Held 将全球治理的困难解释为问题的性质与解决问题的手段之间的差异[10]。已经建立了许多政府间和国际机构(在20世纪,平均每天建立一个以上的国际组织),但它们没有能力解决跨国问题。这些机构最初是由国家设立和发起的,是国家间合作的结果,但在从国际(国家间)过渡到全球一级时遇到了困难。例如,世界卫生组织(WHO)是会员国的组织;它可以协调国际合作,但必须在国家的指导下。国际社会的反应通常是短期的和局部的,而不是长期的、全球性的和持续的。这提醒人们注意 Potter 早先指出的政治问题。Weiss 区分了全球治理中的五个缺口。

全球卫生治理的缺口

知识:对于问题性质的认识没有取得一致。

规范:对于国际规范和解决问题的方法没有取得一致。

政策:规范的制定、采用和实施方面有分歧。

机构:缺乏具备充足资源和权威性的强劲的全球机构。

遵守:监督和执行力度有限;监督的责任、权力和能力不明确[11]。

c. 不同规范的角度

埃博拉的例子表明,缺乏知识并不是决定性的问题:病毒已经被识别出来,可以进行诊断测试,传染机制以及预防措施已经为人所知。然而,知识可以被忽略。19 世纪的国际卫生会议关注的是贸易的延误,忽视了越来越多的科学证据,这些证据表明,感染是在人与人之间传播的,因此严格的隔离是合理的。对最佳政策缺乏一致意见往往受到不同规范观点的影响。

全球机构的运作,特别是那些在过去的 60 年,显示了两个方面的冲突,并且都与卫生概念的解释方法有关:卫生是广义的概念还是狭义的? 卫生和诸如安全、贸易和权利等其他相关的全球问题是如何联系的?

d. 卫生:广义还是狭义

世界卫生组织(WHO)在其《组织法》中对卫生作出了广泛的定义,赋予了本组织广泛的任务。然而,在现实中,会员国倾向于采用由世界卫生组织(WHO)提供"技术援助"的以疾病为重点的方法。许多规划正在处理特定疾病,而援助往往侧重于提供药物和疫苗,而没有改善卫生保健系统。研究还涉及开发控制疾病的新技术和试验用于根除的新疫苗,而不是审查脆弱人口的社会和经济状况。这种广义和狭义卫生概念之间的冲突在埃博拉病例中得到了反映。

e. 卫生和其他全球价值

作为全球共同利益的卫生与其他全球价值之间的关系是冲突的另一个根源。如前所述,卫生可以被视为一项人权。在全球化的世界中,卫生常常与贸易和商业竞争。卫生也与发展有关。没有健康的人口,国家就不能充分发展。最后,卫生与安全的关系日益密切。流行病威胁着卫生,但也威胁着国家的稳定;它们妨碍全球交流、旅行和贸易;它们造成不确定性、恐惧,有时甚至恐慌。与此同时,人们也担心生物安全问题;微生物可以用作生物武器。

不同的政策

不同的卫生规范框架转化为不同的政策。干预可以是纵向的,也可以是横向的。纵向干预针对的是特定的疾病或卫生问题。例如,世界卫生组织(WHO)抗击疟疾和脊髓灰质炎的运动,或卡特中心根除麦地那龙线虫病的努力。这些方法侧重于生物医学问题、个别学科以及科学和技术的预期进展。横向干预的目的是加强卫生保健系统,以便建立基础设施,从长远来看,这些基础设施能够应对卫生方面的结构性决定因素。这些方法阐明了卫生和全球不平等之间的相互联系;它们的目标是人口和社会经济环境。这两种方法不仅导致不同的方案和活动,而且意味着不同的话语。横向干预往往是对新自由主义政策的批评。几十年来,许多国家的公共卫生基础设施遭到破坏,卫生服务私营化、引入使用费和减少公共卫生预算等措施,造成更多的卫生不公平现象。新自由主义强调个人责任而不是国家责任;全球卫生没有被视为一项共同利益。因此,加强和重建卫生基础设施是第一优先事项。治理只有在处理了基础结构之后才能有效。问题是谁实际领导并承担这种长期努力的责任。另一方面,纵向干预很有吸引力,因为它们有具体和可衡量的目标;而且纵向干预结果显著,可以用来吸引更多的资金。与此同时,将某些疾病(人类免疫缺陷病毒／艾滋病、疟疾、结核病)放在优先地位会导致忽视其他卫生问题,例如热带病(例如中美洲和南美洲的恰加斯病)和非传染性疾病。由于很少注意卫生的结构设置,诸如人才外流、贫穷和妇女保健等问题太过广泛,以致无法制定纵向干预政策。

　　规范性差异的另一个影响是,政策主要是由发达国家的利益驱动的,因为它们拥有决定治理议程的专业知识和资源。南方世界被认为是危险疾病的温床。人们普遍担心危机会蔓延到其他国家。政策的主要关注点是防止威胁向发达国家的方向发展。这些国家强调它们的脆弱性,而不是受影响国家的脆弱性。很少有人担心北方的生活方式和健康危害(不健康食品、慢性和非传染性疾病)在南方世界造成问题。

不完善的体系

我们这个时代的矛盾之处在于,我们日益面临全球性挑战,而应对这些挑战的手段却很薄弱。全球治理机构尤其装备不足,存在缺陷,有两个原因。

- 能力问题。机构的范围和性质不足以应对全球风险。治理是非正式的、分散的,不像政府那样有等级;有一系列的主体存在合作和协调的问题,但没有人负责。没有权威,也缺乏执行能力。与卫生有关的机构和组织之间没有明确的分工。世界卫生组织(WHO)本身结构复杂,总部设在日内瓦,有 6 个相对独立的区域办事处和150 个国家办事处。本组织依赖于会员国;它的资源不足以满足所有的需要。此外,其领导作用也受到其本国会员国的质疑。该机构根本不具备指导全球治理的能力。

- 责任问题。由于通过现有机构进行的全球卫生治理主要以国家为基础,因此缺乏对全球问题的自主权。如果国内利益需要,就会出现集体解决问题的解决方案同意这种说法。在此之前,没有一个州会对其他州的卫生威胁负责。国家间的权力差异起着重要作用;它们将许多国家排除在决策进程之外。此外,国际组织的议程往往是由少数国家的利益所驱动的。最后,缺乏问责。

埃博拉的教训

2014 年埃博拉病毒全球治理的失败引发了批评和新的建议。一个主要教训是,资金不足、人员不足和分散的卫生服务将永远无法应对埃博拉等流行病。因此,全球治理的重点应该是改善卫生系统。事实上,这是节省成本的,因为建立卫生系统的成本将比目前应对埃博拉病毒的成本低 3 倍。另一个教训是,国家卫生系统的不足往往是多年新自由主义政策的结果。第三个教训是,预防未来卫生灾难的唯一途径是全民健康覆盖,让每个人,尤其是穷人和弱势人口,都能获得基本的医疗保健。

埃博拉的治理失败现在被作为新的全球卫生议程的起点。全球生命伦理可以在制定和实施这一议程方面发挥重要作用。它可以为优先考虑卫生提供伦理上的论据。而这些论据可以用于展开政治辩论。例如,大多数非洲国家在卫生方面的支出不到政府总支出的10%,而非洲国家元首在 2001 年的《阿布贾宣言》中承诺在卫生方面的支出至少为 15%[12]。生命伦理应该阐明优先考虑卫生系统而不是特定疾病和问题的伦理论证。这也解释了对非政府组织和慈善机构当前政策的批评。国际货币基金组织（IMF）等全球参与者的政策应该从生命伦理的角度进行严格分析，因为它们实际上限制了人们获得医疗保健的机会，并将短期经济增长置于长期健康改善之上。最后，生命伦理应该坚定地支持对全民健康覆盖的承诺，认为实现每个人都能获得基本的高质量医疗服务是道德上的当务之急。这将是落实健康权的有效途径。

自上而下的治理

治理问题并不新鲜。学者们一致认为，直到 20 世纪 90 年代中期，卫生治理都很薄弱，特别是在人类免疫缺陷病毒 / 艾滋病流行方面[13]。第一，经济利益往往压倒卫生考虑（见前一章讨论的知识产权的例子）。第二，对卫生响应的看法不同。应该是生物医学，即开发新技术和药物来控制疾病和根除疫苗；还是应该以人权为基础，强调歧视和边缘化等政治和社会问题？第三，各国缺乏承诺，结果是否认问题和消极应对。本质上，这些都是导致今天治理薄弱的相同原因。21 世纪初，政府采取了许多措施来改善治理，扩大治理范围。行动迫使各国政府提供更好的药物。《多哈宣言》原则上为各国提供了更多保护公共卫生的机会。联合国大会在 2001 年宣布艾滋病疫情为"全球紧急状态"，这不仅是一个医疗问题,而且正在破坏社会和经济发展。此外,还建立了新的供资机制,如全球基金,表达了各国更坚定的承诺,但也绕过了现有的联合国机制。

全球卫生治理的困难和弱点与对全球化的不同看法有关。正如第4章所阐述的辩证观点,全球与局部之间不存在对立。许多地方事件是由遥远的发展所塑造的,而全球事件则常常受到特定环境和条件的影响。因此,全球化不仅仅是一种全球文化支配特定文化的过程。将局部环境置于难以控制且同质化了特定身份和价值的外力之下,并不是一种不可抗拒的现象。尽管如此,这种"自上而下的全球化"似乎是治理政策的主导观点。这些政策依赖于国家的力量,因为它们是在没有强大的国际组织的情况下唯一能够执行法律的国家。当有强大的全球性机构(如世界银行和国际货币基金组织)时,它们会实施有利于霸权经济力量的新自由主义政策,而全球信息则由西方媒体公司控制。印度人类学家 Veena Das 讨论了上述全球化的一个例子,即在世界卫生组织(WHO)和联合国儿童基金会(UNICEF)的倡议下,印度国家开展的免疫运动[14]。记录由那些想要推进成功故事的官员保存,而且只计算了分发抗原的剂量,没有计算免疫儿童的数量,还不鼓励卫生工作者报告疫苗的不良反应。局部传染很快又出现了。

　　相反,如果认真对待全球和地方层面的辩证关系,
很多全球化是"从下而上"的。在这个观点中,每个人
都参与了全球化。"全球的"通常是在当地形成的。因此,
全球化不仅是被动地经历的,而且在许多情况下是由地
方一级的公民团体、机构和机构积极创造的。从这个角
度看,全球生命伦理并不仅仅是指超越各种文化或与之
相互作用的伦理价值和原则,而是指全球价值是在与当
地价值体系的相互作用中共同产生的。可以说,全球伦
理框架也来源于世界各地人们之间迅速增长的多方面
的相互联系。全球价值是"后普遍"的;它们在"文化间
性"(参见第7章和第8章)的范围内进行了阐述。

　　从下而上的全球化意味着一种不同的治理方式;它
植根于当地的传统,允许许多利益相关者的参与(包括
弱势和被排斥的人口)和草根运动和网络,参与全球公
民社会,并在横向合作活动中寻求全球互助[15]。鉴于
上下文知识的重要性,治理需要超越对个人的关注,关
注结构和关系。就像《公共共享管理》(参见第8章)一
样,全球治理必须包括地方人民,将权力和资源从国家
机构和全球机构转移到地方社区。这种方法强调通过
公共话语、社会行动和政治斗争在全球范围内建立互惠
和互助的做法。因此,国际化的愿望激发了一个理论框
架,但它们是通过缓慢的日常努力实现的。

治疗行动运动(TAC)

后种族隔离的南非于1996年通过了新的宪法。健康权被庄严载入新的宪法中。同年,3%的全国人口感染了人类免疫缺陷病毒,感染比例于1999年上升至10%。1996年新的有效治疗方式出现,但是价格过高。1998年,一个艾滋病活动团体展开了治疗行动运动(TAC),主张政府应保护患者的治疗权。治疗行动运动通过抗议、社会动员和法律诉讼多种手段,试图改善基本药物的获取。运动的一个重点就是过高的药价。2001年,南非政府推出新的药物法案,法案允许低价药品的制造或进口,而几大跨国制药公司联手,试图组织该法案的出台,治疗行动运动(TAC)支持了政府的做法。另一个重点是南非政府本身。根据宪法中健康权的条款,南非政府应积极履行提供治疗的义务。治疗行动运动(TAC)认为,南非政府忽略公众健康,因此也违反了宪法要求。治疗运动行动(TAC)上诉法庭。2001年,宪法法庭判定治疗行动运动诉求正当,指令政府在全国范围内实施抗击反转录病毒的治疗方案。方案于2004年初开始实施。目前南非拥有全世界最大规模的治疗方案[16]。

新的治理形式

在发展新的全球治理体系方面,作为国家治理的替代方案,全球生命伦理可以发挥重要作用[17]。许多学者认为,首先需要的是对全球化和治理的新视角。接下来,应该有一个更广泛的治理方法,包括更多的参与者和利益相关者。最后,在不同形式领导的鼓励下,应该发展新的实践。

a. 更广义的治理

从下而上的全球化视角不仅意味着对全球过程的不同看法(作为全球和地方之间的辩证法),而且也激发了地方活动与全球发展的联系。在这种相互联系中,共同生活的新方式正基于一种共同的世界感和共同性而发展;跨国互联互通将促进全球价值和全球公民意识,同时明确具体的价值。这些不同文化和辩证的过程应纳入治理,以便就如何最好地解决全球问题达成一致。因此,我们需要的是哲学家 Karl Otto Apel 所称的"二级全球化"(second-order globalization),这是一种人类互动的新秩序,不仅需要管理,还需要变革[18]。这种管理方法将需要至少加强一些国际组织,例如卫生组织,尽管它们应该以不同的方式运作。它还将要求更深入地阐明共同价值观念和目标的共同框架。这种更明确的全球化需要规范的反思和活动：阐明对整个人类来说很重要的价值；为子孙后代描绘保护地球的目标；促进全球公平，使所有人都能分享科学的进步。在这一点上，生命伦理可以积极作出贡献，认识到卫生治理总是在政治化的背景下进行，强调有必要确定、澄清和批评价值、理想和目标。对新期望的强调主要是指对所谓"规范网络"的需求，这是一个由原则、价值和规范构成的网络，可以为社会活动提供结构。在这样一个网络中，特定的参与者可以操作、相互联系和合作。

b. 更多主体参与

当前的全球卫生治理仍然由国家主导。自下而上的全球化需要更广泛、更具包容性和参与性的主体和利益相关者联盟。世界卫生组织（WHO）等全球机构应与非政府组织等非国家主体接触。目前它们之间鲜有合作，更别提它们与民间组织的协作了。科学界也应该更多地参与全球治理。强调科学在治理中的作用是因为技术在当今社会具有重要意义，技术便利了不同主体间的横向联接。当代信息技术为治理创造了更多的可能性，建立了由专家组和个人、研究中心、部委、非政府组织和联合国机构组成的网络，并增强了全球监测能力。关于潜在的暴发、灾害或其他重大全球卫生事件的信息不再依赖于国家的报告（国家有时有意延迟或隐瞒此类信息)。特别是对于新出现的疾病,已经建立了新的电子网络(例如2000年的全球疫情警报和反应网络)。它表明了当更广泛的主体进行合作时,什么时候可以做什么。在援助领域也存在着同样的潜力。尽管70%的卫生援助是双边的(从一个国家到另一个国家),但全球伙伴关系、资金和私人捐赠的增长,使红十字会和无国界医生组织等非政府机构变得越来越重要。

c. 不同的做法和领导方式

领导对指导全球卫生治理至关重要。世界卫生组织(WHO)因缺乏领导能力而受到批评。但是,1987年,它带头设立了全球艾滋病方案,但是,1996年设立了一个单独的方案,即联合国艾滋病规划署,削弱了这种领导作用。该组织还批评中国最初否认非典的暴发;它不顾加拿大等成员国的意愿,发布了旅行警告。与此同时,阐明疾病的社会背景和卫生基础设施的重要性的努力往往是三心两意的,从而超越了针对个别疾病的目标。尽管世界卫生组织(WHO)的任务是将卫生和人权联系起来,但它并没有批评对全球卫生具有破坏性的其他全球组织的新自由主义政策。因此,加强世界卫生组织(WHO)的作用将不是来自其会员国。然而,全球化进程正在产生新的合作做法,为全球治理提供了机会。TAC的例子说明了如何将全球思想本地化。利用国内法、教育运动、社区参与、政治活动和国际联网的优势,在特定的范围内具体规定和适用健康权等全球原则。新型的地方和全球行动主义催生了网络治理。这些做法(参见第 11 章)有助于良好治理的核心价值:透明度、问责制、代表性和参与。他们还强调了全球治理中的第五种差距:不遵守规则。制定标准是一回事,遵守标准又是另一回事。

总结

全球卫生治理是当今世界面临的重大挑战。解决卫生问题需要跨境合作,不仅是国家之间的合作,还需要一系列不同机构和主体之间的合作。它还需要分享知识和专门知识,认识到对卫生的威胁不再是个人或国内的,而是全球化的;它们代表着共同的关切。此外,卫生取决于社会和经济条件。卫生被称为"世界极端贫困和不平等的晴雨表"[19]。本章认为,生命伦理可以在全球卫生治理中发挥特殊作用。生命伦理可以帮助缩小全球治理中的差距。首先,它提供了澄清全球问题性质的知识。其次,它检验规范的观点,仔细检查分歧和确定趋同的可能性。第三,它协助制定和通过政策。第四,它可以通过阐明全球责任、公平和互助的重要性来加强全球机构。生命伦理之所以发挥作用,是因为治理不仅仅是一种基于事实、科学专门知识和技术的技术或管理方法。治理还包括价值、规范和思想。生命伦理具有反思性的资源,可以在澄清规范性观点方面作出治理和关键贡献,这些规范性观点指导政策和制度朝特定方向而不是其他方向发展。当然,这些贡献是潜在和间接的,因为在日常实践中,务实的政策考虑可能更有力。然而,今天,生命伦理越来越直接地参与全球治理。下一章将说明,生命伦理正日益成为一种治理机制。

本章重点

- 全球治理是指国家和非国家主体共同治理全球问题。

- 全球卫生治理的重点是全球健康,尤其注意传染病。主要机构是世界卫生组织(WHO)。目前,有许多机构和组织参与全球卫生治理,但是缺乏一个中央权威机构从中协调。

- 2014—2015 年的埃博拉病毒(Ebola virus)疫情显示了当前的治理问题。

- 全球卫生治理存在五个缺口:

  - 知识不足。

  - 不同的规范性观点(例如健康概念有广义有狭义)。

- 不同的政策(例如有的侧重于特定疾病,有的侧重于健康系统)。
- 制度薄弱(存在能力和职责问题)。
- 合规性不足。

- 全球卫生治理的主导观点是"自上而下的全球化"。然而,由于国家的作用有限,"自下而上的治理"会更具影响力。

- 全球卫生治理需要新的治理形式,而全球生命伦理在这方面可以有所助力:
  - 需要基于共同价值观和共同目标的、更广泛的全球治理和全球化。
  - 需要吸引更多的主体和利益相关者的参与。
  - 需要以不同的领导形式来激发新型实践的演变。

- 生命伦理可以通过对治理机制、治理方向和治理结果的批判性思考,为全球卫生治理作出贡献。

参考文献

1 Commission on Global Governance (1995) *Our global neighbourhood*. Oxford University Press: Oxford, p. 2.
2 Mark W. Zacher and Tania J. Keefe (2008) *The politics of global health governance: United by contagion*. Palgrave Macmillan: New York.
3 Sophie Harman (2012) *Global health governance*. Routledge: London and New York;

Jeremy Youde (2012) *Global health governance*. Polity Press: Cambridge (UK).

4 B. Cockerham and William E. Cockerham (2010) *Health and globalization*. Polity Press: Cambridge (UK) and Malden (USA).

5 See: Kelley Lee (2009) *The World Health Organization (WHO)*. Routledge: London and New York.

6 For example, Thomas G. Weiss (2013) *Global governance. Why? What? Whither?* Polity Press: Cambridge (UK) and Malden (USA).

7 Lessons from Ebola are provided in: *Save the Children: A wake-up call. Lessons from Ebola for the world's health systems*. London, March 2015 (www.savethechildren.org/atf/cf/%7B9def2ebe-10ae-432c-9bd0-df91d2eba74a%7D/WAKE%20UP%20CALL%20REPORT%20PDF.PDF) (accessed 4 August 2015).

8 For the data on poverty, see: https://data.un.org/Data.aspx?d=MDG&f=seriesRowID%3A581 Data on the number of physicians per country: see Global Health Observatory Data Repository (http://apps.who.int/gho/data/view.main.92000). Data for Guinea are for 2005, Sierra Leone for 2010, and Liberia for 2008.

9 Critique of Ebola governance as a normative failure is made by Anthony S. Fauci (2014) Ebola – Underscoring the global disparities in health care resources. *New England Journal of Medicine* 371(12): 1084–1086. He argues that indifference and lack of coordination prevailed. What was lacking was 'international assistance and global solidarity' (Fauci, 2014, p. 1086).

10 Thomas G. Weiss (2013) *Global governance. Why? What? Whither?* Polity Press: Cambridge (UK) and Malden (USA); David Held (2010) *Cosmopolitanism: Ideals and realities*. Polity Press: Cambridge (UK) and Malden (MA).

11 Thomas Weiss (2013) *Global governance*, pp. 45–61.

12 The Abuja Declaration, 24–27 April 2001: www.un.org/ga/aids/pdf/abuja_declaration.pdf (accessed 4 August 2015).

13 Geoffrey B. Cockerham and William E. Cockerham (2010) *Health and globalization*. Polity Press: Cambridge (UK) and Malden (USA).

14 Veena Das (1999) Public good, ethics, and everyday life: Beyond the boundaries of bioethics. *Daedalus* 128(4): 99–133.

15 Jeremy Brecher, Tim Costello and Brendan Smith (2000) *Globalization from below: The power of solidarity*. South End Press: Cambridge (MA).

16 Mark Heywood (2009) South Africa's Treatment Action Campaign: Combining law and social mobilization to realize the right to health. *Journal of Human Rights Practice* 1(1): 14–36.

17 Proposals for improving global governance for health are made by the Commission on Global Governance for Health (2014) The political origins of health inequity: Prospects for change. *The Lancet* 383: 630–667.

18 Karl Otto Apel (2000) Globalization and the need for universal ethics. *European Journal of Social Theory* 3(20): 137–155.

19 Sophie Harman (2012) *Global health governance*. Routledge: London and New York, p. 1.

第10章
生命伦理学治理

上一章介绍了"治理"与全球化之间的联系。如果各国政府采用的传统机制和程序适用于各国内部,那么这对于各国而言就是足够的。但就全球范围的国际合作而言,这显然是不够的。治理面临的挑战在于它需要一种不同于政府的方法。然而,放眼全球,许多方法仍以国家和国际政府为前提。全球生命伦理学也面临着同样的挑战。

传统上,医疗保健实践是由医学界来治理的(参见第2章),其重点是个体从业者。伦理话语阐明了可靠专业人员所需具备的美德、所应有的行为和责任。其标准和规范由行业协会制定和实施。然而,当科技发展引起广泛的伦理关怀时,这种"行业治理"(government by profession)就越来越问题百出。可以说,20世纪70年代生命伦理学的兴起给我们提供了一个讨论和分析这些问题的新平台。在此背景下,一种新的"治理"(governance)系统首先出现在美国,之后其他国家纷纷仿效美国的实践(参见第 3 章)。尽管在该系统中,医学专家不再扮演主导角色,而是有各种各样的角色参与其中,但各国政府仍是主要的推动力量。各国制定法案、发布指导方针、组建委员会、赞助研究和促进伦理教学。同时,各国的努力只有在各方人员,尤其是生命伦理学家的推动下得到公众认可,才算是成功的。特别是自 20 世纪 90 年代以来(参见第 4 章),这种国家治理模式就已扩展到国际层面。国际活动和国际机构总体上也采用了国家层面上生命伦理学的基本要素,强调国际合作与协调。但是,一种全球生命伦理学治理方法正在形成中。本章首先探讨从国家治理向国际治理乃至全球治理的转变,找出全球生命伦理学治理的必需要素。随后,本章区分了两种类型的生命伦理学治理,即通过生命伦理学进行治理(governance through bioethics)和生命伦理学治理(governance of bioethics)。前者强调全球生命伦理学对发展和治理研究、保健和医学三大方面政策与实践的重要贡献。后者则强调发展和治理生命伦理学本身,使其能够更加有效地解决全球生命伦理问题。

国家生命伦理学治理

许多国家所建立的伦理基础设施都含有我们上一章讨论的组成元素。区别仅在于这些伦理基础设施能够解决的问题并非全球性的。由于决策者面临着新问题,因此生命伦理学治理的需求应运而生。科技的进步带来了社会争论,例如转基因动物、器官移植和医学研究等,而行业内部的自我规范却难以预防、消除公民社会伦理方面的忧虑。如第 2 章所述,医学研究的丑闻和与新技术有关的伦理问题引发了从医学伦理向更新更广泛的伦理话语的转变。一方面,科技的进步表明科学、行业内部和公民社会的观点、利益往往是不同的。另一方面,传统的治理形式已远远不够。其形式是技术层面的,强调科学权威和专业知识,通常不够透明,处于封闭状态;它们甚至可能进一步降低公众对科学的信任。在这种情况下,生命伦理学为决策者提供了新的治理可能性。它可以将技术创新与公民关怀联系起来,调和各方观点和利益,从而平息争议和讨论。新的生命伦理学科(详见第 2 章)体现了广义伦理学的概念特征,这使其成为采用民主治理方法的理想机制。包容需要多学科融合,多方参与;反思强调了审议、对话和讨论的必要性;整体性方法意味着看待健康和人类更为广阔的视野;人类价值观也证实事实并非唯一重要的因素。因此,生命伦理学有助于塑造新的治理形式,这种形式以各方协商和各级活动为基础,有更强的包容性,透明性和责任意识。生命伦理学最初是作为一门学科而建立的,之后迅速成为一种政策工具。1974 年美国率先设定了一种模式，即成立了第一个国家生命伦理学委员会、审理了备受瞩目的诉讼案件并设立了专门的立法机构。之后，其他国家迅速效仿该模式。

公牛 Herman

1990 年 12 月，世界上第一只转基因公牛 Herman 在荷兰诞生，引发了有关动物生物技术的激烈讨论。该公牛经过基因改造，其雌性后代可以产生人乳蛋白——乳铁蛋白（lactoferrin）。动物保护组织认为，动物已沦为科学知识和商业生产的工具。几年前，在英国暴发的牛海绵状脑病（bovine spongiform encephalopathy）（简称"疯牛病"mad cow disease）已经使公众意识到生物产业的不健康状况。政府反复表示风险很小，食用牛肉很安全，却隐藏起关键证据。因此，该事件还表明政府对人类风险管控不当。随着感染数量的增加，公众对政府所采取的政策信心大减。在这种情况下，荷兰政府无法继续采用过去主要依靠科学知识的治理方法。1997 年成立了专门的国家伦理委员会，即动物生物技术委员会（Committee on Animal Biotechnology, CAB）。伦理和生物技术专家向部长提供有关伦理可接受性和相关许可的建议[1]。

国际生命伦理学治理

　　国际生命伦理学治理还面临着其他问题。尽管各个国家或地区都会出现类似的社会和伦理问题,但这些问题无法在各国或地区内得到控制,因此影响着国家间的关系。生命科学和生物技术需要国际社会共同的努力以及广泛合作。生物产品在市场竞争中会对经济造成影响。生物产品的引入和应用都需要得到公众支持。因此,国际问题需要各国政策的协调一致,尤其是各国在同一体系中合作的情况下。如果各国有不同的国家政策,那么我们如何平衡科学和经济效益与公众舆论呢?

　　一个典型例子是欧洲治理。欧洲治理显然是从技术层面发展为更开放的治理形式的。之前,欧洲曾根据经济潜力和科学进步来界定政策问题,主要依靠专家小组来进行科学风险评估。然而,20 世纪 90 年代引入的转基因食品导致许多欧洲国家抗议活动加剧。反对这些生物技术产品的消费者团体和非政府组织指出,除了转基因食品蕴含风险以外,还有伦理方面的忧虑,如人权、人类尊严和对自然的尊重。再者,公众对风险的认知也并不科学,公众往往强调环境影响以及对生物多样性和有机农业的潜在危害。此外,反对人士将经济竞争力置于全球背景之下,认为强大的产业利益(美国是全球最大的转基因作物出口国)只是其中一个考虑因素,但未必会推动决策。

转基因食品(genetically modified foods)

　　大豆和土豆等转基因食品于20世纪90年代中期开始投放市场。在欧洲和亚洲,出现了许多反对这项技术的团体和组织。在许多国家,公众舆论强烈反对转基因食品("弗兰肯食品",Frankenfoods)。抗议者甚至至今仍在破坏转基因作物试验。公众的抵制引发了监管冲突,尤其是在欧盟国家。在科学和商业团体的双重压力下,最初的监管目标仅是转基因食品的市场投放。抗议和抵制也随后在奥地利、德国和法国等国上演。几个国家宣布暂停引入转基因作物。在这种情况下,欧洲理事会不得不改变其政策。1997年,委员会为了提高消费者对转基因食品的选择,对所有转基因食品采用了强制标签[2]。

　　争议重重之下,欧洲治理已重新规划。其目的是更好地与公民沟通,提高透明度和问责。因此,新治理实践的基本特征是公众讨论、民间社会的参与,以及

各方参与和协商。然而,善政原则(principles of good governance)在国际舞台上的应用是建立在国家层面的治理经验之上的。尽管新的治理政策具有跨学科和开放的特点,但治理的重点仍然是专家建议。在此框架内,生命伦理学起着关键作用。决策者将生命伦理学视为超越了不同文化和伦理维度,使用共同语言来讨论问题的机制,以缓解紧张局势并克服相左的伦理立场。生命伦理学在欧洲治理中的定位遵循了下面两个步骤。首先是确定共同的伦理框架。1997 年的《奥维耶多公约》(Oviedo Convention)实现了这一目标。该公约认同某些对欧洲至关重要的价值观,为生命伦理学成为政策工具提供了合法性。第二步是建立专门的伦理委员会。1991 年成立的欧洲科学和新技术伦理小组(EGE)是欧盟决策者的咨询机构。它的作用已逐渐从提供信息和给出政策建议扩展到代表民间社会和公众参与。欧洲理事会(Council of Europe)于 1985 年成立了生命伦理学专家委员会,该委员会最初只是特设委员会,之后成为常设机构。该委员会起草了《奥维耶多公约》及其后来的附加议定书。

全球生命伦理学治理

　　《世界人类基因组与人权宣言》(UDHGHR)公认

是全球生命伦理学治理的第一推动力[3]。该宣言不仅经联合国教科文组织所采用,也受到了 1998 年联合国大会(UN General Assembly)的青睐。它发起了一场出于经济考虑的事关人体和人类生活的伦理问题的全球讨论,突出了全球层面上生命伦理学治理的两个重要方面。第一个方面是将科学视为有共同原则的全球公共领域(a global commons)。尽管 1990 年启动的"人类基因组计划"(Human Genome Project)的某些应用可能会被私有化,但是该计划所产生的知识应该属于公共领域。这些新知识应该得到广泛传播并提供给那些自身并没有参与研究的国家,从而造福人类。由于基因组是人类的共同遗产,因此有必要超越严格的经济学视角。第二个方面是对人权的强调。基因技术可用于限制生育自由,促进性别选择,因而引入了新形式的歧视和污名化。出于多种原因,有些国家获得遗传服务和潜在新疗法的途径也可能受到限制。只有我们对伦理关怀,特别是对人权的影响多加关注,新知识才能造福全人类。

这两个方面说明,全球生命伦理学治理中,问题的本质首先是不公平(inequity)。在全球层面上,我们主要关注如何实现全球正义,而非如何消除争议(在国家层面上)或如何调和各种不同的方法(在国际层面上)。尽管解决全球问题是一项更为广泛的任务,但治理的其他组成部分在各个层面上都是相似的:合作需要、各种参与者、各层面的活动和不同的目标。如果各国无法就基本原则达成共识(稍后将详细说明),那么不仅会涌现出更多不同的伦理观,而且也不会出现后续的执行机制或监督程序。

生命伦理学治理的方法在各层面上都是相同的。首先要建立一个全球伦理委员会,即 1993 年的国际生命伦理学委员会(International Bioethics Committee,IBC)。其次是伦理框架的发展——最初涉及遗传学领域,之后扩展为普遍意义上的生命伦理学。这种方式为探索、检查、规范和协商与科学进步相关的伦理价值创造了独立空间。全球生命伦理学治理的目标是温和的。《世界人类基因组与人权宣言》(UDHGHR)旨在激励国家立法。由于缺乏实质性的国家立法,国际人权法在这一领域过于模糊和不明确。因此,我们有机会发起一项全球倡议,不是把框架强加给所有国家,而是就如何发展造福全人类的人类遗传学开展全球对话。但是,即使是这一温和的目标,也需要巧妙的审议、互动和实践,以消除争议,否则将产生无效的声明。克隆的全球治理就是一个例子。

《人类克隆宣言》

1997 年 2 月，苏格兰研究人员由于培育了多利羊引起了世人瞩目。多莉(Dolly)是由取自乳腺的成人体细胞克隆而来的。在发布会上，有人立即提出可以使用相同的体细胞核转移(somatic cell nuclear transfer)技术来克隆人类。在法德倡议起草一项禁止人类生殖克隆的公约之后，联合国大会于 2001 年开始讨论生殖克隆的问题。人们一致认为，应禁止通过克隆胚胎来制造婴儿。各国不同意使用体细胞核移植技术来制造胚胎，从而获取胚胎干细胞，即所谓的研究克隆(也称为"治疗性"克隆，尽管将来可能用于治疗)。这两种目的采用了相同的技术，而该技术会破坏胚胎。因此，大多数国家都希望禁止一切形式的人类克隆。然而各国却无法达成共识。各国代表在纽约州进行谈判。从一开始，谈判就是政治性的，没有任何生命伦理学委员会、科学家或公众的参与。大会于 2005 年 3 月以 84 个国家赞成、34 个国家反对和 37 个国家弃权的结果通过了《人类克隆宣言》(Declaration on Human Cloning)。尽管各国就具有法律约束力的条约达成了初步协议，但就生殖和研究克隆的结合所达成的协议无法让人信服。之后，许多国家宣布他们不会遵守该宣言[4]。

在国家、国际和全球层面上,生命伦理学治理的发展表明,生命伦理学正在成为全球卫生治理中不可或缺的组成部分。它正在取代现今不足以解决社会、伦理问题的传统治理形式,在与日俱增的重重挑战之下,为解决全球问题作出贡献。因此,今天的治理通常是通过生命伦理学进行的。但是生命伦理学的这一新角色也引发了人们对生命伦理学治理的质疑。要执行此角色需要何种学科或专业知识形式?在何种意义上它仍然是伦理学(即对生命科学和医疗保健发展的规范评估)?要解决全球问题需要什么样的生命伦理学?"交易"在这里是什么意思?我们只有严格审视了生命伦理学在当今治理中的所起的作用之后,才能得到这些问题的答案。

通过生命伦理学进行治理

目前,生命伦理学应用于治理,可以把科技进步的文化、社会关怀转变为伦理关怀。生命伦理学提供了一种新的语言来促进观点的交流,以一种折中的方式重新定义问题,从而给出建议或决定。早期,这是国家和国际层面上生命伦理学讨论的原则主义优势。简单来说,生命伦理学是有限原则的应用。这一概念意味着,生命伦理学具有明确的任务,这些任务对于研究、保健实践以及政策制定都是大有裨益的。要想构建全球框架,我们需要通过其他诸如团结、合作、社会责任和全球正义等概念来进一步扩大讨论范围。由于生命伦理学的这些特性,生命伦理学有助于全球决策者处理科学、经济利益与公众关注之间的潜在冲突。

a. 四个功能

通过生命伦理学进行治理的新方法基于全球生命伦理学的四个功能[5]。

1. **法规**(regulation) 生命伦理学涉及许多规范文书的制定,其中包括各类准则、建议、声明和公约等。许多国家都涌现了大量与医疗保健和医学相关的监管活动。中国就是一个例子。如果中国想成为生命科学研究的全球参与者,就需要制定与全球标准一致的监管框架。当然中国近年来也是这样做的。

2. **监督**(oversight) 许多国家建立了伦理委员会网络,提供了监督机制,特别是在卫生研究领域。这些审查系统在全球范围内日益协调。研究伦理委员会网络的成立是为了将各种方法进行统一和规范。国家伦理委员会全球峰会也可以让大家交流经验和最佳实践。

3. **审议**(deliberation) 治理要求公开讨论科学、技术和医疗保健的发展。但是,各国范围内的讨论空间可能大不相同。科学发展所带来的伦理问题并非只与科学家或决策者有关,而是关乎每一个公民的福祉。虽然对话和观点交流是必要的,但某些文化中,民间社会参与者更加坦诚。

4. **互动**(interaction)　全球生命伦理学需要价值观和伦理原则的互动。个人在实践中将政策和指南应用于其他个体。研究人员与研究对象之间、医生与患者之间以及护士和需要护理的人员之间都要进行互动。知情同意协议(informed consent protocols)虽由伦理委员会批准,但在实际实践中只有极少的后续追踪和质量管控措施。

b. 全球生命伦理学治理存在的问题

许多国家都已建立了包含以上四个功能的伦理基础设施,且国际和全球范围也使用了相同的功能来建立类似的基础设施。然而,从全球角度来看,这些实践面临着严重的问题。

• **多样性和多元化**　这四个功能的实现方式是多元化的。以监督职能为例,虽然现在许多国家在研究领域使用伦理审查委员会,但没有哪一种模式更受人欢迎。即使有国家伦理审查委员会,地方层面的审查方式也会因为机构环境(学术、商业或护理环境)的不同而有所不同。即使监管环境相同,审查实践也可能有所不同。生命伦理学政策委员会也存在类似的多样性。第一个国家生命伦理学委员会于 1983 年在法国通过总统法令建立。它为 1994 年通过的"生命伦理学法"（bioethics laws）立法提出了建议。虽然英国没有官方认可的国家生命伦理学委员会，但为几个有争议的领域特设了专家委员会，例如人类遗传学、基因治疗、人类胚胎和人体组织研究。全球 90 多个国家设有国家生命伦理学委员会。不同国家的伦理委员会目标迥异，如提供政策建议、改善患者护理、保护研究参与者以及建立良好的专业实践等。一些委员会只有一项任务，另一些委员会则兼有多项任务。其指令、使命、工作实践和组成各不相同。这种多样性意味着生命伦理学治理并不统一。例如，以色列没有国家生命伦理学监管机构，只有零散的法规、许多相关的成文法和由专家主导的特设咨询委员会网络，也没有公众参与活动。该体系是由官方专家伦理委员会组成的技术官僚政治。另一个例子是新加坡。因为分散的审查委员会无法提供维护公众信任和研究完整性的治理框架，所以新加坡政府成立了生命伦理咨询委员会。

　　现有的多样性促使人们不断要求精简和统一，特别是在卫生研究领域。有人认为，国际合作需要类似的标准和程序。对国际争议的反应通常是加强监督，强调执行统一的原则。这样做的挑战在于这些原则始终需要在某种情境中应用。因此,我们必须考虑到情境的特点,尤其是在进行伦理审查时。因此,研究计划不应仅以技术方式(例如侧重于个人权利)进行审查,还应包含在某些价值结构中(重点关注社区和社会)。否则只会导致通用标准和当地实践之间的紧张关系。生命伦理学治理并非强加的伦理框架或对这些原则、指南和法规严格的应用。由于全球与地方之间存在辩证关系,因此,国家层面的治理需要与全球治理进行互动,就共同关注的问题开展国际合作。这不仅会影响全球治理,而且需要关注对科学和卫生保健的社会条件的伦理评估(避免不公平、剥削和腐败)。因为这种举措须适应全球环境,所以也将对国家治理产生影响。因为科学进步在国内存在伦理问题,且需要符合全球伦理预期,因此科学治理会受到不同动机的驱使。中国就是一个很好的例子。中国最近建立了遵循国际准则的生命伦理学治理框架。中国政府和研究人员认为,伦理审查对于维护中国科学界的声誉,确保研究的合法性以及赢得国际科学界的信任都是十分必要的。尽管起初政府治理注重权威和务实,但科学家们积极参与,一个充满活力的生命伦理学界就此出现了。例如,在干细胞研究领域,伦理问题首先是在国外出现的,随后在中国境内非伦理问题也随之转化成了伦理问题。实际上,全球标准是反映地方规范的一面镜子,产生了所谓的"内部全球化"('internal globalization)。

中国的研究伦理

　　《科学》(Science)杂志在审视了中国的研究诚信之后认为,蓬勃发展的出版业黑市仍然存在。《科学引文索引》(SCI)期刊的著作权费为1 600~26 300美元不等。地下公司进行着SCI论文交易。中国的监管机构关注全球影响力和中国科学声誉。他们已采取措施,通过教育和行为准则来改善研究伦理。然而,SCI论文是许多大学晋升的基础,与特权和奖金挂钩。改革的重点是个人研究而非机构性研究团队,鼓励竞争和比拼[6]。

　　• **代表和专业知识**　全球生命伦理学治理的第二个问题与生命伦理学本身的性质有关。全球生命伦理学治理提供什么样的知识或专业知识?谁会以生命伦理学家的身份出现?对 Potter 来说,生命伦理学的跨学科特征是新学科的优势,但同时也是治理的弱点。例如,是否能成为国际生命伦理学委员会(IBC)的成员取决于文化、地理和学科多样性。其成员需要成为生命科学、社会科学和人文科学方面的专家。虽然涉及法律、人权、

哲学、教育和传播等领域,但没有提到伦理学或生命伦理学。生命伦理学委员会的成员似乎不需要特殊的教育、培训或专业知识。因此,该委员会大多数成员都是科学家,而仅有少数生命伦理学家。这种人员组成也带来了一些后果。其中一种后果是对某些特定工作方法的偏好(请参阅下一节)。但是,这也引发了有关生命伦理学专家所起的作用以及公众参与生命伦理学讨论的问题。生命伦理学专业知识模棱两可。在治理机制中,我们假定在道德问题上有特定的专门知识。这些机制的目的是提供一个超越科学和经验问题的审议平台,从而将惯常的技术官僚方法抛诸脑后。生命伦理学讨论还应进一步考虑公众关注的话题。我们认为生命伦理学专业知识代表着"外行"(lay)的伦理观点。从治理机制的角度来看,领域(生命伦理学)和参与者是存在差别的。虽然有一些参与者是专家(生命伦理学家),但所有参与者都扮演着双重角色:作为技术专家(在各学科中)和作为公民社会利益的代表。

- **公众参与**　生命伦理学治理通常强调公众参与的必要性。通常,公众关注是伦理委员会成立的原因。例如,欧洲科学和新技术伦理小组(EGE)受权在欧盟组织公共圆桌会议,并邀请非政府组织代表交换意见。公众参与可以说具有多种优势——因为其囊括多种观点,因而可以增加信任,减少争议,产出更多可广泛接受的决策。但是实际上,公众参与是很有限的。委员会的工作会议通常是私人的。组织公开讨论的方式有多种:共识会议、互联网对话、焦点小组、协商小组、公民陪审团和公开听证会等。目前尚不清楚哪种方式最为有效。委员会通常对公众讨论的贡献十分有限。荷兰动物生物技术委员会(CAB)举行了公开听证会,但讨论由一小组"动物专家"所垄断。目前真正的双向对话还未出现。讨论还针对许可申请的具体案例;但不允许人们就更为广泛的伦理问题(例如动物的伦理状况)进行交流。因此,批评者将这样的伦理委员会视为促进公众参与争议讨论的工具,但同时又是在伦理讨论中转变、过滤和限制公众声音的治理工具[7]。当委员会参与公众参与时,他们也可以决定邀请谁,将谁视为公众的合法代表。他们通常预先知道分歧的范围。激进的意见很容易被边缘化或忽视。此外,公开讨论对政策和政治决策的影响尚不清楚。2003 年,英国组织了关于转基因食品的公开讨论,共有 600 多次会议,20 000 余人参与。政府不想开展这场讨论,限制了条款并设定了较短的时间议程。结果很明显:英国公众不赞成转基因作物。这不是一个可喜的结论,因此政府干脆忽略了该结论。2004 年 3 月,政府有条件地批准了转基因玉米的商业化种植。

最后,从全球角度来看,强调公众参与也带来了一些问题。世界范围内,民间社会在决策中的参与程度并不一致。例如,与西方国家相比,在日本很少有人关注人类胚胎干细胞的研究。日本政府组织了全国大讨论,但各社会组织并没有实质性参与。在中国,也没有任何公民参与胚胎研究的讨论。科学家本身在塑造治理方面非常活跃,而他们大都反对公众参与。

c. 治理的目标和形式

全球生命伦理学治理在将其四大职能转换为实际安排时存在的问题,与缺乏基本的目标清晰度有关:即生命伦理学治理应主要集中在解决方案上还是问题上?

伦理委员会的目标是要提供解决方案。作为解决社会不安定因素和冲突的平台,该委员会希望证明其作为问题解决工具的作用。例如,尽管荷兰动物生物技术委员会(CAB)是出于公众对动物伦理地位的关注而成立的,但该委员会主要关注许可的问题。该委员会对个别案件采取了循序渐进的方法。在这种务实的方法中,人们不可能质疑动物在基因改造中的地位;因此,诸如动物内在价值之类的概念不会得到采纳。通过划定和限制讨论的范围,委员会可以消除普遍存在的批评,得出切实可行的决定。在国家讨论中,同样的操作实用主义也在起作用。在中国,人们对人类干细胞研究的关注集中于这项研究的可接受性,尤其是西方国家是否接受中国的研究。由于在中国内部并未出现太多伦理问题,因此不需要进行激烈的公开讨论。然而,出于外国的关注,国内依旧需要采取伦理对策。

澄清问题的目的也不相同。例如,我们需要认真对待公众对转基因食品商业化的关注。他们在暗示什么? 这些忧虑背后的价值观是什么? 我们只有通过探索这些问题,才能适当地平衡不同的利益攸关方。伦理委员会专注于具有象征功能而非实用功能的问题。这些问题表明,政治决策者认真对待伦理问题,是伦理关怀在公众中的体现。委员会对治理的贡献不是提供解决方案,而是创造公开讨论的渠道。

这两种不同的目标(解决方案与问题)产生了两种不同的生命伦理学治理形式:行政和政治[8]。每种形式都有其特定的操作方法。

1. **行政治理**(administrative governance)　提供解决方案需要特定的方法。如前所述,首先是实用主义。我们需要解决一个具体问题,即普通讨论应避免使用抽象的伦理观念。相关的程序应集中于特定的问题、案例或目标上。其次,这种划分方法需要一定的合理性。事实调查和科学证据是工作的第一步。如果讨论主题明确,则可以采用如下决策程序:详细分析、立论、论证和解释,从而提出建议。第三,解决问题需要达成共识。生命伦理学治理通常使用共识语言。这种共识语言是由生命伦理学的专门知识提供的,我们可以使用该语言来讨论有争议的问题。共识语言还提供了用于分析论证特定问题及实践的概念框架。

这种治理形式与早期的技术官僚治理没有太大不同。虽然该治理形式也涉及其他概念和话语,但仍重点关注法规和解决方案。现在一种新的专业技能也在发挥作用。由于科学、商业利益与公众关怀相矛盾,生命伦理学专家起着平衡各利益群体的作用。

2. **政治治理**(political governance) 关注问题本身意味着我们需要一种不同的治理形式,即政治治理。出于公众对科学、技术和商业化的关注,我们有必要制定新的政策。这些关注需要我们作进一步的探讨阐释。不仅仅是政策制定者和科学家,还要让公众也参与伦理对话才是明智之举,而非采取监管的方式。这种参与需要我们采用其他方法。首先,采用民主开放的方法来澄清一个或多个问题。只有认真对待伦理关怀,才能使其平息下来。因此,我们必须考虑民间团体的关切,考虑各方利益。第二,不能很好地区分事实和价值观。科技进步引发的争议意味着伦理纠纷和伦理观点的分歧。

科学证据不单单是呈现中立的事实,而是具有一定价值的。我们需要政治理性来解释和探索与责任、义务、关系和人权有关的问题,而不应将其视为着重于解决问题的工具性、理性方法。因此,科学家在公开讨论中的作用是十分有限的。科学不是信息和知识的唯一来源。此外,公众投入也有所不同。与其将公民视为需要信息,将公众咨询视为对公众进行宣传和教育(假定公民信息不足),还不如说公民应该进行对话,就问题所在提出不同的看法。协商就意味着参与。第三,对共识的强调常常使伦理讨论陷入沉默。共识为讨论设置了特定的框架,而没有留下批判思考的余地。一方面,人们通常会优先考虑技术和实践事务。另一方面,政治治理强调寻求共同价值观的过程比达成共识更为重要。因此,将所有相关观点考虑在内的公开审议过程才是重要的。这意味着不同的观点得以表达,争议不必避免,多元观点受到赏识。两种形式的生命伦理学治理都履行了全球生命伦理学的四个功能(法规、监督、审议和互动),只不过方式有所不同。政治治理之所以引人注目,是因为它注重产出和效率,有助于制定符合决策者利益,能够解决社会问题的政治决策。政治治理的吸引力也在于它关注人权、公众参与和民主化。其重点更多地放在公众投入上,基于公民喜好和民间社会参与来协助政治决策。基于以上这些原因,生命伦理学在治理实践中的参与越来越深入。

d. 对生命伦理学治理的批评

与此同时,生命伦理学在治理实践中的参与也招致了越来越多的批评。大多数批评是针对行政治理的。这种治理形式的技术方法或许有助于定义伦理问题,但几乎无法就其可接受性作出规范声明。生命伦理学没有表现出规范作用,而是注重消除竞争和促进政策决策。因此,生命伦理学治理是一种"牧权"(pastoral power)的新形式[9]。因为人们无法讨论与权利和价值相关的更广泛的问题,生命伦理学治理培养的共识文化正在破坏全球生命伦理学的抱负和理想。我们强调共识的同时,也强调了国家和全球范围内生命伦理学治理之间的重要区别。尽管在国家层面上,我们可以通过减少对特定争议的讨论来解决问题,然而在全球层面上,我们只有通过关注普遍问题和广泛原则才能达成共识。共识将进一步促进全球对话与合作,但这种共识是以避免讨论争议话题为代价的。我们只有在不关注某些特定伦理话题的时候才能采用《世界生命伦理和人权宣言》(UDBHR)(知情同意是例外)。关于人类克隆的讨论始于对特定问题的关注,但由于引入了无法调和的更为广泛的伦理框架而立即变得复杂。另一种对行政治理的批评认为,它实际代表了另一种专家统治。较之过去,唯一的变化是现在一种新型专家颇有影响力。早期,生命伦理学家的工作方式与科学权威一样封闭和非透明。他们认为自己代表了民间社会的关切,因此没有必要与外界进行真正的对话。只有当公众参与能为决策增加支持时,公众参与才显得重要;若考虑规范原因——例如公民有权参与决策,或者最终决策的质量会提高,那么公众参与就显得不那么重要了。

很少有人批评政治治理。我们常常简单地认为政治治理是不切实际的。如果治理机制不仅无助于解决政策问题,反而使问题更加复杂,那么决策者眼中生命伦理学的有用性将迅速降低。强调多元化意味着伦理委员会的成员具有不同的观点,但激进的观点常常被排除在外,少数派观点往往被边缘化。由于审议过程中已考虑到了这些观点,因此这些观点在审议过程中被中和了。

生命伦理学已经成为生物政治学。这种观点从根本上批评了这两种治理形式。我们将在第 12 章具体讨论。其核心观点是,生命伦理学治理之所以有效,是因为它在科学经济利益与社会和伦理关怀之间取得了平衡。这样做可以促进科技的进步和商贸的发展。例如,荷兰动物生物技术委员会(CAB)几乎从未拒绝过许可申请;有人指控该委员会优先考虑研究和行业利益,而非动物权益。当政治环境随着"绿色"政党的兴起而发生变化,以及欧洲议会成为民间社会的平台之后,人们才开始认真考虑欧洲转基因食品所带来的担忧。解决方案重点落在食品标签上,即将伦理可接受性的社会关怀转变为公民或消费者的个人选择。这些例子说明了生命伦理学话语的好处:它将社会关怀转化为个体机构特定的伦理语言,因而这些个体机构也就不再妨碍科学进步和商业交流。生命伦理学有助于以一种特殊的方式来组织讨论,从而可以区分领域,使其免受基本的批评。

在国际和全球层面上,人们对生物政治学的批评更为直言不讳。人们关注欧洲科学和新技术伦理小组(EGE)在欧盟生物政治纠纷中作为伦理调解者所起的作用[10]。有人批评委员会道:指令不够清楚,其成员多为精英人士,工作方法不透明且伦理观点范围窄,排斥了其他观点。但是,欧洲科学和新技术伦理小组(EGE)对欧盟立法、决策过程和政策实施都产生了重大影响。此外,它扩大了生命伦理学治理的范围。例如,关于授予人的胚胎干细胞专利的讨论表明,经济和法律方法已无法满足需求。专利获取并非单纯的技术问题,而是需要伦理考量的。同时,当需要在科学和商业价值与公民的伦理关怀之间进行协调时,人们通常优先考虑前者。人们认为欧洲科学和新技术伦理小组(EGE)是促进大众接受新技术的机制。它为进一步发展生物产业提供了伦理支持。人们有时会明确指出生命伦理学的这一作用。例如,新加坡生命伦理学咨询委员会(Bioethics Advisory Committee of Singapore)成立于 2000 年,旨在通过"为知识经济建立伦理基础"来促进新加坡的经济政策[11]。在这种背景下,人们对生命伦理学是否发挥了适当作用提出了质疑。由于新自由主义市场意识形态占主导地位,所以生命伦理学面临着许多挑战。若其本身已成为促进该意识形态的新治理机制的一部分,那么生命伦理学就已成为了问题的一部分。生命伦理学没有审视生命伦理学问题产生的背景,而是成为了一些观察家所说的"建立全球伦理经济的政治手段,使价值的交易和交换规范化和合法化"[12]。这种批评是对生命伦理学本质的严重质疑。当涉及全球问题治理时,生命伦理学本身可以被"治理",从而在全球治理方面找准关键和独立的定位吗?

生命伦理学治理

如本章所述,生命伦理学在全球治理中的作用日益加强。它可以促进新型政府形式的发展(参见第 9 章)。

首先,生命伦理学可以阐明价值、理想和目标,这些价值、理想和目标设想了一个以人类及其未来生存为目标的更广阔的治理视野。其次,由于生命伦理学首先是在地方和国家层面发展起来的,涉及范围广泛,因此它可以使民间社会自下而上地参与到全球实践中。第三,生命伦理学可以激发合作与行动主义的新实践。生命伦理学治理相对来说,还是一个较新的方法。生命伦理学治理正面临严峻的挑战和批评。此外,治理还引出了有关生命伦理学本身的基本问题。

我们似乎很难将治理的概念应用到生命伦理学中。它不是统一的企业或领域,而是涵盖了各种各样的活动,涉及许多不同的、并在其中扮演着各种角色的参与者。同时,为了阐明生命伦理学特征,协调生命伦理学研究,调和生命伦理学贡献和产品(例如指南和法规等),详述生命伦理学专门知识以及使之专业化,人们付出了很多努力。其中一个例子就是为生命伦理学家制定伦理守则的提议。

生命伦理学家伦理守则

(code of ethics for bioethicists)

Robert Baker 提出了伦理守则草案。生命伦理学家的基本美德是能力、独立、诚信和专业。该准则明确指出了生命伦理学家的责任。"生命伦理学家有责任提供专业的、切实可行的建议。他们应该听取不同意见,明确价值不确定性或潜在冲突的本质,收集相关数据,弄清相关概念和规范性问题,确定在伦理上可为人所接受的选择以及教育、调解和促进共识的构建。生命伦理学家还可以分析、批评和 / 或捍卫并最终推荐各种立场、政策和实践。"[13]

下面我们将审视三个有关生命伦理学特征的问题。

a. 生命伦理学作为一个领域、学科或专业

生命伦理学治理假定存在一个独特的治理领域,至少是解决与健康、医疗保健和相关技术有关的一系列伦理问题的特殊领域。该领域有几个子领域,例如研究伦理、临床伦理、公共卫生伦理、组织伦理和职业伦理等。诸如纳米伦理学和神经伦理学之类的新的专业子领域也开始兴起。在全球层面上,子领域发展并不均衡。全球核心活动是教育、研究、政策和医疗保健。广义上来说,生命伦理学是一门学科。它具有其特定的概念、理论和方法。生命伦理学是应用伦理学,其范式是"原则主义"(principlism)。大多数人将生命伦理学视为一种专业,或至少认为它正朝着专业化方向转变。自 20 世纪 70 年代出现以来(参见第 3 章),生命伦理学渐渐配

备了诸如专业机构和中心、期刊和教科书、学位授予项目、职业协会和常务委员会等专业机构和设备。我们需要伦理准则来向在不同环境中工作的生命伦理学专业人士提供指导,向社会证明生命伦理学家遵循某些准则,具备某些特定的美德。这些准则并非一成不变,而是需要修订和再三考虑的;这有助于建立专业人士社区,从而提高专业化水准。

生命伦理学专业化的想法饱受争议。尽管许多人同意我们应该制定标准(如知识、能力和经验等方面),以保证生命伦理学质量,但对于如何操作仍存在分歧。人们通常强调临床伦理咨询是一个标准化领域。2006年,美国生命伦理与人文学会(ASBH)提出了医疗伦理咨询的核心能力,并在这些能力的基础上建立了认证机制[14]。由未经适当培训(只有 5% 的人已收到生命伦理学研究奖学金或取得研究生学位课程)的人进行的伦理咨询,已不再为人所接受。当前的重点是对个人从业人员的认证(包括档案袋和考试)。只要相关人员未获得生命伦理学位课程认可,教育背景的分歧就不会解决。美国生命伦理与人文学会(ASBH)还制定了伦理顾问守则[15]。这些对于保证伦理咨询质量、提高问责制和透明度都是必需的。这就意味着临床伦理学与生命伦理学之间有很大区别,因而需要进一步专业化。

卫生伦理顾问的伦理守则

（code of ethics for healthcare ethics consultants）

2014 年 1 月，美国生命伦理与人文学会理事会（Board of the American Society for Bioethics and Humanities）批准了第一版《医疗伦理顾问的伦理与职业责任守则》（Code of Ethics and Professional Responsibilities for Healthcare Ethics Consultants），包括以下个人执行医疗伦理咨询（HCEC）的核心伦理责任：

1. 可胜任（以符合 HCEC 专业标准的方式进行练习）

2. 诚信守信

3. 治理利益和责任冲突

4. 尊重隐私、保持机密

5. 对该领域有所贡献

6. 负责任地沟通

7. 在医疗伦理咨询（HCEC）中促进公正的医疗保健

b. 生命伦理学作为认知共同体

对于全球治理而言，另外一个关注点在于是否可以把生命伦理学看作一个认知共同体（epistemic

community)[16]。虽然基于专业知识的社区成员往往背景迥异,但是他们可以共享有助于决策者解决全球问题的相似知识。那么,生命伦理学可以提供哪些专业知识呢?生命伦理学的专业知识包括两个部分:知识和技能。知识涉及伦理讨论和伦理观念,技能则与伦理推理有关。因此,生命伦理学专家不仅可以提供可靠的伦理建议,而且可以给出建议的理由。这种观点通常不为人所接受,原因有两个。首先,虽然生命伦理学专家涉及的事情很多,但他们通常不会提供规范指导。例如,伦理咨询可能具有在医疗保健中发挥作用的特定知识和技能,但这些与伦理专业知识之间并没有特殊联系。他们充当调解员、共识建立者、价值解释者和教育者。美国生命伦理与人文学会(ASBH)在伦理守则中对伦理顾问的能力进行了描述:"促进重大利益相关者之间的沟通,增进理解,澄清和分析伦理问题,并在提供建议时给出理由[17]。"伦理顾问可以澄清问题,给出建议,但他们并不主张特定的规范观点。伦理顾问有助于决策,但并非最终决策者。虽然伦理顾问是一个重要角色,但问题在于是否应将伦理规范化。第二个原因与该领域的跨学科性质有关。生命伦理学需要与多学科合作。许多生命伦理学从业者接受过不同专业的培训:医疗保健、法律、哲学、神学、人类学或科学等。临床伦理咨询通常由医生和护士进行。多数伦理委员会成员也通常不是专业的伦理学家。因此,生命伦理学专家除了具有完全不同的伦理学观点之外,还可能具有各种各样的知识和技能。出于该原因,他们拒绝"生命伦理学家"这一标签并不罕见。生命伦理学专业知识并非个人能力,而是位于认知共同体的水平。另一方面,也不排除确实有专家。在医疗保健领域,随着医生具备足够的专业知识来处理儿童和老人的问题,儿科和老年病学也发展成了医学专业。

c. 加强主流生命伦理学

专业化过程意味着替代方法的边缘化。过去,科学和学术医学超越了各种替代和传统的治疗体系。人们担心同样的事情会发生在生命伦理学上:专业化成为主流生命伦理学的同时也排斥其他方法。美国生命伦理与人文学会(ASBH)提倡的核心能力以及生命伦理学顾问作为促进者所起的作用都意味着,尊重个人自主权是基本的伦理原则。批评人士认为,生命伦理学本身强调个人自主权,而不是审视伦理问题产生的背景。它成为了官僚主义、治理主义和程序主义的一种表现,因此也屈从于新自由主义的意识形态[18]。为使人们认可其专业性,生命伦理学在理性、可计算、有竞争性的环境中运作。生命伦理学收集事实和证据,阐明其价值,但不会

对其进行挑战和批评。特别是从全球角度来看,这种对
主流生命伦理学的强化是有问题的。虽然尊重自治是
解决生命伦理学问题的伦理原则之一,但如前所述,全
球生命伦理学应关注这些问题产生的社会、文化和经济
条件。

全球生命伦理学治理

在全球层面上强化生命伦理学可以使其在全球治
理中发挥更大作用。全球层面的举措很少关注从业人
员的专业化,而更多地关注生命伦理学蓬勃发展所必需
建立、加强的机构和基础设施。在此基础上,全球生命
伦理学可以更好地审视决定全球健康状况的社会条件。
本节将讨论生命伦理学机构及其在全球范围内运作的
基础设施。相对而言,两者都是新兴的,处于发展中,都
需要进一步的支持和强化,以增强全球生命伦理学在世
界范围内的影响。最后,我们将审视国际组织在这方面
所发挥的作用。

a. 全球生命伦理学机构

全球范围内也按照国家和区域模式建立了各种生
命伦理学机构。

1. 全球生命伦理学委员会

第一个国家生命伦理学常务委员会于 1983 年在法

国成立后不久,国际生命伦理学委员会也成立了。欧
洲理事会(Council of Europe)和欧盟分别于 1985 年和
1991 年分别成立了生命伦理学委员会。第一个全球机
构是 1993 年由联合国教科文组织成立的国际生命伦理
学委员会(IBC)。全球委员会的治理范围也可能非常有
限。国际人类基因组组织(Human Genome Organisation,
HUGO)于 1992 年成立了伦理委员会,负责探索与人类
基因组研究相关的社会、法律和伦理问题。其他方法是
成立特设委员会,例如英国的 Warnock 委员会,其重点
是体外受精(1982—1984 年)。在全球范围内,世界卫生
组织召集的关于埃博拉疫情伦理问题的伦理委员会也
是一个例子。这些委员会具有两个特点。首先,它们的
组成遵循三个条件:独立性、跨学科性和多元化。其次,
他们的任务是向政府(或董事会)提供建议,而非激发公
众讨论。他们通过生成报告、声明或意见,来影响决策
和公众讨论。

2. 教育项目

越来越多的教育活动遍及全球。国家层面的教学
计划可以为外国学生提供奖学金,或开设全球课程。例
如,由全球生命伦理学倡议组织的纽约国际生命伦理学
暑期学校(International Bioethics Summer School),以及由
欧洲理事会提供奖学金,在比利时、荷兰和意大利的三

所大学授课的 Erasmus Mundus 世界生命伦理学硕士课程[19]。在美国,伦理学教育主要由美国国家健康研究所(NIH)资助的 Fogarty 国际中心赞助[20],其重点是发展中国家的研究生命伦理学。它为教育项目捐款,例如与来自坦桑尼亚、泰国、中国和危地马拉的研究人员开展培训计划。合作机构培训计划(CITI)提供的在线培训计划的目标是开展负责任的研究活动[21]。该计划经40多个国家的数千个机构采用。联合国教科文组织基于《世界生命伦理和人权宣言》(UDBHR)中的原则[22],编制了可适用于不同环境和文化的生命伦理学基础课程。该组织还为伦理学教师提供培训课程和教育资源。世界卫生组织出版了教育材料,例如国际卫生研究中有关伦理问题的案例手册[23]。今后全球生命伦理学教育将进一步扩大。许多国家目前没有提供生命伦理学基础教育。条件允许的话,今后将会有各种各样主要涉及研究伦理学方面的教育活动。

3. 专业协会[24]

1989 年在法国成立的国际法律、伦理与科学协会(International Association of Law, Ethics and Science)建立了一个连接拉丁美洲、中国和日本的法语国家网络,每年在世界各地举行各种会议。1990 年创办了使用英语、法语和西班牙语三种语言的《国际生命伦理学杂志》

(International Journal of Bioethics)。国际生命伦理学协会(International Association of Bioethics)成立于 1992 年。除了每两年组织 1 次会议外,它还创建了学者主题网络,例如临床伦理学、环境生命伦理学、遗传学和公共卫生伦理学。该协会隶属于《生命伦理学》(Bioethics) 和《发展中世界生命伦理学》(Developing World Bioethics)两个学术期刊。国际生命伦理学会协会(International Society for Bioethics) 于 1996 年在西班牙成立。它组织了 8 次世界生命伦理学会议,出版了属于自己的期刊(西班牙语和英语)。该协会每两年颁发 1 次生命伦理学奖。2000 年,Van Rensselaer Potter 荣获一等奖。近来,越来越多专门化的全球协会成立了,如成立于 2003 年的国际临床生命伦理学会(International Society for Clinical Bioethics) 和 2011 年的国际伦理教育协会(International Association for Education in Ethics)。

4. 全球网络

全球卫生领域有许多非政府组织和国际网络,但在全球生命伦理学领域则较少。诸如"全球生命伦理学计划"(Global Bioethics Initiative)和"国际生命伦理学"(Bioethics International)之类的特定非政府组织,总部位于美国,给人们提供教育服务以及信息和新闻通信的交流。其他网络则专注于本地需求。例如,2003 年在塞内加尔建立的"法律、伦理与健康"(Law,Ethics and Health)网络[25]。该网络将所有致力于促进该国健康权的利益相关者汇集在一起。其他例子如,国家生命伦理学会则旨在通过与外国机构合作来改善国内生命伦理学基础设施。互联网促进了全球网络和支持机制。例如,孟加拉国生命伦理学会(Bangladesh Bioethics Society)在国家和国际成员的帮助下为学生组织了人权培训讲习班[26]。

在许多情况下,范围更广的组织和网络也促进了对生命伦理学的关注。第 8 章讨论的一个例子是"基本药物大学联盟"(Universities Allied for Essential Medicines)[27]。目前发展成全球性非政府组织的基本药物大学联盟(UAEM)由耶鲁法学院学生建立,学生倡导贫困国家人口药品和一般公共卫生用品的获取权。2013 年,该组织发布了一份报告卡,对北美顶级研究型大学的全球健康研究贡献和治疗可及性进行评估排名。其他履行类似任务的非政府组织还包括第 7 章中提到的 WEMOS 和上一章讨论的南非治疗行动运动(TAC)。1986 年由医生成立的人权医生协会(Physician for Human Rights)是另一个活跃的全球非政府组织的例子,该组织在与全球生命伦理学问题密切相关的领域开展工作。它利用医学科学来记录和谴责侵犯人权的行为,采取行动制止这些行为。其他非政府组织收集和发布对生命伦理学倡议有用的数据。药品获取基金会(Access to Medicine Foundation)对改善发展中国家药物可及性的 20 家最大的制药公司进行了排名[28]。自 2008 年以来,每 2 年发布 1 次指数,展示公司在提高药品可及性方面所采取的行动。全球健康影响项目(Global Health Impact Project)需要世界各地研究人员的合作,这些研究人员有着相似的目标,即如何促进全球基本药物的获取。2014 年,他们发布了《全球健康影响指数》(Global Health Impact Index),根据对结核病、疟疾和艾滋病的治疗疗效对药物进行排名,同时根据减轻这些疾病所带来的全球负担的效果对制药公司进行了排名[29]。

各种全球生命伦理学机构以不同的方式与全球生命伦理学发展联系在一起。一些机构从一开始就建立了明确的生命伦理学组织。对于其他机构而言,生命伦理学只是关注点之一。其他组织则提供信息、阐明原因或采取行动,为理论或实践方面的全球生命伦理学活动提供机会。所有机构都展示了第 9 章开头提到的全球治理的五个方面。第一,这些机构专注于全球问题,对于设定全球生命伦理学议程至关重要。第二,它们是跨界合作的结果,其蓬勃发展也体现了集体行动。第三,涉及各种各样的参与者。第四,它们在各个活动层面上进行操作。由于现代通信技术的出现,它们的影响范围已遍布全球,因此在何处建立机构已不再重要。第五,它们有不同的目标。一些机构旨在促进正义,其他机构则旨在促进人权。有些提供知识和信息,有些则参与行动和规范评估。

b. 全球生命伦理学基础设施

生命伦理学问题的全球治理假定,国家层面至少存在一些基本的生命伦理学基础设施。从以下治理角度来看,伦理关怀最好在其出现的社会和文化背景下解决。全球生命伦理学有助于加强国家基础设施建设。由于全球生命伦理学强大的全球影响力和国际网络,因此可以动员支持。例如,在缺乏具体立法的国家中,全球生命伦理学可以提供实例和示范来帮助决策者采取主动行动。全球生命伦理学将填补全球治理的空白,以改善解决全球生命伦理学问题的手段。这些空白与知识、规范、政策、制度和合规有关(参见第 9 章)。

1. 分享信息、经验和最佳实践

传播、测试和增进知识是全球生命伦理学对卫生治理的重要贡献。目前的一系列举措可以分为两种类型:数据收集(data collection)和互动交流(interactive exchange)。

第一类旨在收集、提供相关的生命伦理学信息。这些举措促进了其他地方有关生命伦理学发展知识的普及,人们可获准访问期刊、书籍、官方出版物和新闻。例如,美国国家健康研究所(NIH)生命伦理学资源是许多生命伦理学信息的网络链接[30]。另一个例子是 Ethics CORE 图书馆,该图书馆有 5 000 多个针对负责任研究行为的培训项目[31]。第三个例子是西班牙巴塞罗那大学(University of Barcelona)的生命伦理学和法律观察站(Bioethics and Law Observatory)[32]。尽管以上这些举措给我们提供了信息,但其覆盖范围通常仅限于某些特定国家的活动,语言材料也很有限。

第二类倡议旨在促进互动交流,例如联合国教科文组织发起的全球伦理观察站(Global Ethics Observatory)[33]。它包括六个数据库:即关于个人专家、伦理机构、伦理教学计划、与伦理相关的立法和指南、行为守则和伦理资源的数据库。这样做的好处在于它可以进行全球推广,以六种主要语言呈现信息。通过与国家专家和机构的密切互动,可以获取、审查和更新所有存储的信息。这样做的主要目的是促进国际合作。例如,人们可以查看有关摩洛哥的可用信息,了解摩洛哥生命伦理学协会(Moroccan Association for Bioethics),以及在卡萨布兰卡哈桑二世大学(University Hassan Ⅱ)进行的伦理学教育项目。我们可以通过数据库提供的联系信息与同事联系,来获取更多信息。

2. 能力建设

我们要弥补规范、政策和机构三方面的差距,就需要具备伦理委员会等生命伦理学机构、伦理教学项目,还要发挥立法和公众参与的作用。如果这些机构缺乏或较为薄弱,那么我们应对生命伦理学挑战的能力就会受到限制。因此,我们为增强生命伦理学所作出的努力集中在特定国家和全球层面上。上一节讨论了某些特定国家的示例。在全球范围内加强能力建设的最佳路径是什么? 这仍是一个悬而未决的问题。由于在全球层面上没有负责生命伦理学的牵头机构,至少没有足够的资金和授权来发起全球活动,因此无法进行自上而下的有效治理。只能自下而上地刺激和促进合作,以便建立横向网络和合作模式。这是自 2009 年以来由欧洲理事会(European Commission)组织的国际生命伦理学对话(International Dialogue on Bioethics)的目的[34]。该会议汇集了大约来自 50 个欧洲和非欧洲国家的伦理委员会。自 1996 年以来,由世界卫生组织所组织的国家生命伦理学咨询机构全球峰会(Global Summit of National Bioethics Advisory Bodies)也设想了类似的目标,但其范围更加广泛,覆盖全球[35]。协作学术中心网络的建立也促进了中低收入国家生命伦理学的发展。联合国教科文组织在能力建设方面采取了更为实际的方法[36]。该组织采取了一些实用计划,主要在发展中国家扩展专业知识。一个目标是建立国家伦理委员会,并为其成员提供生命伦理学教育。另一个目标是在特定课程中培训伦理老师。第三个目标是对记者和法官进行生命伦理学培训。显然,这种能力建设需要我们长期的努力。虽然全球倡议无法直接建立国家基础设施,但可以通过更加广泛的活动网络来开启和支持基础设施建设。

c. 国际组织的作用

最后,全球生命伦理学治理也引发了人们对有关国际组织所起作用的质疑。如今,有许多国际组织活跃于生命伦理学领域,开展了一些项目和活动,组建了委员会。联合国机构间生命伦理学委员会(UN Inter-Agency Committee on Bioethics)(自 2003 年起)促进联合国各组织机构(如联合国教科文组织和世界卫生组织)以及其他国际组织(如欧洲理事会和欧盟)之间的协调与协作。联合国教科文组织和世界卫生组织是全球生命伦理学的两股驱动力。自 1992 年以来,联合国教科文组织就制定了生命伦理学项目。世界卫生组织于 2002 年成立了全球卫生伦理学部门。作为政府间组织,它们发挥着重要作用。首先,他们提供了一个全球论坛。因为与会组织代表着所有国家,使用各种不同的语言,所以能够召集广泛的利益相关者。该平台不仅提供了对话的机会,也提供了促进共识和制定标准的机会。第二,该组织从事实践活动。他们调动资源和专家来提供培训,将生命伦理学学者聚集在相互支持的全球网络中。

但是,作为政府间组织,这些组织也面临挑战。随着预算越来越受限,这些组织越来越缺乏规划和执行能力。发展中国家通常较少参与生命伦理学活动。专业水平和审议投入并不相符。国际组织生命伦理学活动的合法性存在争议,而许多生命伦理学专家甚至都不知道他们的活动。生命伦理学的跨学科性质也可能会妨碍国内环境下(卫生、科技、教育和文化等部门存在竞争)生命伦理学原则的解读。然而,主要问题在于,这些组织常服从于其成员国的利益,由成员国来确定优先级、活动和预算。人类克隆的失败管控证明,问题产生的环境也决定了生命伦理学活动是否成功。法国和德国没有向联合国教科文组织或世界卫生组织,而是向联合国提交了关于制定禁止人类生殖克隆公约的提议。尽管人们最初就公约一事达成了一致,但经过 4 年的谈判,持异议的人却增多了。谈判不是在生命伦理学专家之间进行的,而是政治化了,由国家代表进行商议。讨论扩大到关于人类生命和堕胎的一般伦理观点。结果却产生了一个没有任何约束力的声明,甚至没有明确禁止克隆。

在上一章中,我们强调了对新型治理形式的需求。作为生命伦理学方面领先的政府间组织,联合国教科文组织和世界卫生组织可以通过两种方式扩大全球生命伦理学治理。首先是让更多的参与者参与进来。他们应该制定出广泛而包容的"规范网络"(normative webs),引入专业协会、学术中心和非政府组织等参与者。但目前,仅有少数其他国际组织和非国家人员参与生命伦理学活动。这些活动应该做到透明负责,以提高其合法性。世界卫生组织在传染病、卫生急救和援助的监测方面所做的工作,越来越依赖非国家主体网络,这为全球生命伦理学提供了范例。扩大生命伦理学治理的第二种方法是带头践行新实践。这些组织可以找出需要采取措施的地方。例如,众所周知,阿拉伯地区生命伦理学活动薄弱或缺乏;国家层面的生命伦理学委员会不存在或不活跃,缺乏相应的法规,大学中的生命伦理学教学也不满足需求或根本不存在。现在这些组织不必再等待国家要求,而是可以与非国家主体合作,采取主动行动。过去,联合国教科文组织自称标准教科书,在 20 世纪 50~70 年代之间,其任务是在成员国中建立科学政策组织。该任务并非国家要求,而是由该组织本身所驱动,基于国家对科学负责的规范,与专家和科学组织合作。我们应在全球生命伦理学领域采取一种积极的方法。各组织不应等待援助要求，而应主动开始促进、实施全球生命伦理学原则，将生命伦理学重新定义为国际社会关注的问题。

总结

正如埃博拉疫情所证明的那样，全球治理面临的挑战是，在没有全球治理机构或中央机构的情况下如何解决全球问题。同时，因为全球问题已经超越了国家层面，超出了个别国家的能力范围，因此，全球治理不可避免。本章认为，全球生命伦理学越来越多地纳入到新兴机制和程序中。国内的医疗保健实践需要各种形式的生命伦理学治理。在全球范围内可以看到类似的方法。当前，与健康有关的全球问题治理通常是通过生命伦理学来完成的。通过这种方式，生命伦理学能够进行制定法规，进行监督、审议和互动。生命伦理学在社会伦理问题以及科学和商业利益之间进行调解。因此，对于当今决策者而言，它已成为治理不可或缺的组成部分。

然而，在全球范围内，生命伦理学治理面临着重大挑战。方法的多样性和多元化是巨大的，然而却没有可以自上而下实施的首选方法。生命伦理学专业知识具有异质性，在国家之间分布不均。全世界公众参与社会讨论和决策的方式各不相同。这些挑战及其不同治理形式引出了有关生命伦理学本身的问题。我们是否有可能将治理的概念应用于生命伦理学？本章肯定地回答了这个问题。如果治理工作旨在加强地方生命伦理学蓬勃发展所需要的机构和基础设施，那么全球生命伦理学就可以更好地解决相关问题。

全球生命伦理学治理逐步完善，但这不一定保证实施全球伦理框架的生命伦理学实践会出现。即使存在正式和非正式的治理机制，制定标准也与在实际环境中因遵从的标准不同而有所不同。从患者和市民个人、医疗保健专业人员和科学家的角度来看，虽然政策可能很重要，但对他们影响最大的是具体实践的日常复杂性。这引出了本章尚未讨论的五个治理缺陷之一，即下一章的重点：合规（compliance）。在科学和医疗保健实践中，如何引入和体现全球伦理原则？如何产生受到全球合作、团结和社会责任鼓舞而非受个人自主和个人权利这些主流原则启发的实践？

本章重点

- 生命伦理学治理起初是在国家层面上建立的。在国际和全球范围内采用了相同的路径和方法。

- 问题和关注点的本质在各个层面上是不同的:
  - 国家层面上
    - ☐ 问题:争议
    - ☐ 关怀:平息
  - 国际层面上
    - ☐ 问题:方法多样性
    - ☐ 关注:协调
  - 全球层面上
    - ☐ 问题:不公平
    - ☐ 关注:全球正义

- 通过生命伦理学进行治理与生命伦理学治理之间是有区别的。

- 通过生命伦理学进行治理是指在治理工作中使用生命伦理学来制定和治理研究、医疗保健和医学三方面的政策和实践。
  - 功能:法规、监督、审议和互动
  - 问题:多样性、代表性和专业知识、公众参与
  - 两种形式:行政治理和政治治理
  - 批评:生命伦理学是生物政治学,助长了新自由主义意识形态的发展

- 生命伦理学治理是指努力发展和治理生命伦理学本身,使其更好地解决伦理问题。将生命伦理学纳入全球治理引发了人们对生命伦理学本身的质疑:
  - 这是否是一个领域、学科还是专业?
  - 是否有一个生命伦理学的认知区?
  - 生命伦理学的专业化是否以替代观点为代价强化了主流生命伦理学?
- 全球生命伦理学治理应创建、强化生命伦理学蓬勃发展所必需的机构和基础设施。
  - 全球机构:伦理委员会、教育计划、专业协会和全球网络
  - 全球基础设施:信息共享、能力建设
- 需要加强和重新定义国际组织在全球生命伦理学中(主要是科教文组织和世界卫生组织)的作用:
  - 非国家主体的广泛参与
  - 主动践行新实践,制定新议程

参考文献

1　The example of the Committee on Animal Biotechnology in the Netherlands is studied by L.E. Paula (2008) *Ethics committees, public debate and regulation: An evaluation of policy instruments in bioethics governance.* Thesis Vrije Universiteit Amsterdam.

2　Les Levidow, Susan Carr and David Wield (2000) Genetically modified crops in the European Union: regulatory conflicts as precautionary opportunities. *Journal of Risk Research* 3(3): 189–208; Nuria Vazuez-Salat, Brian Salter, Greet Smets and Louis-Marie Houdebine (2012) The current state of GMO governance: Are we ready for GM animals? *Biotechnology Advances* 30: 1336–1342.

3　For the global impact of the Genome Declaration, see: Brian Salter and Charlotte Salter (2013) Bioethical ambition, political opportunity and the European governance of patenting: The case of human embryonic stem cell science. *Social Science & Medicine* 98: 286–292.

4　United Nations Declaration on Human Cloning, www.nrlc.org/uploads/international/UN-GADeclarationHumanCloning.pdf. Also: UNU-AIS report: *Is human reproductive cloning inevitable: Future options for UN Governance*. United Nations University, Yokohama, Japan, 2007 (http://archive.ias.unu.edu/resource_centre/Cloning_9.20B.pdf).

5　The four functions of global bioethics are analysed by Ayo Wahlberg *et al.* (2013) From global bioethics to ethical governance of biomedical research collaborations. *Social Science & Medicine* 98: 293–300.

6　Maria Hvistendahl (2013) China's publication bazaar. *Science* 342: 1035–1039.

7　Lonneke Poort, Tora Holmberg and Malin Ideland (2013) Bringing in the controversy: Re-politicizing the de-politicized strategy of ethics committees. *Life Sciences, Society and Policy* 9: 11; doi: 10.1186/2195-7819-9-11.

8　The two forms of governance are distinguished by L.E. Paula (2008) *Ethics committees, public debate and regulation: An evaluation of policy instruments in bioethics governance*. Thesis Vrije Universiteit Amsterdam.

9　Alison Harvey and Brian Salter (2012) Governing the moral economy: Animal engineering, ethics and the liberal government of science. *Social Science & Medicine* 75: 198.

10　Helen Busby, Tamara Hervey and Alison Mohr (2008) Ethical EU law? The influence of the European Group on Ethics in Science and New Technologies. *European Law Review* 33: 803–824.

11　Calvin Wai Loon Ho, Leonardo D. de Castro, and Alastair V. Campbell (2014) Governance of biomedical research in Singapore and the challenge of conflicts of interest. *Cambridge Quarterly of Healthcare Ethics* 23: 289.

12　Brian Salter and Charlotte Salter (2007) Bioethics and the global moral economy: The cultural politics of human embryonic stem cell science. *Science, Technology & Human Values* 32(5): 555.

13　Robert Baker (2005) A draft model aggregate code of ethics for bioethicists. *The American Journal of Bioethics* 5(5): 38.

14　ASBH: *Core competencies in healthcare ethics consultation*.

15　ASBH: *Code of ethics and professional responsibilities for healthcare ethics consultants*. January 2014 (www.asbh.org/uploads/files/pubs/pdfs/asbh_code_of_ethics.pdf) (accessed 4 August 2015).

16　Peter M. Haas (1992) Epistemic communities and international policy coordination. *International Organization* 46(1): 1–35.

17　ASBH: *Code of ethics and professional responsibilities for healthcare ethics consultants*, 2014, page 1.

18　Stuart J. Murray and Adrian Guta (2014) Credentialization or critique? Neoliberal ideology and the fate of the ethical voice. *The American Journal of Bioethics* 14(1): 33–35;

Jeremy R. Garrett (2014) Two agendas for bioethics: Critique and integration. *Bioethics*: doi: 10.1111/bioe.12116.

19 Global Bioethics Initiative: www.globalbioethics.org; Erasmus Mundus Master in Bioethics: https://med.kuleuven.be/eng/erasmus-mundus-bioethics (accessed 4 August 2015).

20 Fogarty International Center: www.fic.nih.gov/Programs/Pages/bioethics.aspx (accessed 3 August 2015).

21 Collaborative Institutional Training Initiative: www.citiprogram.org/ (accessed 3 August 2015).

22 The UNESCO bioethics core curriculum is downloadable at: http://unesdoc.unesco.org/images/0016/001636/163613e.pdf (accessed 3 August 2015).

23 WHO: Casebook on ethical issues in international health research. WHO, Geneva, 2009 (http://whqlibdoc.who.int/publications/2009/9789241547727_eng.pdf) (accessed 5 August 2015).

24 For international professional associations, see: IAB: http://bioethics-international.org/index.php?show=index; IALES: www.iales-aides.com/mission.html; SIBI: www.sibi.org/; ISCB: www.bioethics-iscb.org/; IAEE: www.ethicsassociation.org/ (accessed 3 August 2015).

25 Law, Ethics, Health Network in Senegal: http://rds.refer.sn/ (accessed 3 August 2015).

26 Bangladesh Bioethics Society: www.bioethics.org.bd/ (accessed 3 August 2015).

27 Universities Allied for Essential Medicines: https://uaem.org/ (accessed 3 August 2015).

28 Access to Medicine Index: www.accesstomedicineindex.org/(accessed 3 August 2015).

29 Global Health Impact Index: http://global-health-impact.org/aboutindex.php (accessed 3 August 2015).

30 NIH Bioethics Resources on the Web: http://bioethics.od.nih.gov/ (accessed 3 August 2015).

31 Ethics CORE (Collaborative Online Resource Environment): https://nationalethicscenter.org/(accessed 3 August 2015).

32 Bioethics and Law Observatory, Barcelona: www.bioeticayderecho.ub.edu/en (accessed 3 August 2015).

33 Global Ethics Observatory, UNESCO: www.unesco.org/new/en/social-and-human-sciences/themes/global-ethics-observatory/ (accessed 3 August 2015).

34 European Commission: International Dialogue on Bioethics, February 2009: www.comitedebioetica.es/documentacion/docs/national_ethics_councils.pdf (accessed 3 August 2015).

35 Global Summit of National Bioethics Advisory Bodies: www.who.int/ethics/globalsummit/en/ (accessed 3 August 2015).

36 Henk ten Have (2006) The activities of UNESCO in the area of ethics. *Kennedy Institute of Ethics Journal* 16(4): 333–351; Henk ten Have (2008) UNESCO's Ethics Education Programme. *Journal of Medical Ethics* 34(1): 57–59; Henk ten Have, Christophe Dikenou and Dafna Feinholz (2011) Assisting countries in establishing National Bioethics Committees: UNESCO's Assisting Bioethics Committee project. *Cambridge Quarterly of Healthcare Ethics* 20(3): 1–9.

第11章
全球实践和生命伦理学

本章探讨全球实践如何构成和转变的问题。这不仅仅是应用伦理框架或实施治理机制的问题,而是通过全球和地方决定因素之间的相互作用进而形成和转变的。实践并非仅仅"遵守"规则、规章和权利,而是会随着决定因素之间辩证关系的改变而发生变化。这些辩证关系的主要驱动力量是社会运动和非政府组织、民间社会和媒体。全球生命伦理学对这些驱动力量的指导并非针对个别参与者,而是针对系统问题,呼吁团结、公正、脆弱性和保护后代等原则。

实践

实践(practice)是受集体共享规则支配的一系列活动,融合了规范观点、理论知识和活动。实践与理论并不矛盾,一个人必须先拥有知识才能使用知识,或像伦理学一样,应首先确定原理,然后再加以应用。实际上,知识和行动是并存的。实践的出现得益于对特定问题的关注,用特定的概念对其进行说明;这种具体化明确阐释了我们该做什么。程序和行为是以实践中所包含的价值观为指导的。例如,当研究对象(尤其是在发展中国家)存在风险时,脆弱性这一概念有助于阐明问题并指出解决方案。如果个人自治是实践的基础,那么脆弱性就是自治的缺陷或弱点。我们的主要行动应集中于对受试者的保护和改善知情同意方面,以保护其利益。但是,如果正义是实践的基础,那么脆弱就是受试者生活在不平等的经济社会条件下产生的结果。因此,我们应该采取行动来减少依赖和不平等。

作为一种连接理论知识、活动和价值观的"生命形式",实践对于全球生命伦理学来说是大有裨益的。一种原因是,价值观和伦理理想在实践中得以体现。规范与实践的认知和操作层面密不可分。换言之,一个人的所作所为受其认为有价值的东西的影响,而价值则取决于个人概念化和解决问题的方式。此外,实践并非个人所创造,而是集体的、共享的,是人们共同的合作活动。实践本质上是公共的。尽管实践影响个体价值,但它们首先是共享价值的表达。最后,实践不是孤立的,而是互相联系的。实践不断改变以应对周围"世界"的变化,改变的方式有多种,可以通过概念、行动和价值观等多种方式。

当今的医疗保健是一个实践网络。丹麦哲学家 Uffe Jensen 在现代医疗保健中区分了三种实践：疾病导向（disease-orientated）、情境导向（situation-orientated）和社区导向（community-orientated）[1]。第一种实践是主要的。该实践需要考虑的基本问题是：应该如何治疗患者？基本概念是"疾病"（disease），即导致器质性功能障碍的实体。普通程序旨在诊断疾病。如果我们可以发现疾病，就可以提供一般情况下以治愈为目标的特定治疗方法。由于许多投诉、症状与疾病无关，因此出现了情境导向实践。该实践更多与个人的特定生活状况有关。这里的基本概念是"疾病"（illness）。活动的目的不是治疗，而是为了理解和教育个人处理生活状况的方法。社区导向实践则涉及人口和社区的健康，而不是个人的健康或疾病。其理论框架假定疾病是由社会条件引起的。因此，其基本概念是"疾病"（sickness）。干预措施应旨在改变社会和经济状况，以消除问题根源，预防未来疾病。

主流生命伦理学从一开始就专注于这些实践之间的摩擦和争议。第 1 章，海地地震期间截肢手术的示例表明，对挽救生命的关注可能与患者自治以及患者继续生活的社会环境相冲突。此外，汤加的例子表明，疾病导向实践促进了遗传数据的收集,但因为遗传信息会产生严重的社会影响,因而与社区导向实践相冲突。虽然这三种实践在全球范围内仍然十分重要,但它们已经不足以解释当前的生命伦理学挑战。当下,应对全球问题还需要考虑医疗保健环境。

Jensen 没有提及的是,自 20 世纪 80 年代以来,在新自由主义意识形态的影响下出现的医疗实践。如今,在大多数国家,医疗保健都以市场为导向。由于全球化具有流动性和相互依存的特点,因此生命伦理学问题出现的背景不同于主流生命伦理学。然而,这两个特点在全球范围内并不均衡。现实中存在着不对称、不平等和排斥现象。主流生命伦理学所面临的伦理问题不仅与科技的力量有关,也与专业力量有关,而全球生命伦理学问题则与经济和政治力量有关。这意味着全球生命伦理学问题的根源是不同的。新自由主义全球化提倡一种强调理性选择、个人自由、竞争、个人责任和个人利益的价值体系。改变这些市场导向的实践需要对潜在的意识形态框架进行审视和批评。

全球实践

应用于世界各地的医学干预、技术和科学知识都是相似的。因此,从这个意义上来讲,全球医疗保健实践是相似的。同时,由于具体应用情景的不同,医疗实践也会有所不同。成本不同,保险制度各异,文化、政治、法律和伦理等决定因素也不同。这些异同可以解释诸如健康旅游、人体组织贩运、人道主义援助和专业移民等全球现象。患者前往其他国家旅行时,期望能用更低的费用快速获得与在自己国家相同的医疗服务。有时,患者会为了取得在国内无法获得的治疗而去其他国家旅行。因此,地方层面的市场导向实践可能有所不同,并非在各个地方都得到同等发展。例如,自 1994 年以来,中国就禁止商业代孕,而该产业却在印度和泰国蓬勃发展。为应对 20 世纪 90 年代后期的亚洲金融危机,东南亚推动了健康旅游业(参见第 5 章)。全球实践的形成不是巧合,而是经过深思熟虑的经济政治决定的结果。全球实践是通过全球和地方决定因素的辩证互动形成的。这种相互影响意味着,在相同的全球环境下,全球实践的地方表现并不相同。

全球实践是如何改变的?这是一个非常重要的问题,因为许多人认为,生命伦理学对于现在无处不在的全球实践的改变微乎其微。那么抽象的伦理话语如何改变全球实践?在全球环境和当地表现形式之间的辩证互动中,以及在共同价值观的参与下,形成了实践。这两个过程对于实践的改变至关重要。但是,这些过程并不稳定。市场导向的实践并非唯一的实践。不仅在地方层面而且在全球层面,都存在具有不同价值观的其他实践。由于价值观根植于特定的实践中,因此实践本身通常不会讨论价值观;由于实践是全球实践的局部体现,因此与其他价值体系的对抗是不可避免的;在这些对抗中,其他价值观也突显出来。泰国的商业代孕就是一个例子。

婴儿 GAMMY

Pattharamon Janbua 为一对澳大利亚夫妇代孕。当她生下双胞胎后,委托父母将其中一个正常婴儿带到了澳大利亚,而另一个患有唐氏综合征和先天性心脏病的婴儿则被遗弃。6 个月后,Janbua 因为无法再为患有肺部感染的婴儿 Gammy 支付所需的医疗费用而向一家泰国报社求助。2014 年 7 月,这个故事经国际媒体报道后,泰国军政府迅速通过了禁止有偿代孕的立法。2015 年 2 月,泰国通过了禁止所有有偿代孕的立法,禁止为外国人代孕,禁停了相关中介机构[2]。

这并非第一个国际代孕丑闻。自 2013 年印度加强管控,要求外国人委托代孕需申请特别签证以来,

泰国成为了"亚洲子宫",由顶级生育诊所提供这项服务。尽管泰国医学委员会于2011年正式禁止了代孕业务,但执行力度不够。目前尚不清楚新立法将有何种改变。一些诊所和机构已经迁往尼泊尔。这一点在2015年4月和5月的毁灭性地震中表现得尤为明显。据估计有8 000人在地震中丧生。通过飞机遣返的以色列公民中就包括代孕母亲在尼泊尔所生的26名婴儿。另有100名为单身和同性以色列人代孕的母亲留在加德满都的废墟中。因此,国内立法已无法适应全球实践。

Gammy案说明了实践是如何受到影响的。首先,该案例显示出媒体引发本地和全球讨论的重要性。虽然代孕母亲将该案告知国家级别的杂志,但该消息也在国际媒体上传播,迅速动员起全球公民向泰国政府施压。当初一名澳大利亚父亲因儿童性虐待的指控入狱时,澳大利亚政府也为此感到尴尬。此案还引发了一场人道主义运动。一家澳大利亚慈善机构筹集了用于治疗Gammy的捐款。2015年1月澳方授予了婴儿Gammy澳大利亚国籍。

人们对该案的强烈谴责进一步激起了伦理讨论。商业代孕是一项全球实践,由于各地实践的差异显著,蓬勃发展起来。澳大利亚的所有州都禁止商业代孕;然而,只有少数几个州禁止旅行到其他国家进行代孕。这些差异成为国际监管的依据。禁止在自己国家代孕却允许公民去另一个国家代孕是虚伪的做法。此外,另一项监管依据是,现在商业代孕比跨国领养更为普遍。出于对人权,特别是低收入国家妇女剥削以及儿童权益的关注,跨国领养有所减少,而在代孕方面也存在类似的担忧。伦理分析应考虑婴儿、代孕母亲和委托父母的权益。但实际上,当前重点主要在委托父母的权利上,通常由专业律师协助。此外,背景广泛也会带来伦理问题。有人使用脆弱和剥削这些概念,认为代孕母亲是没有真正选择的。通常,他们像 Janbua 一样贫穷,负债累累,没有受过教育,且迫切需要钱。在这种市场导向的实践中,代孕母亲被视为提供收费服务的工作者或"承运人"。婴儿是产品;如果婴儿不健康,委托父母可能还会要求退还"损坏的物品"。大多数父母都是来自西方国家的富裕公民。有些人称这种不平等交易为"生物殖民主义"(biological colonialism)[3]。生殖旅游业和一般的健康旅游业加剧了不平等现象,助长了不公正医疗体系的扩增:为"游客"和富裕公民提供高级专业护理,而大多数人则缺乏基本护理。有人用全球正义的伦理原则来辩护称:强大和富裕的人利用现有的不平等来谋取利益时,他们应承担更大的责任。然而,从事商业代孕并非平等双方之间的交易。

改变实践

　　婴儿 Gammy 案及其全球影响促使泰国代孕实践改变的同时，也对全球实践提出了质疑，加快了全球监管举措的落实。该案例表明，全球实践不是稳定和静态的，而是可以变化的。那么变化的机制又是什么？

a. 关注合规缺乏

　　在全球生命伦理学中，人们通常认为影响和改变实践的最佳方法是制定和实施全球标准。各国政府面临伦理挑战时的对策就是引入或加强法规和立法。全球层面上也采取了同样的对策：首先，起草并通过一项规范文书（最好是一项公约，或者是宣言），对指导全球实践的伦理原则达成共识；第二，建立制度安排，在当地范围内解读和执行这些原则；如前几章所述，这实质上是全球治理的目的；第三，通过运用这些原则，实践会发生转变，且与全球框架一致。

　　这一假设应该受到批评。在人权、环境、发展和医疗保健等诸多领域，并不缺乏规范框架，但主要问题是这些框架尚未得到应用。我们可以表达对伦理的渴望，但通常无法将其付诸实践。这是全球治理的第一个空缺：合规。例如，在国际法中，人权执行受到限制，监督承诺的责任也不够明晰。关于各国批准的人权条约,不遵守条约义务的情况似乎更为普遍。全球生命伦理学也存在同样的缺点。联合国教科文组织(UNESCO)成员国拒绝提及《世界生命伦理和人权宣言》(UDBHR)的任何后续机制。他们当然不喜欢承担报告职责。一些国家甚至反对"实施"(implementation)这一术语。因此,目前尚不清楚我们应如何将采用的原则转化为实践。这就是国际组织引入"规范暂停"(normative pause)这一术语的原因,即我们应首先关注现有框架的应用,而非进一步发展规范工具。

最近关于国际法如何运作以及为何运作的研究表明,批准人权法案与尊重人权的实际实践之间几乎没有关联[4]。同时,在这一领域也不缺乏实施机制——监督机构、监测、报告、特别报告员、国家、国际法院和法庭的定期审查等。但是在全球层面上(与国家层面不同)仍缺少执法机构。即使有大量的跨地域立法机构,也是由各国决定是否愿意在其领土内实施人权。在全球生命伦理学中,这样的实施机制完全不存在。虽然各国统一采用了《世界生命伦理和人权宣言》(UDBHR),但许多国家都忽略了其原则。有些国家显然无意参与任何与生命伦理学有关的事情。那么,全球框架的现实意义又是什么呢?

b. 承诺不合规

此外,当各国采纳诸如《世界生命伦理和人权宣言》(UDBHR)之类的宣言时,他们充分意识到这是一项不具有约束力的规范文书。该宣言的采用表达了各国的道义承诺。采用原因可能与实施宣言的意图无关。国际法律文件不仅发挥工具作用(建立规范框架以解决特定问题),而且还具有表达作用(就国家地位发表声明)。各国在"宣布"(declaring)全球生命伦理学原则时阐明了医疗保健和医学研究中可接受的内容。他们就指导文明国家在这些领域进行国际合作的原则表达了立场。这些工具性和表达性角色不一定是相互联系的。人权条约的经验表明,监督和执行力度较小的时侯,这两种角色是脱节的。在全球生命伦理学中,如果不监督所采取立场带来的影响,仅表达承诺是轻而易举的。

c. 自下而上的全球化

全球生命伦理学的人权研究带给我们的主要教训是,在实际情况下将不遵守伦理原则的现象视为合规问题是错误的。人们理所当然地认为,全球化进程是在各地自上而下实现的,各国是主要参与者。然而如第9章所述,当今许多非国家主体也参与了全球化。全球和各地价值观之间存在着密切的互动。因此,全球化并非单方面影响,而是在各地的不同情况下运作的。这种"自下而上全球化"的观点也符合本章所使用的实践概念。人类活动不会仅仅因为施加的原则或应用的理论就改变。引入和宣布全球框架并不会改变实践,本地化才能改变实践。

关于实施(implementation)的两个观点

1. 国际组织所采纳的跨国原则的传播。

   – 实施 ="合规"(compliance)

   – 普遍原则与地方原则之间存在分歧

   – 这种观点要求国际机构进行教育活动,提高人们的意识和加强能力建设

2. 重新诠释和建构跨国原则,使其与当地实践和价值观一致。

   – 实施 ="本地化"(localization):在全球原则与本地实践之间建立融合的动态过程

   – 全球和地方原则之间存在互惠互动

   – 这种观点要求对国内代理进行授权;地方利益相关者的审议和参与

---

d. 本地化

人权实践的改善往往是基层运动的结果,而非全球

机构的成就。虽然这些机构可以制定规范,但其实施是分散的、局限在各国内部[5]。民间社会的参与者和网络承担了这项事业(如获得医疗保健),组织、参与竞争并与其他国家类似的运动和网络联系在一起。他们围绕健康权(right to health)制定了一项实践方案,但实践并不只是这项权利的应用,其具体活动需要考虑当地的环境和价值观,因此在某些情况下(如南非)比在其他情况下更容易成功。按照这种观点,实践是通过特定背景下的集体劳动构建的。因此,实施全球原则和价值观就是"本地化"(domestication)过程;它们需要转化和内化以适应国内系统和当地环境。通常,这不是由政府而是由非政府组织和个人合作完成的。

实施本地化的另一个方面是集体代理(collective agency)。人权不仅包括法律概念或抽象原则,还包括使之成为现实的活动和过程。对于生命伦理学原则来说,虽然如何看待人权很重要,但更为重要的是如何实现它们;这需要伦理政治工作(ethical-political work)。其原则要求集体劳动将伦理不对称转化为社会政治对称。社会学家 Fuyuki Kurasawa 以全球正义为例对该观点进行了详细阐释[6]。他展示了抗击全球不公正现象怎样产生了具有见证、宽恕、远见、援助和团结等特征的跨国实践。出庭作证的做法是正义产生的基础,可以为虐待和结构性暴力发声,为不公正事件提供证词,呼吁人们克服沉默、不解和冷漠。它为宽恕、远见(预防伤害)和人道主义援助等其他实践扫清了障碍。最后,应对不公正现象的社会劳动带来了团结实践。这就要求人们建立跨境关系,增强全球意识。

如果可以通过本地化(domestication)和集体代理(collective agency)实现全球伦理框架的本地化,那么实践就会改变。在地方层面执行全球原则的机制,只有在两个条件下才能取得成功:对话(dialogue)和公开(publicness)。对话对于创造具有多样性和共同点的跨文化空间来说是必要的。对话不仅涉及信息交流,还涉及经验、方法和挑战的分享,政治纽带、其他愿景的建立以及活动参与。不断增长的全球意识促进了对话过程,并将进一步强化这种意识。对话创造了"中间"(in-betweenness)地带,不再将世界视为领土,而是作为人类生存的条件。第二个条件是,实践是公共的(public)。实践应是各种参与者参与的空间,应该鼓励公开讨论和审议。这样,实践可以专注于各类参与者之间的共性,从而进一步扩大伦理关怀的范围。

全球生命伦理学实践

迄今为止,我们所讨论的实践概念有助于我们理解全球生命伦理学。如同我们不能从特定环境的实践中抽象出人权来一样,全球伦理原则也不能与其应用相分离。这些原则之所以重要,是因为它们提供了第 6 章所称的全球生命伦理学视野。为了解决全球问题,我们需要有与主流生命伦理学相比,看待个人更广阔的视域,更加宽泛的社会、关联性、合作、责任和全球公共领域(global commons)等概念。但是,我们仅仅概述这一视野还不够。此外,全球生命伦理学实践必须将话语和行动结合起来。这些原则需要广泛的活动来对其进一步阐释,包括披露问题和案例、提高认识、对不公正现象背后的结构性因素进行分析和批判性审查、提出论点、向重大利益相关者施压、游说决策者、指责和羞辱等。全球生命伦理学旨在通过这些活动来改变实践,使其与全球伦理原则更加一致。

在伦理原则的影响下,实践是如何变化的[7]？国际法中也有类似的问题:人权是如何行使的？一种饱受质疑的答案是:人权未得到行使。人权法的执行机制有限;是否强制执行取决于各国。一些学者甚至怀疑许多国家的人权实践是否发生了根本变化。这种观点也反映在全球生命伦理学中;伦理话语不断全球化,但其是否带来全球实践则取决于当地情况,而非取决于支持它们的原则或话语。其他人权学者给出了肯定答案。他们认为合规观点太过简单。长期来看,实践不断变化以符合伦理原则。首先,有一个长期的互动阶段;宣布、定义、讨论和协商原则。第二,原则需要解释;他们通常是不确定的。原则是通用的,而非明确定义的;为使其适用于特定情况,需要进一步解释说明。第三,将原则内化使其成为内部规范命令。最后是所谓的"本地化";将全球原则纳入国内系统(图 11.1)。

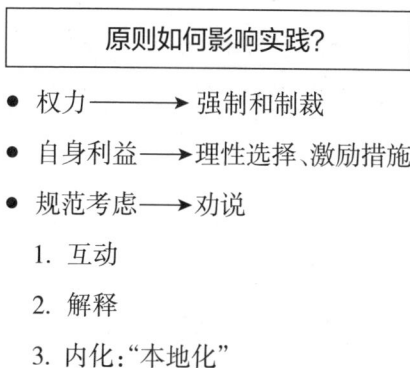

```
┌─────────────────────────────┐
│      原则如何影响实践?       │
└─────────────────────────────┘
```

- 权力 ——→ 强制和制裁
- 自身利益 ——→ 理性选择、激励措施
- 规范考虑 ——→ 劝说
  1. 互动
  2. 解释
  3. 内化:"本地化"

图 11.1　原则如何影响实践

这种肯定观点对全球生命伦理学更有吸引力。原因之一在于它解释了实践是如何变化的。采用生命伦理学原则的各国之间不存在横向互动。因为许多非国家主体在讨论、解释和内化原则,因此原则正在影响实践。"本土化"并不意味着政府制定了法律,而是意味着机构、组织和公民将原则纳入其价值体系。另一个原

因在于,这种观点阐明了实践与原则变得更加一致的原因。合规并非强制。人们之所以在实践中应用原则是因为他们认为这是最好的方式。因此,规范考虑的作用进一步得到强调,人们对其两种常见解释——权力和自利——提出了批评。第一种解释认为,各国遵守国际法是因为受到其他国家的强迫。医生之所以尊重患者权利,因为他们受到法律约束,受到患者运动的监督。第二种解释认为,各国和人民基于对自身利益的合理计算来应用原则。两种解释都没有考虑规范动机,而是认为实践的改变是出于工具性原因,而非参与者认为在伦理上有义务采用特定原则。如第 8 章所述,很长时间以来,公地治理(management of the commons)也陷入了类似的两难推理中:要么是市场的理性自我利益,要么是各国的专制干预。但是,广泛的研究表明,人们通常基于共同价值观和对规范义务的共识(尤其是对子孙后代)来对公地进行负责任的治理。全球实践也是如此。即使代价高昂或与各国和个别决策者的利益不符,实践也可能会改变。改变的原因是因为这是正确的做法。人们对全球健康的兴趣日益增长,部分原因可归结到自身利益上。特别是,艾滋病已从外援问题转变为伦理呼吁。

慈善工作

用于普遍获得抗反转录病毒药物的费用高达数十亿美元。各国参与其中并非出于经济利益或安全原因，而是出于伦理动机。美国总统布什在 2003 年国情咨文（State of the Union）中启动总统防治艾滋病紧急救援计划（President's Emergency Plan for AIDS Relief, PEPFAR）时，提到了美国对改善世界的呼吁。身处医学奇迹的时代，没有人应该因为缺乏药物而死。新的救济计划将是一项"慈善工作"："这项全面计划将避免 700 万人感染艾滋病，为至少 200 万人提供延寿药物，为数以百万的艾滋病患者和因艾滋病产生的孤儿提供人道关怀。我要求国会在未来 5 年内投入 150 亿美元，其中近 100 亿美元用来帮助非洲和加勒比海地区饱受艾滋病折磨的国家。"[8]

变革的动力

全球生命伦理学作为实践，不仅仅涉及理论的应用或原则的实施，而且需要开展一系列的活动。伦理考量在实践组成和转变中发挥着重要作用。尽管国家和有影响力的政治家可以采取主动行动，但实践常常受到一系列参与者的影响。更重要的是,自下而上的全球化不仅包括各种各样的活动和参与者,而且还包括全球思想的"本地化"(localization)或"本土化"(domestication)。全球伦理框架与当地关注有关,也就是所谓的"共鸣"(resonance)[9]。当前的挑战是将全球价值观与当地现有价值观联系起来。一方面,全球原则之所以具有影响力,是因为它们受到了国内价值观的影响;另一方面,国内组织可以诉诸全球原则以提出更强有力的论据。例如,健康权已在全球范围内得到阐述。巴西和南非等国家或地区将这项权利纳入其宪法,并在其国家卫生政策中予以规定。国内组织表示支持扩大药物可及性,动员国家和国际参与者来实现变革,如南非治疗行动运动(TAC)的例子。另一个例子是联合国教科文组织(UNESCO)根据其人力资源部商定的原则制定的《生命伦理学核心课程》建议。该建议为教学项目提供了一套灵活的模式,但同时强调任何课程都应涵盖某些基本内容,满足基本的教学时间。某些国家或地区的伦理老师可以采用这一全球建议,但必须说服他们的院长,使其明白这种项目需要时间、资源和规划。这样做并非出于个人喜好,而是国际组织在教育领域内给出的建议。

　　如果全球生命伦理学可以引发变化,那么又是谁推动了这些变化? 我们在前几章以示例的方式提到了一些。本章将重点介绍三大驱动力所起的作用：社会运动和非政府组织、民间社会和媒体。

a. 社会运动和非政府组织

社会运动（social movements）是"共同行动以实现社会变革的组织、群体和个人"[10]。他们广泛开展各种非暴力活动，如媒体运动、公众抗议、抵制、非暴力反抗、示威和法律行动等。非政府组织（NGO）更有组织性，更加制度化，是以世界观为导向的自愿性非营利组织；非政府组织出于一个特定的原因聚集在一起[国际特赦组织（Amnesty International）的人权、绿色和平组织（Greenpeace）的环境保护和无国界医生（MSF）的人道主义援助]。非政府组织之间有很多差异（如在组织方式和运作方式上）。一般而言，国际非政府组织主要开展两种类型的活动：宣传（advocacy）（如游说、宣传、动员公共支持和竞选活动）和提供服务（service provision）（如紧急救济或医疗保健）。但是，在基层，非政府组织是基于社区的。其成员之所以团结一致是因为他们有着共同的事业，他们在合作与信任的基础上进行互动，不仅积极参与倡导或服务，而且积极参与社会变革。

在全球层面上，尽管社会运动和非政府组织之间存在明显差异，但它们具有三个共同特征[11]。首先，两者都是跨国网络，尤其是在人权、环境和妇女权利等领域。这些网络是自愿的、横向的和相互的。它们都基于自组织（self-organization）。废除奴隶制、殖民主义、种族隔离和独裁统治的运动就是一些历史例子。人们近期的关注点在全球健康和医学研究上。其次，两者都是在共同的价值观和原则之上组织起来的。他们基于对现实的普遍解释和看待世界的新视域将人们聚集在一起。他们的全球认同基于共同的观点，即当今的主要问题是全球性的，这些问题是由新自由主义全球化引起的。这种共同的观点为人们的跨国界认同和团结提供了一个平台。第三，两者都涉及各种形式的行动主义。这些行动主义主要有两个方面。一方面是对现有实践的挑战。社会运动和非政府组织之所以出现，是因为他们寻求改变，例如善待动物、增加治疗机会、改善患者护理等。除了非政府组织外，社会运动也致力于结构变革，想要解决导致全球问题的根本原因。它们展示了第6章所称的"渴望能力"（capacity to aspire）：想象不同世界的可能性，而不仅仅是概率。另一方面，行动主义是集体行动。变革不可能由个人来实现，而是需要合作和相互承诺。行动应植根于日常实践中，允许有关人员发声。南非治疗行动运动（TAC）使边缘群体围绕共同利益和伦理关怀团结起来；其多数成员是无法获得医疗保健的穷人和黑人。孟买无家可归者自我组织的例子(参见第6章)就是对这一点的证明。基层行动主义(grassroots activism)与跨国世界主义(cross-national cosmopolitanism)联系在一起,为全球化进程中的边缘群体建立了横向和纵向的团结。边缘群体的社会运动涉及对集体社会生活的抵抗、改革、恢复和转变。

社会运动和非政府组织可以有效改变实践。他们展示了所谓的"弱者力量"(power of the powerless)。南非治疗行动运动(TAC)改变了艾滋病患者获得抗反转录病毒药物的途径[12]。玻利维亚科恰班巴市的社会运动扭转了供水私有化的局面,激发了玻利维亚政府将水获取作为人权的建议(参见第8章)。倡导组织联盟(a broad coalition of advocacy groups)呼吁印度最高法院(Supreme Court of India)驳回2013年4月批准的抗癌药物格列卫(Glivec)的专利。但是,并非所有非政府组织都具有较大影响力。有效性不仅取决于思想和价值观,还取决于组织结构。非政府组织作为事实(与其他党派来源不同)和证词来源,发挥着重要作用;他们允许受害者和脆弱的利益相关者发声。非政府组织利用所提供的信息,以特定方式组织讨论,设定讨论议程。非政府组织还可以向参与者施压,要求他们改变行为;他们可以运用伦理影响(moral leverage),比如通过媒体来曝光可耻行径。

人权方面最有效的非政府组织具有集中的提案和执行权,以及分散的议程执行。它们不仅呼吁全球原则,而且承认在应用方面的地方差异,并将背景知识整合到全球框架中。

宣传网络(advocacy networks)的影响

网络影响类型:

(1) 议题创建和议程制定。

(2) 对各国和国际组织话语地位的影响。

(3) 对机构程序的影响。

(4) 政策变化对"目标参与者"(target actors)的影响,这些"目标参与者"可能是国家、诸如世界银行之类的国际组织或个体参与者……。

(5) 对国家行为的影响[13]。

现在也有人批评社会运动和非政府组织[14]。首先,它们有时比国家更强大,尤其是在发达国家。其预算超过了卫生部门,因此有可能扭转医疗保健的重点,例如关注那些不会对国家造成最大负担的疾病。其次,人们也普遍批评它们不透明、不负责。国际组织虽然是官僚机构,但至少具有明确的决策和问责机制。再者,人们批评道,许多非政府组织之间相互竞争,利用媒体报

道制造同情,筹集捐款。最后一项批评是非政府组织越来越受其挑战者的青睐。许多非政府组织不但没有抵制新自由主义,提供新自由主义的替代品,反而采用了相同的新自由主义市场语言。这些组织通过与企业合作使消费者更加合乎伦理,从而避免人们对潜在的不平等现象的批评。这些组织通过提供不会挑战新自由主义统治地位的微观解决方案,有效地安抚了行动主义。这样的例子比比皆是。环保主义者组织(environmental activist organizations)由污染环境的企业提供资金。美国精神卫生组织(Mental Health America)是一家倡导将精神卫生作为基本社会正义问题的非政府组织,其预算的四分之三来自医疗企业。国际病患联盟(International Alliance of Patients' Organizations)由 30 家大公司组成的联盟资助,其资金来源尚未公布。

疾病监测和宣传小组

"医学化"(medicalization)是指用医学术语(如疾病或失调)来定义患者的问题并使用医学干预措施对其进行治疗。多动症、害羞、焦虑、虐待儿童和更年期已成为新的医学类别。现在,该过程是由商业和市场利益共同驱动的。制造新疾病可以为现有药物创造新市场。制药公司经通过与患者倡导团体合作来推广他们的药物。自 20 世纪 70 年代以来，用于多动症的利他林(Ritalin)获批用于儿童。医学行业也开始推广该药在成人中的应用。制药公司资助了"患有注意缺陷多动障碍(attention deficit and hyperactivity disorder, ADHD)的儿童和成人"这一宣传小组，该组织大力倡导"成人多动症"(adult ADHD)的治疗[15]。

b. 公民社会

自下而上的执行观点意味着地方参与者在全球原则的传播中起着重要作用。地方参与者通过动态的"本地化"过程在全球原则与现有本地框架之间建立了一致性("共鸣")。"公民社会"(civil society)这一概念表达了公民个人和群体的作用。积极的公民身份意味着公民个人可以团结起来，采取主动行动。19 世纪 60 年代和 70 年代，医学伦理学向生命伦理学的转变(参见第 2 章)是公民解放运动的结果。医学界受到越来越多的批评；公民声称拥有对科技的控制权，声称拥有患者权利。民间社会聚焦健康、疾病和生死问题，迫使政府和医学界改变现有实践。

如今，公民社会不再局限于某特定地区，公开讨论和政治行动往往是跨越国界的。一个国家的公民可以与其他国家的公民联系起来,就一个共同原因或问题组织起来。各国日益增进的联系和新兴的全球社区意识造就了全球公民社会。全球公民社会也包括上文讨论的社会运动和非政府组织,因为该概念适用于每个公民,因而范围更广。全球公民社会是国家与市场之间互动的领域。尤其是在新媒体的帮助下,全球公民社会为不受政府或商业力量控制的话语提供了空间(即使这些话语试图影响全球公民社会)。公民社会也是公众对话和推理、共同审议和参与以及竞争和冲突的领域。最后,它还是公众参与的领域;自组织个人团体可以采取集体行动。

关于纵向和横向卫生干预的讨论证明了民间社会在全球生命伦理学中所起的作用。国际机构更喜欢纵向规划,因为国际机构目标明确,专注于技术性解决方案。横向规划则侧重于卫生系统,需要基层的参与;横向规划是基于社区的。若无民间社会的参与,产生健康问题的基本经济社会需求就无法得到解决。医疗保健服务并非离散的干预措施,而是需要以当地知识为指导的系统方法。另一个例子是关于器官贸易的《伊斯坦布尔宣言》(Declaration of Istanbul)。据世界卫生组织估计,每年 7 万个移植肾脏中有 5% ~10% 来自非法贩运。这些器官通常是由巴基斯坦、菲律宾和摩尔多瓦等国家的贫穷商人出售的。许多国家通过了禁止商业移植的立法。但大多数情况下,该立法的执行难度较大,或者人们根本没有执行该法律。人们对器官交易的关注与日俱增,充分调动起科学家、决策者、健康保险公司和患者组织。他们于 2008 年召开会议,通过了《伊斯坦布尔宣言》。由于没有医生的参与就无法进行肾脏移植,因此,专业医疗组织和享有盛名的外科医生呼吁舆论向各国同行施压,要求他们停止肾脏交易合作。该宣言囊括了两组具有不同伦理立场的倡导小组:禁止出售器官和规范器官市场。两组都认同应禁止全球范围内未加管制的商业器官交易。一种解决方案是本地化。虽然器官贩卖的出现得益于移植医学的全球化,但我们只能通过去全球化来根除。每个国家在器官捐赠方面都应做到自给自足;无论采用何种体系,都需要通过该国的内部捐赠来消除器官短缺现象。

《伊斯坦布尔关于器官贩运和移植旅游的宣言》

（Declaration of Istanbul on Organ Trafficking and Transplant Tourism）

器官贩运和移植旅游业违反了公平、正义和尊重人类尊严的原则,应予以禁止……

> a. 禁止器官移植应包括禁止一切形式的广告……，以移植商业化、器官贩卖或移植旅游为目的的招揽或经纪活动……
>
> c. 诱使脆弱个人或群体（例如文盲和穷人、无证移民、囚犯以及政治或经济难民）成为活体捐助者的做法与打击器官贩卖、移植旅游业和移植商业主义的目标不符[16]。

c. 媒体

改变全球生命伦理学实践的第三大推动力是媒体（media），不仅包括报纸、广播和电视等传统媒体，而且包括越来越多的新兴社交媒体。婴儿 Gammy 案充分证明了媒体的作用。事实上，媒体故事和新闻也极大推动了生命伦理学的出现和发展。一个决定肾透析接受资格的委员会（参见第 2 章）是 1962 年《生活》(Life) 杂志具有里程碑意义的出版主题。1972 年，揭发者联系记者后，《华盛顿之星》(Washington Star) 和《纽约时报》(New York Times) 揭露了塔斯克吉梅毒研究（TuskEGE syphilis study）丑闻。1975 年，美国 Karen Ann Quinlan 案是又一重大媒体事件。现在也有媒体关注全球生命伦理学。自媒体揭露大学教授在危地马拉进行梅毒实验后，一阵媒体狂潮暴发了。1946—1948 年，美国公共卫生署（US Public Health Service）进行了梅毒实验,该研究由美国国家健康研究所（NIH）赞助。2010 年,政府为这些不符合伦理的实验道歉。2006 年,尼日利亚的 Trovan 案经《华盛顿邮报》（Washington Post）报道后成为国际丑闻。实际上,第一章涉及的所有例子都在世界各地媒体报道后广为人知。

在生命伦理学中,主流媒体所起的作用常受到批评:它们简化事实、大肆渲染、扭曲复杂问题。但积极的观点表明,它们有助于构建和扩展生命伦理学[17]。如果没有媒体报道,生命伦理学就不可能诞生和成熟。如今,新的科学发展（如干细胞研究或面部移植）常被视为生命伦理学问题。媒体报道将伦理问题引入大众视野。这种做法进一步表明这些担忧是合理的;这也是公众讨论和决策的原因。同时,这些担忧也体现了主流价值观。如果人们在不知情的情况下被用作有害实验的小白鼠,那么观看者和阅读者不仅会感到愤怒,而且会敏锐地意识到,知情同意（informed consent）和非恶意行为（non-maleficence）是需要捍卫的重要价值观。媒体的这种积极作用对于全球生命伦理学来说尤为重要。媒体使当地事件即刻全球化。这有助于增强全球意识,扩大伦理关怀的范围。媒体报道世界上正在发生的事情是至关重要的。它们有较之生命伦理学出版物更好的宣传效果。它们提高了公众意识,充当预警系统或监察机构。人们的信息需求很明确。美国的一项最近调查显示有93%的受访者从未听说过《世界人权宣言》(Universal Declaration on Human Rights)[18]。但大众媒体所做的不仅仅是传播信息,他们还探索伦理问题,将其呈现在更广阔的背景之下,并以特定方式重新安排故事,以达到改变实践的目的。媒体在报道代孕母亲Janbu的故事时,并非中立,而是表达了对母亲遗弃残疾儿子的不满,甚至是指责。我们可以将单个故事置于不平等和剥削的全球背景下,通过诉诸伦理来实现变革,尤其是使用新媒体来进行宣传,通过对相关角色施压来增加支持("责备与羞辱")。《全球健康影响指数》(Global Health Impact Index)和《药品可及性报告》(Access to Medicines Index)(参见第10章)提供了有关制药公司为改善发展中国家药品可及性的公开信息。

在全球生命伦理学中,大众媒体引起了特别关注。原因之一是大众媒体加深了人们的偏见。大众媒体视非洲为充满贫穷、饥荒、疾病和暴力的大陆,是感染之源和食用猴子和蝙蝠的肮脏之地。

野味（bushmeat）

2014 年 8 月，《新闻周刊》(Newsweek)刊登了一篇报道，称非洲野味可能是埃博拉病毒(Ebola)流入美国的原因。该报道称，蝙蝠和黑猩猩等野生动物的肉在非洲是美味佳肴。野味可以传播埃博拉病毒，因此也带来了致命的威胁。由于有大量非洲野味偷运至美国，因此美国也处于危险之中。《华盛顿邮报》批评该报道强化了非洲人"野蛮动物"(savage animals)的形象。在美国，人人都会猎鹿，食用鹿肉。吃鹿肉也是在吃野味。这其实暗示埃博拉病毒与移民有关[19]。

来自其他国家(例如泰国)的报道往往隐含地传达出该国腐败猖獗、深受剥削和缺乏监管等信息。一方面，筹款竞争促使非政府组织以他人的苦难为"卖点"，或将"同情"市场化以换取人道主义援助筹款。人们被描绘成需要帮助的无助受害者。这些痛苦的形象不仅加强了人们心中的刻板印象，还放大了轶事和个人，而导致脆弱和不公的底层结构却少有人强调。于是，造成痛苦的责任从国家和公司转移到个人身上。另一方面，这种媒体报道的观众和读者也同样存在偏见。他们自认是救世主，只要花几美元，就可以使挨饿的孩子活下

来。人道主义援助是慈善或同情心的问题,而非义务或正义。这就暗示了人们应该缓解燃眉之急,而非解决结构性问题。非政府组织的日益商业化也进一步吸引对全球问题感兴趣的公民成为消费者。他们购买非政府组织商业伙伴的产品越多,对消除贫困的贡献就越大。这就暗示了人们可以通过消费特定商品来改变世界(每购买一件商品就捐赠一件商品,即"伦理"或"慈善"购物)。这些变化是个人努力的结果(如骑自行车对抗气候变化,或参加马拉松对抗癌症)。个人消费者不必参加集体行动或改变生活方式,用微观方法就可以解决系统问题。市场是变化的主要机制,而非潜在问题。

变革的规范工具

全球实践通过本地化过程发生变化。人们并非简单地应用或拒绝全球伦理框架,而是将其"本地化"了。全球实践是国际组织在制定、发布和传播原则的全球领域与因使用不同原则而形成差异的当地环境之间辩证互动的结果。全球原则因常与当地现有实践发生冲突,因此也面临竞争。竞争意味着全球与本地之间的激烈互动。这也意味着全球原则需要进一步加以阐释,以适应当地情况。本地化构建了我们之前所称的"融合"(convergence)(参见第4章)。全球和地方之间的互动不仅强调和重申了差异,而且也揭示出了共同的领域和价值观。全球生命伦理学话语提供了促进原则间辩证互动、解释和内化的概念。我们将在下一章论述伦理话语。但在此之前,我们先来考虑一个问题:规范概念对全球实践有何影响? 本章使用的实践这一概念认为规范观点和价值观已嵌入实践中。规范不是附加的,而是实践的组成部分。那么规范怎样才能带来实践的变化呢?

a. 视域

在之前的章节中,有人认为全球生命伦理学扩大了主流生命伦理学观点。它提供了更广泛的背景,让我们把现象视为全球问题。我们用"视域"(horizon)这一术语来解释这种更加广泛的观点。全球生命伦理学引入了不同的语言和概念,着重于连接性和相互依存性。它还侧重于产生不平等和不公正的条件约束力(例如专利规则制度 regime of patent rules)。因此,全球生命伦理学话语将个人视角转移到了共同点上。这种转变也产生了主流观点的替代观点。例如,虽然人们通常将人类免疫缺陷病毒看作医学挑战,但也可以视其为人权问题、司法问题、安全问题或知识产权问题。如前一章所述,健康可视为全球共同利益、人权或可交易商品。每种观点都会有不同的结果,带给我们不同的方法和解决方案。

b. 框架

社会科学家指出了框架的重要性[20]。框架是人们解读问题的组织方式,有两个特点。首先,和实践一样,框架不是个人的而是集体的成就。框架帮助我们了解正在发生的事情;框架之所以营造社区,是因为可以通过构建和组织经验来提供意义。第二,框架可以促进公众参与,使共同活动成为可能。框架不仅解释了现象是如何产生的,而且还说明了人们可采取的应对措施和解决方案。首先,框架可以定义问题;框架强调了在特定背景中最为重要、问题最多的某些方面。其次,框架还可以找出造成问题的原因。框架可以评估问题及其成因,以提供伦理判断。最后,框架给出治疗建议或补救措施。总统艾滋病救济紧急计划(PEPFAR)的例子向我们展示了,将艾滋病救济作为宗教义务和美国伦理传统的一部分,如何调动了大量资金来提供援助。女性生殖器残割(FGM)的例子也说明了框架的重要性(参见第4章)。

女性生殖器残割(FGM)

根除肯尼亚地区女性生殖器切割的早期运动失败了。人们认为这是一种传统的文化习俗,而抑制这种实践象征着殖民主义,即西方价值观强加于肯尼亚传统文化。"女性割礼"（female circumcision）这一俗称暗示，与男性割礼（male circumcision）一样，这种做法不会带来真正的危险和伤害。20 世纪 80 年代，人们认为这种实践侵犯了人权，并将其更名为"残割"（mutilation）。新框架将其归为更广泛的类别（对妇女施暴和虐待儿童一类，violence against women and child abuse），该类别可以得到更多参与者和人群的支持。

有三种不同的框架适用于女性生殖器切割：文化多样性（cultural diversity）、人权（human rights）和健康（health）。其区别体现在名称上：女性割礼（female circumcision）、女性生殖器残割（female genital mutilation，FGM）和女性生殖器切割（female genital cutting）。手术步骤在三种情况下并无差异，即部分或全部切除女性生殖器外部。不同之处在于人们对问题的解释和规范评估。女性生殖器残割是一种在非洲和中东少数几个国家存在了数百年的习俗。在这些国家，割礼是女性成员步入社会的一种仪式，是一种纯洁的行为，也是文化认同的来源。该框架的含义是应将其作为一种文化传统予以尊重。20 世纪 70 年代，人们对这种框架的争议越来越大。从人权的框架来看，这种实践侵犯妇女权利，

是对妇女的歧视。由于当地常对 4~10 岁的女孩实施
女性生殖器切割手术,因此,这也是对儿童权利的侵犯。
该框架鼓励人们采取法律行动。虽然越来越多的国家
立法禁止了女性生殖器残割,但往往立法效果甚微。在
这种背景下,另外一个框架应运而生,强调妇女健康而
非妇女权利。很多关于女性生殖器切割对女性健康长
短期影响的数据唾手可得。有人认为,在没有医学必要
的情况下切除解剖结构就是残害,因此应更改手术的名
称。该认识产生的解决方案是根除这种行径。在健康
框架下,女性生殖器切割如同一种流行病。现今,有 1.25
亿妇女和女孩接受了女性生殖器切割手术,每年有超过
300 万女孩濒临被残割的危险。作为健康问题,女性生
殖器切割由世界卫生组织负责。但当联合国在 1958 年
要求世界卫生组织对其进行研究时,该组织因视其为文
化问题而拒绝了。

c. 成功的框架

女性生殖器残割的例子证明了框架对改变实践所
起的作用。首先,框架为构建同盟提供了概念平台。人
权与健康框架将非政府组织和活动家、医疗专业人员、
教师、社会工作者和宗教领袖团结在一起。尤其是年
轻女性正在反对该实践。一些媒体也加入了运动。联
合国宣布每年 2 月 6 日为残割女性生殖器零容忍国际

日（International Day of Zero Tolerance for Female Genital Mutilation/Cutting）。其次，框架有助于全球价值观与当地价值观的匹配，从而促进本地化。反对女性外阴残割的当地非政府组织数量迅速增加。现在，大多数实行这种习俗的非洲国家都宣布其为非法行为。健康框架对当地活动家格外有益。健康影响并不意味着对传统或文化有道义上的判断，而是呼吁人们的共同关注。同时，女性外阴残割显然是一个全球问题，而不仅仅是某些国家存在的问题。由于移民的缘故，西方国家遭受女性外阴残割的妇女和女童人数也在增加。第三，框架有助于对实践进行均衡评估。现在有许多不同的框架甚至是反框架存在，因此必须重视规范评估。目前看来，健康框架的影响力最大。随着人们对女性残割带来的危害有越来越多的证据和认识，对文化多样性的呼吁和对生命伦理学帝国主义的指责不再令人信服。健康是人们共同的价值观；在该框架下，割礼没有好处只有伤害。基于权利框架的法律方法是必要的，但只要它们不涉及文化和社会实践的系统决定因素，这种方法就不会奏效。

联合国大会于 2012 年 12 月通过了一项决议，呼吁在全球范围内消除女性生殖器残割的习俗[21]。这是该组织首次明确支持这一禁令。虽然在一些国家，这种做法正在减少，但要改变长期的实践并不容易。人们经常提及的一个成功故事是缠足。中国经过近 200 年的奋斗,在 20 世纪初成功根除了缠足的习俗。但是,并非所有框架都是成功的。第 10 章转基因动物的例子表明,动物内在价值框架在与科学进步和商业机会框架的竞争中并不成功。

框架的成功与否取决于三个因素。如上所述,第一个因素是"共鸣"(resonance)。那些建立起广泛联盟,促进均衡评估且与当地情况联系起来的框架会更加成功。它们将全球原则与当地价值观联系在一起。第二个因素是框架的规范要求。与那些包容性较差的框架相比,超越特定背景而强调共同人性的框架更具吸引力。特别是,强调对弱势群体的身体伤害和不公正现象在改变讨论性质和制定政策方面一直是强有力的规范想法[22]。第三个因素是系统性方法。例如,女性外阴残割的习俗正在影响每个女孩和妇女的健康与人权,但健康与人权框架应谨慎地将这种习俗的决定因素置于社会、文化传统中,而非考虑个人。改变这些传统需要人们长期的共同努力。从人权角度来看待问题是必要的,但这只是改变实践的第一步。在其他领域(如临终关怀),关注点从个人到系统的转移也很明显。在美国,经过 40 年改善临终关怀的努力,理论与实践之间仍然存在很大差距。尽管已经确立了患者权利,颁布了明确的伦理准则,但人们通常不会遵从患者临终时的喜好。确保个人权利很重要,但这不足以改变实践。这也是对诸如健康权之类的社会经济权利相对忽视的结果,这意味着政府和社区有义务为公民提供健康保障。现在,人们的注意力更加集中在医疗保健系统,尤其是其机构、组织和金融,以及系统改革的可能性上[23]。

另一个例子是赈灾领域。传统上,人道主义援助旨在满足个人需求;受害者的生命必须挽救。灾难是自然事件。无辜的受害者呼吁同情、团结和慷慨。但是,脆弱性框架带给了我们更广阔的视域。实际上,许多灾难是人为的,是暴力、疏忽和剥削的结果。因此,我们的重点应放在使人脆弱的条件上。人道主义的新语言以人类共同的思想为基础,是世界主义(cosmopolitanism)的表达;它表明伦理关怀的圈子正在扩大。但是,为了产生长远的影响,人道主义语言必须超越挽救和保护个人生命的伦理要求,解决正义的规范问题。现在,许多人道主义机构正将其注意力从紧急和临时援助转移到贫困和暴力等根本原因上[24]。

艾滋病团体是最成功的行动主义运动之一。他们成功转变了现有的基本药物获取制度[25]。然而只有跨国商业网络成功倡导1994年《贸易有关的知识产权协议》(TRIPS Agreement)规定的知识产权全球化之后,艾

滋病团体才算是成功转变了药物获取制度。20 世纪 80
年代之前,专利是特权和垄断,是自由贸易的障碍。商
业网络声称盗版和假冒正在损害美国的经济竞争力,
从而改变了人们之前的看法。实际上,专利对于创新、
自由贸易和经济增长至关重要。专利框架十分规范:
盗窃永远都是不合理的。《贸易有关的知识产权协议》
(TRIPS Agreement)是商业利益的胜利。艾滋病的流行
使这个新的政策框架问题重重。起初,各社会运动都关
注个人行为和某类人群的污名化,后来,关注点从强调
个人权利转向经济社会权利,尤其是自 1996 年人们可
获得更有效的治疗以来。一个非政府组织的跨国网络
应运而生,该网络认为公共卫生问题比商业利益更重
要。知识产权保护使发展中国家的许多人买不起药物。
公共卫生框架使专利与死亡联系起来。规范观点是,挽
救生命的治疗不应取决于人们的支付能力,而应具有普
遍的可及性。该框架还描绘了制药公司的贪婪与邪恶:
它们以数百万人的生命为代价赚取了天价利润。2002
年的《多哈宣言》(Doha Declaration)是获得药物治疗
运动的胜利。非政府组织的框架得到了巴西和南非等
强调健康权的国家的支持。同时,作为知识产权(IPR)
主要支持者的美国,在 2001 年遭到炭疽生物恐怖主义
(anthrax bioterrorism)袭击时名声扫地——政府称,由于

价格太昂贵,它将推翻现有药物的专利。显然,健康比保护财产权更为重要。但如果该规范评估对一国政府来说有效,那么也应允许其他政府使用该评估。

d. 规范企业家

强调本地化和框架作为改变全球实践的机制,否决了这样一种观点,即实施全球伦理框架就是在实际环境中应用原则并遵守框架。然而,实施全球伦理框架需要持续的工作——通过“本地化”建立融合;对话、讨论和互动;以及当地利益相关者的参与。这项工作不仅实用,而且还涉及话语。说服(persuasion)和学习(learning)是全球层面上改变价值观的基本工具。他们展示了思想的力量。这种情况下,所谓的“跨国伦理企业家”(transnational moral entrepreneurs)所起的作用日益凸显出来[26]。他们是在全球体系中促进特定原则,动员支持并激励其他人将这些原则纳入其自身价值体系的代理。他们可以是杰出的个人、认知社区或非政府组织。我们经常提及的促进人权普遍性和人道主义干预的例子有 1863 年成立红十字国际委员会(International Committee of the Red Cross)的 Henri Dunant、提倡采纳《世界人权宣言》(Universal Declaration on Human Rights)的 Eleanor Roosevelt,捷克的反对者、后来成为总统的 Vaclav Havel, 以及联合国秘书长(Secretary-General of the UN) Kofi Annan。

拥有伦理权威,激发全球社区建设的不仅仅是个人。一个例子是保护人类生物医学和行为研究的国家委员会。1978 年发布的《贝尔蒙特报告》(Belmont Report)首先在美国发起了研究伦理、倡导原则、动员支持和激发立法和行为规范等领域的集体行动。人们将所倡导的规范方法置于更大的范围内,使其为更多的人所接受。20 世纪 90 年代,作为全球规范企业家(normative entrepreneurs)的人体生物医学研究国际伦理指南(CIOMS)推动了这种动态变化。在全球生命伦理学中,另一个例子是无国界医生(Doctors without Borders)。1999 年的诺贝尔和平奖奖金用于发起基本药物获取运动,以提高发展中国家的药物获取能力。专业组织也可以担任相同的企业家角色。移植学会(Transplantation Society) 和 国 际 肾 脏 病 学 会(International Society of Nephrology)在 2008 年召开了首脑会议,会议通过了《伊斯坦布尔关于器官贩运和移植旅游的宣言》(Declaration of Istanbul on Organ Trafficking and Transplant Tourism)。

e. 集体行动

为了影响实践,用规范术语来描述问题并非个人之事。即使规范企业家起到了将问题提上全球议程的催化作用,但除非动员起民意和政治支持,否则个人行动也不会有多大效果。框架是常见的,行动导向的。之所以能将人们召集在一起,是因为大家对问题及其解决方案有着相同的理解,且激励人们采取集体行动(collective action)。在埃博拉疫情中,无国界医生充当引发结构性反应的媒介。只有在国家、国际组织、非政府组织和个人的共同行动下,流行病才能得到控制。环境恶化也不能只通过个人的行动和"绿色"消费选择来解决,而是需要公民的合作,以改变造成环境恶化的制度安排和生活方式;这也意味着批评政府和企业在促进这种安排和生活方式方面的责任。只有集体机构才能改变南非的种族隔离制度或废除奴隶制。采取行动不是出于个人利益,而是出于正义和平等的全球规范理想。集体行动的主要特征不是理性个体计算的结果,而是由对共同目标的追求和对共同利益的贡献所驱动的。这是一个介于政府干预和市场消费者个人决定之间的行动主义领域。参与者之所以合作,是因为他们是公民,而非消费者。

总结

本书提出了全球生命伦理学的一个中间版本,认为全球生命伦理学并非可应用于各种情况的成品,而是一个过程,一项持续的活动,旨在促成全球原则和当地实践之间的融合。这一观点意味着,全球生命伦理学既需要脑力劳动,也需要实践工作:它涉及持续进行的审查、分析、讨论、交换、解释、应用、修改、转化、谈判和互动等过程。伦理多样性和普遍性得到认可和重视时,这种持续工作便是可能的。"文化间性"(interculturality)这一概念可用来解释培养共同立场的可能性。全球生命伦理学作为跨文化过程,不仅是国际组织和机构的工作,而且需要许多不同层面参与者的参与。在实践中实施全球原则并非合规问题,而是"本地化"问题:即原则在地方价值体系中的整合与内化。这样,全球原则就"本地化"了。但另一方面,这些地方进程又会反馈到全球框架中,从而可以针对器官贩卖、代孕和药物获取等问题制定全球应对措施。本章讨论了全球与地方的辩证互动是如何构成和改变实践的。社会运动和非政府组织、公民社会和媒体是该互动的驱动力。规范考量在这些辩证关系中起着重要作用。规范考量因为为全球行动提供了依据,因此将原则转化为实践。但这又是工作,而非简单的理性推论和实际应用。它需要深思熟虑、学习、说服、责备和羞辱。框架使解读过程更加容易。框架可以组织经验,指导行动。框架表达了明确的价值观,因此调动起其他人员的支持。例如,将全球问题视为人权问题,是在挑战国家在其公民中的权威(免遭酷刑或不人道待遇),但同时也可以强调国家在提供基本医疗

保健(健康权)方面的责任。框架使人们团结起来,激励
人们采取行动。

当今社会的主框架源于新自由主义意识形态。这
些框架通常反映在第 5 章中讨论的主流生命伦理学中。
但是,全球生命伦理学有着较之主流生命伦理学相比不
同的视野。它强调相互依存、相互联系、共同价值观和
共同观点。因此,它可以根据侧重于系统变革而不是个
人利益的论点提供替代框架。团结、正义、脆弱、社会责
任和保护子孙后代等全球原则激发了话语实践,促进了
一种基于对人类互动和沟通的尊重,创造一种使全人类
得以繁荣发展的社会、文化和物质环境需求,而非基于
市场意识形态和经济增长的新的全球化方式。我们将
在下一章探讨这种全球伦理话语。

本章重点

- 本章的主要问题是:全球实践如何受到全球生命
伦理学框架的影响?
- 实践是一种结合了理论知识、活动和价值观的生
活形式。伦理观念根植于实践之中。
- 医疗保健是针对疾病、情形、社区或市场的不同实
践网络。

- 商业代孕的例子说明全球实践并非一成不变,而是不断变化的。

- 全球实践在全球原则与当地活动间的辩证互动中发生变化。

- 遵守全球伦理原则可能是权力(强迫)、利益(长短期利益)和规范考虑(应做之事)的结果。本章重点探讨了规范问题。

- 全球原则的具体实施意味着"本地化":即全球原则和本地实践在不断融合的动态过程中保持一致。

- 因此,实施是一个长期过程,分为三个阶段:

  - 相互作用:宣布、讨论和谈判原则

  - 解释:对原则进行解释和规定

  - 内化:将原则纳入当地价值体系。规范观点在各阶段都发挥着作用

- 驱动力:通过以下方式将全球原则转化为当地环境:

  - 社会运动和非政府组织

  - 公民社会

  - 媒体

- 框架可以促进规范考虑因素对实践的影响。框架可以定义问题、诊断原因、提出解决方案并激发行动。
- 框架在以下情况下是成功的：
  - 存在"共鸣"
  - 诉诸于常见的伦理问题
  - 推动系统方法
- 个体机构可以通过（重新）构架（"规范企业家"）来激发实践的改变，但只有通过针对旨在改善结构条件的集体机构，实践才可能变化。

参考文献

1 For the notion of practice, see Uffe Juul Jensen (1987) *Practice & progress: A theory for the modern health-care system*. Blackwell Scientific Publications: Oxford. Also Alasdair MacIntyre (1985) *After virtue: A study in moral theory*. Duckworth: London, p. 187.

2 Claire Achmad (2014) How the rise of commercial surrogacy is turning babies into commodities. *The Washington Post*, 31 December 2014 (www.washingtonpost.com/posteverything/wp/2014/12/31/how-the-rise-of-commercial-surrogacy-is-turning-babies-into-commodities/) Accessed 4 August 2015.

3 The expression 'biological colonialism' is from Abby Lippman in: Amel Ahmed (2014) Offshore babies: The murky world of transnational surrogacy. Aljazeera America, 11 August 2014 (http://america.aljazeera.com/articles/2014/8/11/offshore-babies-thebusinessoftransnationalsurrogacy.html). Accessed 4 August 2015.

4 Thomas Risse, Stephen C. Ropp and Kathryn Sikkink (eds.) (2013) *The persistent power of human rights: From commitment to compliance*. Cambridge University Press: Cambridge, UK; Emilie M. Hafner-Burton (2013) *Making human rights a reality*. Princeton University Press: Princeton and New York.

5 Harold Koh (1999) How is international human rights law enforced? *Indiana Law Journal* 74(4): 1397–1417; Joshua W. Busby (2010) *Moral movements and foreign policy*. Cambridge University Press: Cambridge (UK).

6　Fuyuki Kurasawa (2007) *The work of global justice: Human rights as practices*. Cambridge University Press: Cambridge (UK).

7　Andrew P. Cortell and James W. Davis (1996) How do international institutions matter? The domestic impact of international rules and norms. *International Studies Quarterly* 40: 451–478; Wayne Sandholtz and Kendall Stiles (2009) *International norms and cycles of change*. Oxford University Press: Oxford and New York; Mark P. Lagon and Anthony Clark Arend (eds) (2014) *Human dignity and the future of global institutions*. Georgetown University Press: Washington (DC).

8　John W. Dietrich (2007) The Politics of PEPFAR: The Presidents' Emergency Plan for AIDS Relief. *Ethics & International Affairs* 21(3): 277–292.

9　See: Andrew P. Cortell and James W. Davis (1996) How do international institutions matter? The domestic impact of international rules and norms. *International Studies Quarterly* 40: 451–478; Andrew P. Cortell and James W. Davis (2000) Understanding the domestic impact of international norms: A research agenda. *International Studies Review* 2(1): 65–87; Amitav Acharya (2004) How ideas spread: Whose norms matter? Norm localization and institutional change in Asian regionalism. *International Organization* 58(2): 239–275.

10　Mary Kaldor (2003) *Global civil society: An answer to war*. Polity Press: Cambridge (UK) and Malden (USA), p. 82.

11　Margaret E. Keck and Kathryn Sikkink (1998) *Activists beyond borders: Advocacy networks in international politics*. Cornell University Press: Ithaca and London.

12　Vaclav Havel *et al.* (1985) *The power of the powerless: Citizens against the state in central-eastern Europe*. Armonk: New York: M. E. Sharpe, Inc.

13　Keck and Sikkink (1998) *Activist beyond borders*, p. 25.

14　Peter Dauvergne and Genevieve Lebaron (2014) *Protect Inc. The corporatization of activism*. Polity Press: Cambridge (UK) and Malden (USA); Andrew Herxheimer (2003) Relationship between the pharmaceutical industry and patients' organisations. *British Medical Journal* 326: 1208–1210.

15　Peter Conrad (2005) The shifting engines of medicalization. *Journal of Health and Social Behavior* 46: 3–14. See also: Joseph Dumit (2012) *Drugs for life: How pharmaceutical companies define our health*. Duke University Press: Durham and London.

16　Declaration of Istanbul, see http://multivu.prnewswire.com/mnr/transplantationsociety/ 33914/docs/33914-Declaration_of_Istanbul-Lancet.pdf (accessed 15 May 2015).

17　Peter Simonson (2002) Bioethics and the rituals of media. *Hastings Center Report* 32(1): 32–39.

18　Emilie M. Hafner-Burton (2013) *Making human rights a reality*. Princeton University Press: Princeton and New York, p. 91.

19　*Newsweek*: A back door for Ebola: Smuggled bushmeat could spark a U.S. epidemic. 29 August 2014 (www.newsweek.com/2014/08/29/smuggled-bushmeat-ebolas-back-door-america-265668.html); *The Washington Post*: The long and ugly tradition of treating Africa as a dirty, diseased place. 25 August 2014 (www.washingtonpost.com/ blogs/monkey-cage/wp/2014/08/25/othering-ebola-and-the-history-and-politics-of-pointing-at-immigrants-as-potential-disease-vectors/). Accessed 5 August 2015.

20　Robert D. Benford and David A. Snow (2000) Framing processes and social movements. An overview and assessment. *Annual Review of Sociology* 26: 611–639; Ronald Labonté and Michelle L. Gagnon (2010) Framing health and foreign policy: Lessons for global health diplomacy. *Globalization and Health* 6: 15; doi: 10.1186/1744-8603-6-14.

21 UN General Assembly: Intensifying global efforts for the elimination of female genital mutilations. November 2012: www.unfpa.org/sites/default/files/resource-pdf/67th_ UNGA-Resolution_adopted_on_FGM_0.pdf (accessed 5 August 2015). See also: Audrey Ceschia (2015) FGM: The mutilation of girls and young women must stop. *The Lancet* 385: 483–484.

22 Margaret E. Keck and Kathryn Sikkink (1998) *Activists beyond borders: Advocacy networks in international politics.* Cornell University Press: Ithaca and London. They particularly mention bodily harm to vulnerable individuals and legal inequality of opportunity as powerful normative frames (Keck and Sikkink 1998, p. 27).

23 Susan M. Wolf, Nancy Berlinger and Bruce Jennings (2015) Forty years of work on end-of-life care – From patients' rights to systemic reform. *New England Journal of Medicine* 372(7): 678–682.

24 Hugo Slim (2002) Not philanthropy but rights: The proper politicisation of humanitarian philosophy. *The International Journal of Human Rights* 6(2): 1–22; Thomas G. Weiss (2013) *Humanitarian business.* Polity Press: Cambridge, UK.

25 Susan K. Sell and Aseem Prakash (2004) Using ideas strategically: The contest between business and NGO networks in intellectual property rights. *International Studies Quarterly* 48: 143–175; Ethan B. Kapstein and Joshua W. Busby (2013) *AIDS drugs for all: Social movements and market transformation.* Cambridge University Press: Cambridge, UK.

26 Stacie E. Goddard (2009) Brokering change: Networks and entrepreneurs in international politics. *International Theory* 1(2): 249–281.

第 12 章
全球生命伦理学话语

Van Rensselaer Potter 引入了"全球生命伦理学"（global bioethics）这一术语，表明我们需要对与健康、疾病、生命和死亡相关的伦理学采取一种更为广泛的方法。这种方法肯定了互联性（interconnectedness）（涉及广泛的学科和活动）、全面性（comprehensiveness）（基于全人类的共同点提出了超越国界的观点）、独立性（independence）（对问题出现的社会、环境和政治背景进行批判），以及战略重点（a strategic focus）（旨在通过利益相关者的参与来改变此结构设置）。为解决人类问题，全球生命伦理学提出了一种新的伦理话语，强调与主流生命伦理学不同的观点和看法。本章将探讨全球话语。首先，本章阐释了我们为什么需要不同的话语。然后，详述了对话语至关重要的几个伦理原则。最后探讨伦理与政治之间的关系。人们常指责全球生命伦理学是政治而非伦理。本章得出结论，全球生命伦理学的优势在于：它将伦理学和政治在广泛的、批判性的全球话语中联系起来。

需要其他生命伦理学话语

我们之所以需要一种不同于主流生命伦理学话语的根本原因在于，当今生命伦理学问题不仅仅与全球化现象有关联。这是一种过于肤浅的诊断。实际上，伦理问题产生于新自由主义意识形态为主导的特定类型的全球化。生命伦理学常常被纳入这一意识形态的伦理框架中。然而，由于生命伦理学没有严格审查问题的根源，因此无法充分解决当前的全球问题。与新自由主义一样，主流生命伦理学也具有实践重点：它旨在促进个人福祉。但是，在战略重点方面，它并未试图质疑和改善个人所处的结构环境。

我们需要其他伦理话语的另一个原因是，人权法不足以批判新自由主义全球化。有人认为，理论上，人权提供了不同的视角，但实际上，它们往往被纳入新自由主义的方法中。从理论上讲，人权是建立在一个独特的伦理框架之上的。它们不以孤立、自私的个人为前提；它们没有将个人自由权与生存权分开。《世界人权宣言》(Universal Declaration on Human Rights)中提到了"人类家庭"(human family)、"兄弟精神"(spirit of brotherhood)（第 1 条）和"社区责任"（duties to the community)（第 29 条）[1]。人权还设想了国家作为人权义务执行者的作用,而新自由主义政策则减少了国家的社会责任。实际上,人权话语与新自由主义全球化相矛盾。例如,使用费的引入将健康变成了一种商品,而非独立于支付能力之外的权利。在这种情况下,新自由主义政策与人权保护有着直接冲突,且优先于人权。

实际上,权利总是集中在那些可以主张权利的个人身上。很少有人阐明是谁负责提供权利。权利也倾向于突出反对暴力和压迫制度的个人,却很少用来批评这些个人存在的系统条件。人权得到认可时,往往公民和政治权利受到关注,而非对发展中国家尤为重要的经济社会权利。因此,阐明人权对于确定底线（人类体面生存所必需的东西）是必不可少的。但是,为了在实践中应用这些要求,我们需要进一步扩展伦理话语。要解决全球生命伦理学问题,根本上不仅仅需要阐明权利,还需要具有创新意识的全球卫生学者 Solomon Benatar 所说的"伦理想象力"。生命伦理学话语不仅仅是唤起权利或评价世界的语言。相反,它打开了新世界,创建了社区,让我们与众不同又趋于一致。

全球健康中的伦理想象力

"同情他人的能力需要我们对个人生活和国家行为进行严格的审查,需要把自己与其他人类联系在一起的能力,以及设身处地体会生活在贫困、威胁中的人的感受的敏感性。"[2]

此外,对不同生命伦理学话语的需求有两个实际考虑因素。首先,新自由主义全球化并非自然事件或必然过程,而是人为造成的。它是通过政治决策和行为蓄意制造和推广的。这种观念可以改变。一方面,一种新话语拒绝了教育、保健、水和社会保障等基本领域的盈利、私有化和商品化语言;另一方面,该话语接受了弱势和边缘化群体的观点,批评不平等和排外现象,强调团结和生态可持续性。这样的话语表明还存在其他观点。此外,这还表明,全球化和新自由主义不一定联系在一起。第二个考虑因素与上一章讨论的实施的重要性有关。权利和原则不是简单地(自上而下)应用,而是必须内化(自下而上)。这要求集体工作和对话在互动和说服中发挥关键作用。但我们认为可以使用伦理话语来激发行动。

全球责任

全球生命伦理学受到人权话语以及世界主义伦理理想的启发。这些理想假定所有人都共属一个全球社区,享有同样的尊严和平等。我们将全球生命伦理学作为一种可以共享的规范方法。该方法通过强调共同观点和人性意识,扩大了伦理关怀的范围。这意味着,作为全球公民,人类不仅对本国公民负有责任,而且对世界上的任何一个人都负有责任。

对责任的关注表明,伦理话语超越了权利语言。我们仅仅制定和主张权利是不够的,还必须明确职责。在生命伦理学早期,哲学家 Hans Jonas 提出了"责任的必要性"(imperative of responsibility)[3]。如 Potter 一样,Jonas 也认为有必要提出一种新的全球宏观伦理。接近伦理仅仅是接近伦理而不完全遵循伦理。是不够的。我们对地球负有共同责任。这种全球责任感在国际上得到了认可。例如,世界宗教议会(1993 年)呼吁"一种新的伦理责任意识"[4]。全球治理委员会(1995 年)强调了共同责任和共同权利,提到我们的首要责任是为人类共同利益作出贡献。1997 年,一群前国家领导人提出了《世界人类责任宣言》(Universal Declaration of Human Responsibilities),但并未进一步行动[5]。此外,分担责任的概念是《联合国千年宣言》(United Nations Millennium Declaration)的一项基本原则(参见第 7 章)。

《联合国千年宣言》(2000 年)

"我们认识到,除了我们对各自社会需要承担的单独责任外,我们还有在全球范围内维护人的尊严、平等与公平等原则的集体责任。因此,作为领导人,我们对全世界人民负有责任,特别是对最脆弱的人,以及拥有人类未来的世界儿童。"[6]

这些例子以另一种方式说明了我们对不同话语的需求。我们需要面对世界范围内众多人民的贫困和苦难、护理治疗的不公正以及健康福祉的不平等。虽然人权用语强调"接受",阐明每个人应享有的权利,但是责任则侧重于我们必须采取哪些措施来确保这些权利以及谁有义务采取行动[7]。传统上,责任的概念适用于个人对于特定的其他个人;在个人或专业关系中会产生责任。从国际化角度来看,这个概念在两个方向上都有延伸。第一,我们对与我们亲密或有亲戚关系的人负有特殊义务,但无论亲密关系和边界如何,我们也对其他人负有责任。责任也适用于关系较远的人和子孙后代。第二,责任既是个人的,也是集体或机构的。面对全球

问题,个人有责任提供帮助。实际上,很多人也是这样做的。如果灾难发生在遥远的地方,人们会捐款或以志愿者的身份帮助遭受痛苦的同伴。但是,慈善捐助和个人牺牲并未解决导致苦难和暴力的深层结构。因此,全球问题需要集体责任。我们需要集体机构的行动,首先是国家。在许多情况下,个别国家无法或不愿从事这项工作。此外,诸如全球机构(如世界贸易组织)、非政府组织和跨国公司等非国家主体也负有全球责任。但是,如果这些机构不合作,他们的努力收效甚微。

全球责任作为人权更广泛的伦理背景的讨论涉及与全球生命伦理学相关的伦理原则。特别是《生命伦理学和人权共同宣言》"宣布"的几项原则:尊重人类的脆弱性;团结与合作;平等、公正与正义;社会责任;共享利益;保护后代;保护环境、生物圈和生物多样性。这些原则是全球责任应如何具体操作的"指标"。由于这些原则是用一般术语表示的,因此指明了特定的方向,但没有指定具体操作和策略。这一方向是所有全球公民所共有的观点。

尊重人类脆弱性

全球化大大增加了人类的脆弱性。尽管它改善了一部分人的生存能力,但却使另一部分人的生活更加不稳定。新自由主义政策与日益加剧的不平等有关。例如，第 5 章举例说明了全球卫生研究中的 10/90 差距。国际货币基金组织（IMF）的一项最新研究表明，如果社会不平等加剧，经济增长就会降低[8]。新自由主义所说的"涓滴"（trickle-down）效应并不存在。现在，全球总财富的一半由世界上 1% 的人所拥有。更糟糕的是，90% 的人口在全球财富中的份额在减少。新自由主义全球化使富人更富。灾难和流行病等全球现象也加剧了脆弱性。另一方面，由于保护和应对机制已受到侵蚀，因此应对脆弱变得更加困难。新自由主义政策以牺牲公共福利和公共卫生服务为代价，强调创新、盈利、私有化和产权保护。为了推动全球市场而削弱了社会和环境保护法规。如今的关键特征是安全和保障缺乏。联合国开发计划署（UNDP）于 1999 年得出结论："世界各地的人们变得更加脆弱"[9]，最脆弱的人群之一是非法移民。

非法移民（irregular migrants）

如今，大约有 2.14 亿跨境移民（占世界人口的 3.1%）。许多移民在收容国得到庇护。非法移民没有法律地位；他们被剥夺了难民身份。在许多国家，他们无法享受医疗保健。估计有 15%~20% 的国际移民是非法移民（3 000 万~4 000 万人）。他们的数量

> 正在迅速增长。2014 年底，由于暴力、战争和迫害，近 6 000 万人被迫离开家园；比前年增加了 830 万。现在，每 122 个人中就有一个是难民[10]。

脆弱这一概念在生命伦理学话语中较新。关于该主题的大多数出版物是自 2000 年以来的。在主流生命伦理学中，脆弱是由于缺乏个人自主权而导致的。1993 年的人体生物医学研究国际伦理指南（CIOMS）将其定义为"严重缺乏保护自身利益的能力"[11]。这意味着，弱势群体需要特殊保护，例如，研究人员应该使用更加严格的同意要求，限制暴露于伤害的风险。人类脆弱性有两种，这两种均不为自治所认可。一种是普遍的脆弱性，即人们天生就是脆弱的，因为是人类所以生而脆弱。另一种是特殊的脆弱性。由于社会、政治和经济条件，一些人，特别是发展中国家的一些人比其他人更容易受到伤害。"天生脆弱"和"变得脆弱"之间的伦理区别是很重要的。第一种类型的脆弱性是既定的，很难改变，第二种类型的脆弱性可以通过改善或消除潜在条件来改变。主流生命伦理学话语通过将脆弱性归结为缺乏个人自治而忽略了这种区别。它忽略了脆弱性这一概念出现在新自由主义全球化背景下的原因。

为了重新认识脆弱性对全球生命伦理学的重要性，

我们有必要对这两类脆弱性进行反思[12]。一方面,作为人类的普遍特征,脆弱是人类共有的。这是个体能动性产生的一个条件;在我们成为理性的、自私的、可行动的个体之前,它就已经存在了。它需要的不是保护,而是尊重、关怀、同情和团结。另一方面,特殊脆弱性是由影响整个群体和人口的环境条件造成的。这意味着我们需要采取社会和政治措施。应对特殊脆弱性,要在尊严、尊重和社会责任的基础上采取具体的积极行动。按照这种观点,针对弱势群体的研究需要的不仅仅是更严格的知情同意程序,还有试验后的数据获取和利益共享的权利。我们得出的结论是,仅根据个人能力不足来界定脆弱性是不够的。生活在贫困、饥饿和腐败中的人们并非因为个人决定而变得脆弱。脆弱性是指人类共性和团结。它只能通过系统方法来解决,即改变产生不公正和不平等的环境。假设我们可以通过保护自主决策者,赋权给他们,且忽略其社会维度来减少或消除脆弱性,那么主流生命伦理学就可以避免与导致脆弱性的新自由主义意识形态的对抗。

团结和合作

如前所述,全球问题无法由单个国家和组织来解决。因此,生命伦理学正在向全球生命伦理学扩展。这种扩展反映了人们日益认识到,人类是世界公民,同属一个拥有共同价值观、共同特征和责任的全球社区。全球生命伦理问题无法由各国自己解决,因此需要合作。人类同属于一个全球社区,因此需要团结。在《世界生命伦理和人权宣言》(UDBHR)中,团结与合作组成了一条原则(第 13 条)。

a. 团结

团结是一个古老的概念,它是群体中防止社会崩溃的纽带。团结意味着,人们之所以联系起来,是因为他们有共同的目标和身份。许多学者认为,现在受新自由主义政策的影响,团结正在消失[13]。与此同时,在寻求不同的全球化方式时,团结这一概念受到人们越来越多的关注。

人道主义行动(humanitarian action)

2010 年海地地震(参见第 1 章)引起了巨大的全球反响。超过 900 个非政府组织提供了帮助。来自世界各地的政府、基金会和个人捐款超过 90 亿美元。人道主义援助的基础是与灾难、战争、暴力和压迫的受害者团结在一起。基本原则之一是人性,即无论何处的人身受苦难,人类都必须采取行动解决。其根本原因是共同人性的世界观。实际上,人道主义行动正面临许多新的伦理挑战。

团结在全球生命伦理学中起着至关重要的作用,这在许多方面都是显而易见的。世界的相互联系让遥远的苦难如近在咫尺,呼吁人们采取行动提供帮助。孟买的无家可归者组织(参见第 6 章)和南非的治疗行动运动(参见第 9 章)引发了全世界的声援。这表明,新的团结形式已经出现[“网络大团结”(network solidarity)或“世界大团结”(cosmopolitan solidarity)][14]。这些形式是“自下而上”实现的,而非通过现有的政治组织和结构来实现。局部网络是围绕一个特定的原因形成的;他们与其他国家和地区的网络相连接,从而形成了全球网络。这并非因为人们有伦理义务,而是因为人们认同某项事业,拥有共同的价值观和目标。这种全球团结是基于世界公民的世界主义理想,但全球团结本身也促进了全球伦理社区的建设。

我们为什么需要全球团结?一种观点是,要解决全球问题,仅仅提供援助和慷慨是不够的。外国援助的目标通常是由捐助者和人道主义组织确定的。接受援助者被视为无助的受害者。援助和捐赠取决于特定的原因(地震受害者比疟疾患者产生的响应更多),从长远来看通常是无法维持的。除了慈善、利他主义和慈善事业,团结还带来了一种新的观念,即团结意味着一种对称关系。这是一种平等关系,意味着包容与合作。

　　第二种观点是人类环境的共性。如果将全球健康视为一项共同利益,那么全体世界公民的健康就是一个共同关心的问题。尤其是,我们应从国际社会的角度出发,以全球团结为主要动机来解决卫生不公。如前所述,对公地的关注要求我们采取集体行动。全球团结之所以重要的原因在于面对全球问题,个人是无能为力的,但团结起来就可以产生很大影响。因此,团结激励人们采取集体行动。团结的概念对于全球生命伦理学的伦理话语至关重要。它表明人类是社会性的。他们(因此我们)只能在与他们(我们)有联系的其他人中间生活和发展。团结不能用利己主义的语言来解释。团结不是自私个人的联盟,与 Ayn Rand 的理性利己主义相去甚远。团结体现了将世界看作 mundus 的观念:团结处于Hannah Arendt 所称的"中间地带",即人类的跨文化公共空间,人们在其中通过协作和行动进行互动从而构建世界。

　　团结的强弱程度常常有所不同。一方面,人们需要采取某种行动(即使只是参加一个团体或一项事业)。团结不是虔诚的意图,而是在支持特定事业时表现出来的。这是一种共同实践。因此,共同行动代表着高强度的团结。这是 Paul Farmer 等人倡导的"务实团结"(pragmatic solidarity)。另一方面,弱强度的团结是指对

他人观点持开放态度,并愿意作出牺牲。许多人认为这
还不够。团结还意味着联合行动和共享行为。

关于团结的讨论涉及其价值:它是工具性的还是固
有的?许多人认为,全球团结是实现特定目标的工具,
例如卫生公平。其他人则认为团结本身就是一种价值。
虽然卫生公平是一个有价值的目标,但实现这一目标的
过程比结果更为重要。团结是宝贵的,因为它表明,所
有人最终都应该参与解决全球问题。与远方受难的人
团结在一起的公民传达了他们与受难者有共同关切的
信息。他们与特定地方的特定人民团结在一起,但他们
表明,全球正义不是对特定人群或地方的挑战,而是对
全球问题的普遍关注。

全球团结的原则与责任有关,但又与之不同。因
为团结与特定的能力、后果无关。没有表现出团结的人
不能被问责,但如果他们有一定的责任,也可以被问责。
团结还与脆弱联系在一起。脆弱的主体、群体和人口
往往是团结的对象,但通常来说,团结这一概念表明所
有人在本质上都是脆弱的。最后,团结原则与合作原则
有关。

b. 合作

联合国的宗旨之一是为了解决全球问题而采取国
际合作。没有合作,全球治理将无法实现。没有合作,

人权也无从谈起。特别是,健康权等经济社会权利需要人们的共同行动与合作;这些权力只能在较长时间内(逐步地)在资源可获得的情况下实现。毫无疑问,我们需要全球合作,但是在现实世界中,合作通常是困难且脆弱的。这是因为有两种看待合作的不同观点在起作用,反映了团结的不同价值,即合作既有可能是工具性的,也有可能本身就是目的。在第一种观点中,合作是实现特定目的的工具。在第二种观点中,合作本身就是重要的。无论合作是否实现,以合作的方式达到目的就是有价值的;重要的不是合作所产生的结果,而是合作的经验和过程。我们可以将合作与乐队演奏相类比。它的价值不仅在于结果,而且在于合作的过程。

　　这些对合作的不同看法也出现在新自由主义和全球生命伦理学中。从新自由主义的角度来看,决定社会互动的是竞争而非合作。如果存在合作,那就是自私理性的个体之间为了一个明确目标而进行的互动。合作本身没有价值,人们共同工作的决定是基于对个人最大收益的期望。从这个角度看,合作基于个人私利或国家利益。它可以是短期的,也可以是长期的。许多全球问题需要长期合作;它们牺牲了短期利益,但当长期优势超过成本时,各方仍会决定合作,因为这符合他们的利益(重新定义为"推迟的"或"开明的"自身利益)。对于新自由主义来说,合作与伦理无关,是工具性的。

从全球生命伦理学的角度来看,人际关系不能沦为利己主义。个人之间不仅彼此联系,而且与公共资源有关。人们之所以合作,是因为他们拥有共同的利益,例如全球健康或地球的生存。他们不期望合作能够为自己带来好处;合作甚至也可能带来成本。合作也可以产生结果,但其伦理动机不是出于个人利益,而是对全人类的关注。从全球生命伦理学的角度来看,合作本身就是一种价值。它展示了人与人之间的横向联系,取代了纵向的、自上而下的互动。合作是伙伴之间平等关系的体现。举例来说,这意味着人道主义行动不是仅为无助受害者提供的支持,而是使所有相关者参与进来的共同努力。这也意味着"自下而上"进行全球治理的方法(参见第 9 章)。在全球团结的基础上,合作应优先考虑协商而非应用,融入而非排斥和驱逐。全球研究伦理的另一个例子是联合伦理审查。

研究中的联合伦理审查

(joint ethical review in research)

美国印第安纳大学(Indiana University)和肯尼亚莫伊大学(Moi University)在两国的卫生研究和生命伦理学培训项目方面进行合作。他们提议建立一个联合、独立的研究伦理委员会。国际准则需要对东道国的研究计划进行审查。在实践中,北半球的许多委员会往往假定南半球的委员会能力不够,因而采取家长式的方式,自己进行伦理审查。设立联合委员会的建议基于伙伴关系的概念,该概念承认文化差异的同时寻求共同点。具有讽刺意味的是,尽管得到了双方大学和研究人员的支持,但该提议遭到了肯尼亚国家生命伦理学委员会(Kenyan National Bioethics Committee)的拒绝[15]。

从伦理角度进行合作并非出于自身利益,而是出于对商品的关注。有人认为这太理想化了。制药公司为什么要与世界卫生组织和全球基金(Global Fund)合作来增加获得药物的机会呢？降低基本药物的价格来增加药品可及性并不符合制药公司的利益。如该观点所示,他们合作是出于投机因素,如为了提高声誉,或因为要扩大他们的产品市场。尽管如此,合作本身可以促成变化。无论最初的合作动机如何,合作都表明了共同责任。这可以促进共同观点和利益的演变,可以引起人们对伦理规范的更多关注。最近的研究质疑了新自由主义所阐明的私利在合作中的作用[16]。在现实生活中,人们出于私利之外的其他原因而产生合作意向。人们是"合作物种";人们出于自身考虑重视伦理行为,拥有共同的利益,且共同为之努力。我们可以从关于公地的研究中得出相同的结论。如第 8 章所述,社区有能力以可持续的方式治理公地,使所有人受益。通过合作和集体代理,可以实现自组织和自治。在这种情况下,无需国家干预或私人市场。我们由此认识到,社会共享并非反常现象。

平等、正义与公正

人权和世界话语都强调人类具有同等的伦理价值。但是,前几章已经指出,国家内部和国家之间在卫生方面存在巨大差异。在现实世界中,由于基因组成、贫穷或生活方式的差异,人们的健康状况并不平等。在许多情况下,健康不平等并非健康状况差的人的选择和行为的结果。第 5 章举例说明了全球卫生研究中 10/90 的差距。此外,疾病和残障人士因护理不足或受到歧视而无法获得护理。因此,该群体在系统上处于不利地位。卫生方面的全球差异不仅不平等,而且不公平。如果人们在伦理上都是平等的,那么正义就应该适用于所有人。每个人都有健康的权利,应该有健康和享受生活的机会。公平原则表达了这样的观念,即人人都应有公平的机会获得健康。

健康不公平（health inequity）

"公平是指无论各群体是通过社会、经济、人口还是地理位置划分的，各群体之间不存在可避免或可补救的差异。"[17]

当我们可以避免健康差异，且这种差异并非必要时，不平等就存在了。社会、政治和经济力量的不对称会产生脆弱性，从而导致卫生不公平。因此，仅解决具体的不公平现象是不够的。为公平对待弱势群体，我们有必要进行系统性改革。

全球正义是一个备受争议的概念[18]。有些人认为正义原则只适用于国家内部，因为没有机构来执行该原则，因此不能扩大到全球层面上。然而，从世界主义角度来看，我们不仅对同一社区或国家的人负有责任，也对其他人负有责任；全球正义的基础是人权框架；全球治理机制和机构执行这一原则。然而，这两种解释并不相容。国家既有国内责任，也有全球责任。

正义原则是否在全球范围内适用，会对由此产生的义务范围产生影响。第一种解释，我们只对自己所在的社区负责，而不对外界和远方的人负责。这样的职责是不公正的，因为我们总是有着某些特殊的联系。第二种解释，我们对所有人都负有责任。这既是消极的职责（避免剥夺和避免造成痛苦)也是积极的职责(提供帮助)。因为伤害他人比没有阻止伤害更糟糕,所以消极责任比积极责任会产生更大的伦理力量。Thomas Pogge 认为,在此基础上,高收入国家的人民有责任不对低收入国家的人民施加有害的全球秩序(参见第 4 章)。首先,尽管当前全球秩序应该造福所有人,但却是造成贫困的主要原因,侵犯了人权。富裕国家的人们通过全球知识产权制度促进并参与构建不公正的结构化世界。因此,他们违反了不伤害他人的消极义务。其次,世界主义视角进一步批判了对慈善和援助的强调。尽管从第一个角度看,局外人没有义务,但提供援助在伦理上是值得建议的。然而,这并非伦理责任,而是慈善。这一观点受到了批评,因为它没有解决社会结构的不公正,而许多不平等是由这样一根本原因造成的。无论个人为减轻他人的困难捐款多少,都无法通过个人牺牲来消除或弥补这些不平等。由于几个世纪以来的殖民剥削,海地基本物资匮乏,贫穷腐败,海地地震也因此造成了巨大的破坏。在首都太子港,建筑法规缺乏,90% 的人生活在缺乏基础设施的贫民窟里。另一个例子是国际粮食救济。从长远来看,它往往会损害当地的粮食生产。因此,强调援助和人道主义行动忽视了我们本应重点关注的结构不公以及权利和义务。弱势群体往往是被动的伦理接受者,而非主动讲求伦理的群体。

全球正义原则一旦为人所接受,就会引发关于其内容和后果的讨论。其中大多数人关注基本人类需求。食物、水、住房和教育等需求对于健康权至关重要。基本需求也具有超越文化的价值。每个人的基本需求都应得到满足,否则他或她将无法作为人而发挥作用。因此,政策和实践应着重于通过消极和积极责任来满足人们的需求(无论人们之间关系的远近)。目前已经提出了不同的理论方法:

* 最大化原则:应优先考虑最贫困的人群,以便使那些基本需求未得到满足的人获得最大利益。

* 机会均等原则:每个人都应有相同的机会通过满足基本需求来实现健康的生活。

* 能力方法:政策应促进和维持人类繁荣所需的能力。

* 最低限度原则:应保证满足基本需求的最低水平。

基本需求的概念还可以用来阐明健康权的核心内容。健康权不仅包括提供基本的保健服务,还包括推动健康的先决条件(食物、水、住房和安全)。据世界卫生组织估计,一套基本的保健服务需要每人每年花费60美元[19]。因此,满足世界上所有人的基本需求只需花费富裕国家 GDP 的 0.1％。通过满足人类基本需求的全球正义概念来纠正卫生不公平现象是可行的。

社会责任

社会责任原则明确指出了健康的社会经济决定因素。该原则认为,科技的进步应促进优质的基本药物和保健药物的获得,充足营养和水的获取,减少贫穷和文盲,改善生活条件和环境以及消除边缘化和对人的排斥。

社会责任和健康包括两个基本思想。首先,许多参与者对健康负有责任——不仅是国家(致力于健康权的国家),而且还有个人以及民间机构和公共组织。这里的责任不是个人责任,而是个人对其社会成员的责任。医生具有包括社会角色在内的职业责任。医生不仅应提供良好的患者护理,而且还应为社会福利作出贡献。例如,美国医学会《医学伦理规章》规定:"每位医生都有义务为穷人提供医疗服务[20]"。科学责任同样包括社会责任。科学家发明知识,创造可造福人类的技术。但是,科学工作的成果也会对环境、健康、劳动和食品产生负面影响。科学成果可能被人蓄意滥用。科学家需要意识到这些负面影响,以主动预防和回溯补救。科学家应意识到,知识不仅可以用于和平、正义、环境可持续性和社会福利等方面,还应注意可能造成的滥用。如今,科学组织已采取行动来预防和减少滥用误用风险。因此,双重用途、生物安全和负责任的研究行为等新问题已被列入全球生物伦理学议程。

科学中的双重使用(dual use in Science)

双重使用意味着疫苗、生物技术产品和微生物可以用作生物武器。一个著名的案例是荷兰科学家创造了一种可在哺乳动物间传播的新型禽流感病毒。2011 年,一位荷兰研究人员将他的实验结果提交给了《科学》杂志。美国国家生物安全科学咨询委员会(US National Science Advisory Board for Biosecurity)决定对该手稿进行删节,避免实验细节为公众所知,也避免该技术遭到生物恐怖分子的利用[21]。

医疗保健中社会责任原则的创新之处在于,保护和促进健康是人们的共同责任。这不仅是国家和个人所关注的,也是商业组织所关注的。跨国公司的政策和实践可能影响数百万人,因此公司应预防或纠正其活动对健康带来的负面影响。这种规范观点强调了"企业社会责任"(corporate social responsibility)的概念。一个重

要的里程碑事件是 2000 年启动的联合国全球契约(UN Global Compact)[22]。该宣言汇集了承诺在人权、劳工、环境和反腐等十项原则的基础上,以负责任的方式开展业务的 8 320 家公司和 170 个国家。现在,许多制药公司都有专门的部门和项目来履行企业社会责任。这些公司增加药物可及性的努力也常受到公众监测和独立评估。为了缩小 10/90 的差距,对发展中国家疾病研究的投资有所增加。

社会责任原则所包含的第二个基本思想是,全球问题反映了人类共同的挑战,应通过共同行动解决这些挑战。因此,该原则以团结和合作原则为前提。此外,该原则还认为健康是一项共同利益。医疗保健的获得应该得到保障,但医疗保健只是健康的一个决定因素。其他决定健康的公共物品(如环境、充足的营养和安全的饮用水)也应受到保护。促进全球卫生涉及许多利益相关者的合作,而不仅仅是政府。为了加强这种合作,新的全球治理形式是必要的,尤其是要让在全球范围内监管不足的跨国公司参与进来。因此,强调社会责任显然与新的治理形式有关。其基本思想是,贸易与健康并非水火不容;造福全球公民,保护共同利益的伦理全球化是有可能实现的。

社会责任,尤其是其实践,是有争议的[23]。首先,有人以健康是政府的责任为由拒绝了这一原则。公司的目的是为股东增加利润。只要公司履行其法律义务，就没有为公共利益作出贡献的伦理义务。对于制药公司来说，这种说法是站不住脚的，因为他们的活动显然会对健康产生直接影响。

第二种观点，如果公司责任存在，那么这种责任最好在自愿的基础上通过"自我监管"（self-regulation）而非通过外部或法律法规来实现。这种观点的问题在于，对于真正的变革来说，自愿仅是一种微弱的激励。各类企业均遵守行为守则，但有效改变业务实践的例子并不多见。全球契约（Global Compact）以"学习网络"（learning network）的形式呈现。比起遵守原则，该契约似乎对经验分享更感兴趣。

第三，人们批评社会责任是一种机会主义，而非一种伦理战略。企业可能不会将其视为一种伦理义务，而是将其视为在自身利益驱使下进行捐赠和"负责任"行为的慈善之举。这对公司来说很重要，因为这使他们更有竞争力。研究表明，大型制药公司承担社会责任的动机是声誉利益、员工满意度或开辟新市场。这些公司很少将其视为一种伦理义务。

一种重要观点是，社会责任是新自由主义全球化的幌子，是一种策略，以平息人们对企业带来的灾难性影响日益增多的批评。例如,2013 年 4 月,孟加拉国一家服装厂的倒闭导致多人丧生。该事件揭示了西方服装品牌的行径(比如 2003 年成为全球契约组织成员的Gap)。发达国家的消费者给这些公司施加了压力。全球行动主义使他们必须对此作出反应,强调他们对工作场所安全和劳工权利的社会责任。另一个例子是临床试验外包。因外包成本低廉、伦理审查和数据生成更快速以及研究对象招募也更快、更容易,因而是合理的。这些研究优先考虑与研究对象相关的疾病,而这些研究对象往往是弱势群体。但外包公司很少阐明这一点。社会责任可作为一种修辞语言,掩盖了外包实际上加剧了现有不平等的事实。由于收益惠及西方国家的公司和人民,因此无法满足其他国家的卫生需求。呼吁社会责任虽然可以表达出真挚的伦理信念,但也可以是一种公共关系的练习。社会责任原则的有用程度取决于如何将其作用概念化:解决问题或进行批判性转变。这就提出了生命伦理学本身的社会责任问题:它是利用这一概念来帮助治理新自由主义议程,还是因为全球健康比贸易和利润更重要而批判性地纠正议程?

利益共享

继全球正义和社会责任原则之后,利益共享原则也随之而来。全球卫生保健交流往往不公平。与发展中国家的研究对象相比,国际临床试验对发达国家的资助人、研究人员和潜在患者更有利。基因资源由制药公司申请专利并出售给生物多样性丰富的国家。生物多样性一直是基因资源的原始来源。人们最近的争议涉及病毒共享。

病毒共享(virus sharing)

2007 年,印度尼西亚政府决定不与世界卫生组织共享禽流感病毒样本。这些样品本用于病毒研究,疫苗或抗病毒药物的生产。印度尼西亚等流感发源国家,最先提供给其他国家预防和治疗流感的材料。但这种交换是不平等的。病毒样本由世界卫生组织提供给了私人公司。生产的疫苗成为了这些公司的专利。然而捐赠样品的国家却必须购买疫苗。因此,国际合作的收益流向了免费获得生物和遗传材料的制药企业,以及那些足够富裕,可在疫情蔓延之前获得疫苗的发达国家人口[24]。

此前 2005 年,印度尼西亚提供了禽流感病毒样本。人们后来发现,世界卫生组织将样本转交给了一家公司。该公司制取了该病毒的疫苗,并申请了专利。这使

得大多数国家无法获得疫苗。虽然共享系统是建立在全球团结的原则之上的,但在实践中它被商业化,变成了一种进一步加剧卫生不平等的制度,尤其是世界卫生组织自身造成的。另一个方面,虽然印度尼西亚较早受到禽流感的严重打击,并提供了制造疫苗的材料,但由于富裕国家已经预订并购买了所有可用的库存,印度尼西亚无法购买疫苗。由于公然的不公平和不平等,印度尼西亚决定,在实现均衡的利益共享(没有疫苗,没有病毒)之前,停止病毒共享。印度尼西亚的决定与发展中国家和发达国家的意见背道而驰,引发了漫长而激烈的谈判。2011 年 5 月,为实现收益的公平分配达成了一项协议,即大流行性流感防范框架(Pandemic Influenza Preparedness Framework)。该协议鼓励各国分享;病毒样本的接受国有义务进行利益分享。

目前,利益共享原则已应用于越来越多的情况中。首先,生物多样性公约(CBD,1992 年)将该原则应用于基因资源方面[25]。生物多样性公约有三个目的:保护生物多样性;可持续地使用其组成部分;以及公平、公正地分享基因资源带来的利益。第二个应用领域是医学研究。《赫尔辛基宣言》(Declaration of Helsinki)在 2000 年提出了研究参与者有在试验后获取数据的权利。第三个例子是医疗专业人员的移民。全球化与人员流动性密切相关。健康专业人士和其他人一样有行动自由。许多人由于薪水丰厚或工作条件改善而移民到发达国家。虽然医学教育由原籍国提供和支付,而东道国却在不投资教育的情况下,解决了卫生短缺问题。因此,移民带来的利益是不平等、不公平的。

人才和护理流失(brain and care drain)

许多医生和护士为了寻求更好的生活而移民。发达国家的医疗组织设有专门的招聘机构来鼓励移民,而原籍国则出现医护人员短缺的现象。这些实践受到了越来越多的批评,与团结和正义的全球伦理话语不符。这种实践也不符合利益共享原则。一方的利益是通过伤害另一方获得的。为了平衡收益,世界卫生大会(World Health Assembly)于 2010 年通过了《世界卫生组织全球卫生人员国际招聘全球行为守则》(Global Code of Practice on the International Recruitment of Health Personnel)。但该守则是自愿的[26]。

利益共享原则面临的挑战之一是人们不清楚什么是"利益"。能成功实现共享的例子并不多见。重要的是不要把利益等同于利润。金钱利益(访问费、每个样

本的费用、研究经费或合资企业等)和非金钱利益(分享研究成果、参与教学和培训、能力培养等)应区别开来。此外,所谓的"利益"在各个国家并不相同,而是根据社会文化背景和当地需要而有所不同。利益共享是建立在正义和团结原则基础上的一项理论原则。它的目的是通过对抗不平等和剥削来保护弱势群体。利益共享还进一步强调环境保护。利益必须共享,因为生物圈和生物多样性是全人类共同的财富。人们面临的实际挑战是如何公正地做到这一点。

保护后代

全球生命伦理学的新特征之一是将伦理关注扩展到子孙后代。这种关切的扩大,证明了 Potter 所倡导的全球生命伦理学的发展。这种扩大由于全球问题的相互依存而变得越来越重要。例如,一个地区的环境灾难也将影响到其他地区和后世几代人。技术改变了人类活动的本质。技术革新对现在和将来的几代人都有影响。人们日益认识到人类的生存取决于地球的生存和对共同遗产的保护。这使人们更加坚信,全球责任不仅应该是世代之间的(当代人),而且应该是世代相传的(未来世代)。

Hans Jonas 是最早提出这一想法的人之一。他认为我们对未来负有责任。这些责任是相互的。我们有能力决定后代如何生活;但后代对我们的行为却无能为力。另一方面,代内责任是相互的。我们有共同的关切,相互帮助来保护共同利益。这就假定存在一种对称关系,从而有了共享责任。但当关系不对称时,我们应该对最脆弱的一方负责,比如未来的人,因为保护公共利益是最重要的。这导致Jonas提出了一项新的伦理要求:"行动起来吧,这样您的行为不会破坏这种[真正的人类]生活的未来可能"[27]。

保护后代的原则尤其适用于两种情况。首先是新技术对医疗保健和环境的影响。在卫生保健领域,该原则已用于异种器官移植(xenotransplantation)、基因行遗传干预(gene-line genetic interventions)和转基因食品。在这些领域,我们目前尚不清楚干预是否会导致不良后果或产生何种不良后果。目前没有足够的科学证据表明,这些不会对后代造成伤害。在这种不确定的情况下,我们应采取预防措施来保护后代。另一方面,接种疫苗是保护个人而不对后代造成伤害的有效手段。第二种情况是环境。世界环境与发展委员会(World Commission on Environment and Development)将现代人和子孙后代联系在一起,认为只有当政策重点不再仅仅局限于现在生活的人民,而是包括未来人民的情况下,可持续性才有可能[28]。1992年,《关于环境与发展的里约宣言》(Rio Declaration on Environment and Development)体现了我们对后代的责任。几年后，联合国教科文组织通过了《当代人对子孙后代的责任宣言》(Declaration on the Responsibilities of the Present Generations towards Future Generations)。

维持地球生命(preservation of life on earth)

第4条:"现在这代人有责任留给后代一个将来不会被人类活动不可逆转地破坏的地球。每一代暂时继承地球的人都应该注意合理利用自然资源,确保生命不受生态系统有害变化的影响,确保各领域的科技进步不危害地球上的生命"[29]。

该声明将代内和代际责任联系起来。为使人类和地球得以生存,当今的主要问题需要全球合作。保护环境、保护自然资源、保护人类的生物、遗传和文化多样性需要代际正义。一方面,现代人使用人类的共同遗产,享受着前几代人的成就所带来的好处。这些成就为人类延续保存和维持了基本资源。另一方面,正是因为这是一项共同责任,也因为它涉及共同财产的基本资源,因此现代人有责任将该遗产传给未来。

代际正义的概念具有挑战性。我们如何对尚不存在的人承担责任？"未来"几代又是什么意思？是刚出生的孩子或孙辈，尚未出生的人还是更遥远的世代？一种答案是，我们对未来的人没有义务。责任只能存在于互惠关系的真实参与者之间。这种互惠关系对于后代来说是虚构的。

其他答案认为，世代之间存在伦理关系。随着我们当前行为的影响更加可想象、可预测，这些关系的含义更加强烈。因此，一种观点是，我们确实有伦理责任，但主要是对一两代人负有责任。另一种观点认为，所有遥远的世代都可以要求我们承担责任，因为共同遗产和公地等概念适用于所有世代。这两种观点产生了另一个问题：我们对那些尚不存在或可能永远不存在的人有什么样的义务？问题是我们不知道后代的需求是什么。人类的生存正在发生变化。一个世纪前，人们的需求与今天不同，他们无法想象我们这一代人的需求。按照这个定义，未来几代人也不会告诉我们他们的需求。

人们作出了许多努力来为后代发声。卫生研究的一项长期实践是，建立了专门的机构和机制来保护那些无法保护自身利益的弱势群体，并代表他们发声。国家、区域和国际各级都以类似的方式设立了代表后代的监护人办事处。1993 年，法国设立了"后代权利理事会"（Council for the Rights of Future Generations），芬兰设立了"未来委员会"(Committee for the Future)。匈牙利未来世代监察员(Hungarian Ombudsman for Future Generations)自2007年以来一直十分活跃。2015年4月,威尔士通过了《未来世代福祉法》(Well-Being of Future Generations Act),成立了倡导该法律的后代委员会(Future Generations Commissioner)[30]。

保护环境、生物圈和生物多样性

Potter和Jonas对未来有着同样的担忧。这种担忧与环境恶化及灾害有关。当今人类行为与未来人类福祉之间的联系,以及人类是自然的一部分这一信念,促使Potter创造了"生命伦理学"一词,其含义包括环境伦理学。该词的第一部分"生物"意味着我们应考虑到所有生物,因为如果没有生物圈和生物多样性,人类将无法生存。然而,随着生命伦理学的发展,它没有把环境问题作为其议程的一部分。这令Potter感到失望。

环境伦理学和生命伦理学的分离是不可能维持的。从全球的角度来看,不可否认的是,生物多样性的丧失和气候变化正在影响健康,引发了人们的伦理关怀。

"生物多样性"一词在20世纪80年代首次使用。它指的是地球上生命的多样性。在基因层面上,它意味着物种内部和物种之间基因的多样性。在物种层面,它指的是动物、植物和微生物的多样性。据预计,全球有 1 000 万个物种,人们已识别出其中的 170 多万种。在生态系统层面(如沙漠和热带雨林)上,我们的重点是物种生存和发展的环境。地球上生命的延续取决于这三个生物多样性之间的相互作用。生物多样性目前正受到威胁。三分之一的动植物物种将在 2030 年灭绝。巴西拥有巨大的生物多样性;占地球生物多样性的 20%,拥有世界上最大的热带雨林和全球四分之一的已知植物物种。因此,1992 年联合国在巴西里约热内卢召开地球峰会(Earth Summit)也不足为奇。该峰会通过了《生物多样性公约》(CBD)和《气候变化框架公约》(Framework Convention on Climate Change),150 多个国家签署了《生物多样性公约》(CBD)。但在 2014 年,他们不得不得出 2010 年制定的目标一个都没有实现的结论。自 1970 年以来,生物多样性减少了 40%,而生物多样性的丧失率却没有降低[31]。

　　生物多样性的丧失引发了严重的伦理问题。生物多样性是食物和新药物的来源。目前大多数物种仍不为人知,但这些物种很快就灭绝了。我们甚至不知道可能有何种可以用于药物的基因潜力。为了这种潜力,制药公司正在探寻基因多样化地区。生物多样性的丧失也带来了威胁。随着热带森林的减少,人类与动物之间的互动增多,野生动物带给人类的未知病毒增加,埃博拉等新型疾病也随之出现。此外,生物多样性是冲突的根源。生物多样性通常是土著居民传统知识的根基。这些人以可持续的方式与大自然密切接触,将环境作为一项共同利益和共同遗产加以保护;他们拒绝专利的概念。因此,生物多样性与健康和医学科学有关。它呼吁伦理原则,特别是团结、合作、利益共享和保护后代。

长期以来,很多人否定气候变化。许多人反驳说它与人类行为有关。但是,它对全球健康的负面影响已不容忽视。

气候变化(climate change)

据世界卫生组织估计,"21 世纪中叶之前,每年气候变化将导致约 25 万人死亡"。其重要影响如下:

- 影响健康的许多决定因素:清洁的空气、饮用水、住所和食物。
- 热浪对健康的危害。
- 较高水平的臭氧和空气过敏原。
- 水生疾病的风险更高。
- 不断变化的感染方式,如疟疾和登革热。
- 自然灾害和海平面上升影响健康和健康服务[32]。

生物多样性和气候变化息息相关;两者都是生态危机的表现,两者都对健康有负面影响。这两种现象都需要合作、共同的方法和目标。因此,两者都是全球生命伦理学的典型问题,揭示了保护环境、生物圈和生物多样性是全球生命伦理学原则的原因。主流生命伦理学侧重于国内或区域化挑战,因此可以与环境伦理学区分开。解决这些问题几乎是一个不可逾越的挑战。缺乏进展令人沮丧,大量的虚伪令人不安。

伦理巧克力(ethical chocolate)

为了建立一个单一的可可种植园,北秘鲁可可公司(Cacao del Peru Norte)在秘鲁砍伐了数千公顷的原始雨林。该公司为由国际财团 United Cacao 所有。该公司在其网站上宣传自己提供大量"合乎伦理"的可可。巧克力产业每年的全球市场价值近1 000 亿美元,有着长期的奴隶制、童工、腐败和剥削传统。该公司建立了评级体系,客户可以选择最合乎"伦理"的巧克力棒[33]。

另一个例子是阿比让倾倒有毒废物的公司,该公司于 2015 年加入了全球契约组织(Global Compact)(参见第 9 章)。现在该公司在其网站上发布广告,称其运

营着一个健全的治理框架,专注于健康、安全、环境和社区。直到今天,该公司仍否认在科特迪瓦有任何不当行为,而受害者人数已增至 11 万多;这些受害者几乎没有得到任何补偿。想象一下,如果有毒废物倾倒在一个欧洲国家会发生什么。

这些例子说明,空谈伦理可能具有很强的欺骗性。这反映了人们对全球契约的批评。伦理关怀是自愿的,因此目前尚不清楚哪些仅是口头上的,哪些是实际做到的。问责制尚不健全。具有全球影响的为保护环境所作出的认真、持久努力仍是少数。

同时,在过去的几十年里,我们见证了人们意识、集体行动、行动主义、新政策、法律框架和治理结构的不断增强,而且大多出现了有针对性的具体变化。气候变化是国际政治议程的重中之重。行动主义和"绿色"产品也在增长。此外,还有更多的理论在形成中。全球公域、可持续性、代际团结和脆弱性等概念越来越多地应用于全球生命伦理学中。人类中心主义与非人类中心主义的环境视角之间存在着基本的伦理争论。第一种强调伦理以人为中心,人类只对人类自身有伦理义务。因此,人类的利益高于其他物种的利益。在西方文化中,自然往往具有经济价值。因此,这种观点更多地与西方文化有关。而非人类中心主义视角则为人类职责提供了更广阔的视域。以生物为中心的伦理学认为,人类以外的生物具有内在的价值。所有的生命形式都是"伦理接受者"(moral patients),即有权接受伦理考虑的对象。因此,尊重所有生命形式也是一种伦理义务。这种观点更多地与非西方文化传统有关。生态中心伦理学认为,生态系统也具有内在价值。整个大自然都是"伦理接受者"。这意味着生物圈中所有生物体和实体都是相互关联整体的一部分,具有同等的内在价值。人类的繁荣取决于自然的繁荣。人类是自然的一部分。因此,人类有责任维护和保护生态系统及其生物多样性的完整性。

环境危机是全球生命伦理学面临的一个根本挑战。当然,这激发了许多人改变生活方式来减少污染。但这场危机不是个人行为的结果。它是由集体机构和全球范围内的生活方式所产生的。作为一个全球问题,解决方案必须全球范围内寻找。与其影响个人选择,还不如发展一种伦理话语来倡导另一种生活方式,反对一味将经济价值优先置于健康之上。

《里约宣言》(Rio Declaration)强调应促进人类与自然和地球的和谐相处,来达到今世和后代人类之间经济、社会和环境需要的公正的平衡。我们有必要采用一种新的视角来看待人类的生存,但这并不意味着回到过去,采用传统的生活方式。正如 Buen Vivir 的概念(参见第 8 章)所示,人们可以从过去吸取教训,例如,恢复数千年来保护生物多样性的土著做法。这些做法的核心概念是和谐。另一种保护生物多样性、生物圈和环境的生活方式需要人类与大自然和谐相处的共同努力。

和谐伦理(an ethics of harmony)

人与自然的共生包括:

- 强调关联性:而非剥削和统治。

- 不同的发展模式:关注人类需求和持久性。

- 全球团结与责任。

- 所有人的美好生活比部分人的美好生活更重要。

- 美好生活的主体不仅是个人,也是社区。两者都与自然息息相关。

不同于当前受到新自由主义意识形态深刻影响的生活方式及其产生的问题,价值观的转变需要全球生命伦理学视角。这种转变来自对人类融入社区、文化、社会和自然的认识。我们可以用 Ubuntu 的"我们"来表达,也可以用 Buen Vivir 的"充实生活"来表达。全球化创造了巨大的机会,但目前它的好处只属于少数人,许多人反而体验到了全球化的危害。全球生命伦理学应该

批评和拒绝那些阻碍人们实现良好生活,特别是健康的条件和过程。

生物政治学

全球生命伦理学能否为当今健康、保健和健康技术有关的伦理问题提供答案?批评者认为,人们对失败项目的看法存在普遍的伦理分歧;这是生物政治学(biopolitics)而非生命伦理学(参见第6章)。就答案和解决方案而言,政治妥协,而非伦理争论和辩护,才是起决定作用的。这种批评旨在抹黑全球生命伦理学。然而,由于批评常常是从新自由主义的角度出发的,且以个人、国家和经济自身利益为重,因此这种批评本身就是政治性的。

诚然,全球生命伦理学(及其批判)抹杀了伦理学与政治之间的区别。随着新自由主义成为占主导地位的政治意识形态和许多全球生命伦理学问题的根源,生命伦理学怎么可能不具有政治性呢?如第5章所述,在新自由主义中,伦理与政治紧密相连。新自由主义项目提倡诸如个人自治、个人责任和自我支持等伦理原则;对合作和正义有特殊见解;拒绝或贬低本章讨论的大多数原则的重要性。伦理与政治之间的这种联系不足为奇。规范性考虑对于伦理和政治都至关重要。令人惊讶的是,主流生命伦理学的发展反映新自由主义价值观的同时,又坚持认为它反映了健康、医疗保健行业医疗和科学的进步。生命伦理学因此陷入了"两难困境"。它的产生得益于这种进步所产生的伦理问题。一方面,它渴望协助解决这些问题,例如阐明患者的权利和个人自主和责任的价值。另一方面,只要使用了产生问题的相同价值观,就不能真正解决问题。只要生命伦理学还在使用新自由主义的潜在价值体系,它就不会从根本上挑战新自由主义意识形态。更重要的是,因为生命伦理学可以平息和消除矛盾最尖锐的分歧,因此它实则助长了这一意识形态。在此背景下,主流生命伦理学对全球生命伦理学的新话语不感兴趣也是可以理解的。全球生命伦理学在医学和科技争议的漩涡中蓬勃发展,需要用分歧来平息这些争议。但与此同时,平息争议会带来产生分歧的潜在价值体系的转变。全球生命伦理学倾向于将这种转变所带来的风险降至最低。这是主流生命伦理学的生物政治纲领。

如今,我们很难否认生命伦理学就是生物政治学。本书讨论的许多问题都证明了两者之间的相互联系。

• 自 20 世纪 80 年代以来,国际货币基金组织(IMF)和世界银行(World Bank)对发展中国家人口健康实施的结构调整措施产生了负面影响。健康的政治决定因素也在该例中有所体现。

- 人道主义行动是政治性的,而非技术性的。尽管一些国家的需求较低,但它们得到的援助却比其他国家多。援助可能会以一部分群体的利益为代价被滥用和转移。虽然援助可能会延长冲突,但出于政治原因,人们仍会继续提供援助。人道主义的主要目标是拯救生命,但与造成脆弱性的环境背道而驰。政治选择是不可能分析不公正的权力结构的。

- 如第 9 章中的例子所示,全球治理是政治性的。

- 社会运动、非政府组织和公民社会日益卷入市场逻辑之中。有人批评他们成为了该逻辑的组成部分,而非起关键作用的变革推动者。

这些示例的重点是科技的承诺以及个人决策者所面临的挑战。它关注的不是生物技术和医学科学的社会文化影响,当然也不是新自由主义话语主导的经济环境。主流生命伦理学认为,这些担忧是政治上的,而非伦理上的。事实上,这恰恰正是政治上的争论。它将社会背景从批判分析的领域中移除。个性化的分析和反思是生命伦理学的首选方法,因为它导致了去政治化。这种方法仍认为医学和科学进步是个人面临的挑战。这在生物政治学的最新阶段——生物经济学中可见一斑。国际贸易组织正在推广所有生物都是可再生能源

的观点。人本身既是经济客体,又是经济主体。人类的
生物体和身体部位都是可交易的商品。因此,与人体组
织贸易(参见第 1 章)一样,人类的生物体也应该循环利
用。此外,这些生物体可以通过最新的生物技术加以完
善。人也是经济主体;作为负责任的生物公民,人类应
该投资他们的生物资本。换言之,人类应该关心自己的
身体和身体健康,而无需改善其生活的社会条件。

　　这些观察的结论是,主流生命伦理学已成为适应新
自由主义价值体系的一种特殊的生物政治学。生命伦
理学起源于对医学家长制和医疗科技力量的批判,以及
患者权利的兴起(参见第 2 章)。但它的迅速发展并没
有带来超越狭隘的生物医学、个体和短期关注的更广泛
的方法。很少有人关注影响健康的社会、经济和环境问
题(参见第 3 章)。20 世纪 90 年代,因为全球伦理问题
日益凸显,全球生命伦理学作为一种更广泛的方法应运
而生。这种新的全球生命伦理学是对分析、调节、转变、
抵制新自由主义全球化的回应,是人的价值和人权的回
归(参见第 4 章和第 5 章)。主流生命伦理学面临着适
应和纳入到扩大的新自由主义政策和实践中,以缓和潜
在的分歧和冲突的风险。全球生命伦理学也面临着与
之相同的风险。然而,全球生命伦理学呈现给我们一个
不同的视野(参见第 6 章)。它旨在摆脱新自由主义意

识形态,进行批判性分析,并提出替代的思维方式和与之不同的实践,以超越特权阶层,提高全球人口的健康和福祉。这当然是一个政治项目。问题是,这是否可能。全球生命伦理学能否摆脱主流意识形态?

全球生命伦理学作为社会伦理

第一种答案是:承认伦理和政治不可分割。生命伦理学不仅仅是一项学术活动。它不是抽象的问题,而是事关真实的人类生活以及人类的蓬勃发展。此外,生命伦理学是一项规范性工作,始于人们对伦理的不满。有些情况和实践是不可接受的,需要改变,因而引发了行动主义。这种行动主义并非自发或出于直觉,而是反思性的,受伦理思想和原则的指导。这种思想的力量不可低估。伦理观念既反映了现存的条件,也激励了个人、团体和人群改变这些条件。全球生命伦理学在新视野下会有新的目标。与此同时,因为全球生命伦理学心怀世界,因此它正在采取实际行动。生物政治学是不可避免的。

第二种答案是,全球生命伦理学应该阐明一种不同的生物政治学。哲学家 Simon Critchley 最近将政治定义为"……一种由对所处的不公正和错误作出的反应所驱动的伦理实践"[34]。问题是:什么样的伦理实践?

本书讨论的全球生命伦理学的理论和实践方法提供了以下观点。

a. 对人类更广阔的视域　没有人是抽象的,脱离语境的。人人都有社会联系。个性是由社会条件产生的。对于全球生命伦理学而言,个人自主权与主流生命伦理学一样重要,但必须考虑到个人存在的环境(人类脆弱性)。

b. 社会的积极观念　生命伦理学应关注使健康繁荣成为可能的社会、经济、文化和政治条件。各国政府应提供决定人口健康的条件;这不是市场角色。伦理讨论应集中在合作(而非竞争)、社会责任(而非个人责任)、团结(而非个人私利)以及全球正义(而非日益加剧的不公平)等概念上。

c. 着眼于共同利益　共同生活意味着人类共享遗产,拥有共同利益,在公共领域相互影响。共同利益不仅仅是私人利益的总和。全球生命伦理学应该拒绝新自由主义的假设,即人类主要是受自身利益驱使的。个人并非基于利益行事的消费者,而是关心共同利益的公民。

d. 重视集体机构　个人行动很重要,但不能带来社会变革。个人植树,吃有机食品不会改变整个世界。通过这种方式,全球电力分配不会改变。而集体参与对于影响产生全球问题的系统状况才是必要的。这正是新自由主义的逻辑试图阻止的。

这些观点产生了更广泛、更丰富的伦理话语。人们看待全球问题的方式,是将注意力转向结构性原因和过去认为不可及和不可改变的潜在新自由主义价值框架上。

关于全球生命伦理学如何避免纳入新自由主义生物政治框架的问题,第三种答案是,它已经发展出更广泛的理论和实践活动,需要进一步扩大和加强。到目前为止,全球生命伦理学包括以下内容:

a. **全球研究**　越来越多的信息库比官方报告更广泛。一个很好的例子就是"全球健康观察"(Global Health Watch),这是一个由非政府组织人民健康运动(People's Health Movement)发起的倡议,它密切关注世界卫生组织的工作,并生成了世界卫生报告(World Health Reports)的替代报告[35]。本书中还提供了许多其他信息、数据和病例来源的例子。

b. **公共教育和传播**　如今,人们几乎有无限的可能与来自其他地方的人们共享信息和经验,进行联系与合作。全球生命伦理学可以充分利用更多的机会。

c. **建立网络和联盟**　一些生命伦理学非政府组织和全球组织的数量和活动不断增加,使得人们对全球伦

418 第 12 章 全球生命伦理学话语

理问题的争议日益增多,经验和理论交流也日益频繁。

d. 倡导和行动主义 这些活动直到最近才受到生命伦理学(作为政治,而非学术)的认可。现在,如果全球生命伦理学想要超越研究和书籍的范畴,那么这些活动就是必要的。就像大多数非政府组织开始时那样,这些活动通常是由少数人发起,将伦理上的不满转化为在结构上挑战现有实践的运动和组织。系统性失败不能仅由个人来解决。有时,倡导和行动主义需要责备和羞辱,撇开微妙的语言不谈,以确定全球问题的根源。这激发了人们对迄今为止因其"政治性"而被忽视和回避的主题的研究和审查。例如,将国际贸易体系(即新自由主义意识形态)确定为"当今全球治理腐败的核心",将引起人们对当今生命伦理学发展不足的研究和反思领域的关注[36]。因此,全球生命伦理学中的行动主义应该是"反思性的行动主义",以研究和理论为灵感和基础,其本身应该激励进一步研究和反思。

e. 能力建设 全球生命伦理学重新定义了现在流行的生命伦理学思想。我们不应将其理解为"授权",因为这种理解强调个人是变革的推动力。这反映了新自由主义的观点,即应鼓励穷人自己寻找解决方案。新自由主义的基本假设是,贫穷是个人不负责任的结果,能否找到应对之策也是个人能力问题。从全球生命伦理学的角度来看,诸如贫困之类的全球问题只能通过解决根本原因来消除。这其实是全球不公问题,需要"伦理结构调整",而非赋予个人权力。因此,能力建设应以促进共同利益为基础,而不仅仅是增强个人能力。

对上述生物政治学问题的第四种回答是,全球生命伦理学应该意识到,它正面临着从批判观点转变为新自由主义生物政治学实用工具的风险。我们应该始终警惕的是,合并和适应是有可能的。面对压制和吸收全球伦理话语、降低其视域和伦理想象力的做法,我们需要一个不同的全球生物政治得以持续、发展和扩大。苏格拉底所提出的哲学家角色有两个:"牛虻",社会皮肤上一个令人不太舒服的虱子;还有"助产士",传达新想法并将其付诸实践的人。为了保持苏格拉底提出的哲学家角色的真实性,全球生命伦理学应该留意那些至关重要的生物政治类型。

这种想法并不困难。一些数据每天都在提醒我们——有 28 亿人每天的生活费不足 2 美元;10 亿人没有安全的饮用水;25 亿人无法使用卫生设施。每分钟有 4 个孩子死亡;10 亿儿童没有获得生存和发展所必需的服务。获得基本药物的人数在 1.3 亿 ~2.1 亿之间。日本公民的平均寿命为 84 岁,而塞拉利昂人只有 46 岁。每年,有 2 万 ~300 万人死于结核病;800 万人发展为激活感染,感染人数正在上升。几乎 95％ 的病例发生在贫穷国家。大多数患者本可以得到治疗,但在全球范围内有 79％ 的人无法获得适当药物。

这些数据提醒我们,哲学不是从奇迹开始的,而是正如 Simon Critchley 所指出的那样,是失望、愤怒、失败和不公正的经历。伦理也是如此。第 1 章认为,医学研究丑闻和技术干预的挑战等令人不安的经历将医学伦理学转变为生命伦理学,这些疾病可能带来巨大的好处,但也带来严重的伤害和非人性的护理。我们在第 2 章解释到,全球生命伦理学的兴起和扩展是由令人不安的案例所激发的,例如死于可治愈疾病的人们,发展中国家在研究中使用的不同护理标准,受剥夺成为商业子宫的妇女以及尼日利亚的 Trovan 案。我们身处一个不公正、充满剥削的世界。Critchley 认为,我们需要一种“赋予主体以政治行动权能”的激励性伦理观念[37]。我们每天所面临的伦理不满促使我们采取行动,因为伦理主体面对的不是诸如正义或团结之类的抽象概念,而是其他人的具体要求。这种要求不是普通人,而是特定群体的要求——陌生人、边缘化的人、弱势群体和被排斥的人。由于人类共有的互连性和脆弱性,我们承诺满足他人的要求,无论远近。这种道德承诺产生了一种不同的生物政治学,因为它提出了解决抵抗情况的普遍主张。这和 Alain Badiou 的观点是一样的:面对不人道的情况,我们会遇到一个普遍的说法,它让我们在特定的背景下寻找新的可能性。普遍性是存在的。单一性总是与普遍性联系在一起。这不仅仅是伦理;同时也是政治;用 Badiou 的话来说:政治是"某种普通事物的本地化创造"[38]。

按照这种思路,全球生命伦理学并非强加于人的价值体系。它参与了全球原则和地方实践之间的辩证和跨文化互动过程,是"自上而下"与"自下而上"之间的争议互动。在特定情况下,新自由主义全球化在地方层面上受到了抵制,但人们依然呼吁全球化。因此,全球生命伦理学并非成品,而是一个过程。在各地实现全球生命伦理学的普及是人们的愿望。一种观点认为伦理主要是个人的承诺和生活方式。然而全球生命伦理学是一种超越了该观点的社会伦理。全球生命伦理学提供了一个反思、分析和行动的视域,将与公地、合作、后代、正义、环境保护、社会责任和脆弱性相关的伦理原则引入了全球化的讨论中。

本章重点

与主流生命伦理学相比,全球生命伦理学话语提出了不同的观点和原则。

- 为什么需要另一种生命伦理学话语？
  - 主流生命伦理学与新自由主义话语之间的联系过于紧密
  - 人权话语不足以审查新自由主义框架
  - 实际考虑：新自由主义不是自然事实，而是一种政治构想
- 全球伦理话语的伦理原则是什么？

  该话语的基础是全球责任的概念，包括尊重自治、利益和无害的主流伦理原则，作为社会伦理的全球生命伦理学强调：
  - 尊重人类脆弱性
    - □ 一般：人的一种特征
    - □ 具体：外部条件所致
  - 全球团结
    - □ 强大：产生行动
    - □ 薄弱：支持意愿
  - 合作
    - □ 工具性的：出于个人利益
    - □ 本身就是目的：受共同利益激励的价值
  - 全球正义：关注人类基本需求
  - 社会责任：关注健康的社会经济决定因素
    - □ 分担责任：负责健康的各种参与者

　　□ 常见问题需要共同行动

－利益共享:脆弱需要团结和正义,这意味着利益
　共享

－保护子孙后代:

　　□ 代际正义是对代内正义的补充

　　□ 关注公共领域("可持续性")

－保护环境、生物圈和生物多样性

　　□ 全球生命伦理学包括环境伦理学

　　□ 对和谐伦理的需求

● 生命伦理学和生物政治学无法分开;问题是,如何
在新自由主义意识形态之外发展出不同的生命伦
理学和生物政治学。

－全球生命伦理学是社会伦理

　　□ 更宽广的视域

　　□ 积极的社会观念

　　□ 关注共同利益

　　□ 重视集体机构

－广泛的理论和实践活动

－应对全球不公正现象需要在各种情境下采取行动。
全球问题不是抽象的,而需要考虑各地特殊的情
境。在这些情境下,冲突是从一个普遍角度来解决
的。这种辩证关系是全球生命伦理学的任务

参考文献

1 *Universal Declaration of Human Rights*, 1948: www.ohchr.org/EN/UDHR/Documents/ UDHR_Translations/eng.pdf (Accessed 4 August 2015).

2 Solomon R. Benatar (2005) Moral imagination: The missing component in global health. *PLos Medicine* 2(12): 1209.

3 The 'imperative of responsibility' was the title of the English translation of Hans Jonas's book *Das Prinzip Verantwortung: Versuch einer Ethik für die technologische Zivilization* (Insel Verlag, Frankfurt am Main, 1979 (*The imperative of responsibility: In search of ethics for the technological age.* University of Chicago Press: Chicago, 1984).

4 Parliament of World's Religions (1993) *Toward a Global Ethic*, p. 14 (www. parliamentofreligions.org/_includes/fckcontent/file/towardsaglobalethic.pdf) (accessed 4 August 2015).

5 InterAction Council (1997) *Declaration on Human Responsibilities* (http:// interactioncouncil.org/universal-declaration-human-responsibilities). (Accessed 5 August 2015).

6 United Nations General Assembly A/RES/55/2: *United Nations Millennium Declaration*, 18 September 2000 (www.un.org/millennium/declaration/ares552e.pdf). (Accessed 4 August 2015).

7 The focus of human rights 'on recipience rather than on action and obligations' is elaborated in Onora O'Neill (2005) Agents of justice (p. 38) in Andrew Kuper (ed.): *Global responsibilities: Who must deliver on human rights?* Routledge: New York and London, pp. 37–52.

8 Jonathan D. Ostry, Andrew Berg and Charalambos G. Tsangarides (2014) *Redistribution, inequality and growth.* International Monetary Fund, February 2014 (www.imf.org/ external/pubs/ft/sdn/2014/sdn1402.pdf). (Accessed 4 August 2015).

9 UNDP (United Nations Development Programme) (1999) *Human Development Report 1999.* New York: Oxford University Press, p. 90.

10 UNHCR Global Trends 2014: World at war (www.unhcr.org/556725e69.html).

11 CIOMS (1993) *International ethical guidelines for biomedical research involving human subjects.* Geneva: CIOMS (www.codex.uu.se/texts/international.html) (quotation on page 10).

12 Henk ten Have (2015) Respect for human vulnerability: The emergence of a new principle in bioethics. *Journal of Bioethical Inquiry*, 12(3): 395–408.

13 Patricia Illingworth and Wendy E. Parmet (2012) Solidarity for global health. *Bioethics* 26(7): ii–iv; Julio Frenk, Octavio Gomez-Dantes, Suerie Moon (2014) From sovereignty to solidarity: A renewed concept of global health for an era of complex interdependence. *The Lancet* 383: 94–97.

14 The term 'network solidarities' is from Carol Gould (2007) Transnational solidarities. *Journal of Social Philosophy* 38: 148–164. Pensky has introduced the term 'cosmopolitan solidarity' (Two cheers for cosmopolitanism: Cosmopolitan solidarity as second-order inclusion. *Journal of Social Philosophy* 2007; 38: 165–184). For the notion of 'pragmatic solidarity' see Paul Farmer (2004) *Pathologies of power: Health, human rights, and the new war on the poor.* Berkeley/Los Angeles/London: University of California Press.

15 Eric M. Meslin, Edwin Were and David Ayuku (2013) Taking stock of the ethical

foundations of international health research: Pragmatic lessons from the IU-Moi Academic Research Ethics Partnership. *Journal of General Internal Medicine*; 28 (Suppl 3): S639–645.

16 Samuel Bowles and Herbert Gintis (2011) *A cooperative species: Human reciprocity and its evolution*. Princeton and Oxford: Princeton University Press; Jennifer Prah Ruger (2011) Shared health governance. *The American Journal of Bioethics* 11(7): 32–45.

17 WHO, www.who.int/healthsystems/topics/equity/en/ (accessed 4 August 2015).

18 Gillian Brock (2009) *Global justice: A cosmopolitan account*. Oxford: Oxford University Press.

19 Jeffrey D. Sachs (2012) Achieving universal health coverage in low-income settings. *The Lancet* 380 (9845): 944–947.

20 AMA Code of Medical Ethics is in Opinion 9.065 (www.ama-assn.org/ama/pub/physician-resources/medical-ethics/code-medical-ethics/opinion9065.page). (Accessed 3 August 2015).

21 Michael Tu (2012) Between publishing and perishing? H5N1 research unleashes unprecedented dual-use research controversy. 3 May 2012: www.nti.org/analysis/articles/between-publishing-and-perishing-h5n1-research-unleashes-unprecedented-dual-use-research-controversy/ (accessed 4 August 2015).

22 John Gerard Ruggie (2013) *Just business: Multinational corporations and human rights*. New York/London: W.W.Norton & Company.

23 Susanne Soederberg (2007) Taming corporations or buttressing market-led development? A critical assessment of the Global Compact. *Globalizations* 4(4): 500–513.

24 Siti Fadilah Supari (2008) *It's time for the world to change: In the spirit of dignity, equity, and transparency*. Penerbit Lentera: Jakarta.

25 Convention on Biological Diversity (1992) www.cbd.int/doc/legal/cbd-en.pdf (accessed 4 August 2015).

26 World Health Assembly (2010) *WHO Global Code of Practice on the International Recruitment of Health Personnel* (www.who.int/hrh/migration/code/code_en.pdf?ua=1). (Accessed 4 August 2015).

27 Hans Jonas (1984) *The imperative of responsibility: In search of an ethics for the technical age*. University of Chicago Press: Chicago, p. 11.

28 Report of the World Commission on Environment and Development: *Our common future*, p. 41 (www.un-documents.net/our-common-future.pdf) (accessed 3 August 2015).

29 *Declaration on the Responsibilities of the Present Generations towards Future Generations*. Paris, UNESCO, 1997 (http://portal.unesco.org/en/ev.php-URL_ID=13178&URL_DO=DO_TOPIC&URL_SECTION=201.html). (Accessed 3 August 2015).

30 Welsh Government: The Well-being of Future Generations (Wales) Act 2015: http://gov.wales/legislation/programme/assemblybills/future-generations/?lang=en (accessed 4 August 2015).

31 For data, see Secretariat of the Convention on Biological Diversity (2010) *Global Biodiversity Outlook 3*. Montréal, Canada (www.cbd.int/doc/publications/gbo/gbo3-final-en.pdf). (Accessed 5 August 2015).

32 World Health Organization: *Conference on Health and Climate Change*. Geneva: Switzerland, 22–29 August 2014, p. 6 (www.who.int/globalchange/mediacentre/events/climate-health-conference/whoconferenceonhealthandclimatechangefinalrepor t.pdf?ua=1). (Accessed 5 August 2015).

33 David Hill: Can Peru stop 'ethical chocolate' from destroying the Amazon? *The Guardian* 18 April 2015 (www.theguardian.com/environment/andes-to-the-amazon/2015/apr/17/can-peru-stop-ethical-chocolate-destroying-amazon). (Accessed 3 August 2015).

34 Simon Critchley (2012) *Infinitely demanding: Ethics of commitments, politics of resistance.* London and New York, Verso, p. 132.

35 Global Health Watch. *An alternative World Health Report;* four editions (2005, 2008, 2011 and 2014). www.ghwatch.org/who-watch/about). (Accessed 3 August 2015).

36 The statement 'the rot at the core of global governance today' is from Jennifer Chan (2015) *Politics in the corridor of dying: AIDS activism and global health governance.* Johns Hopkins University Press: Baltimore, p. 177.

37 Critchley (2012) *Infinitely demanding*, p. 8.

38 Alain Badiou (2015) *Philosophy for militants.* London and New York: Verso, p. 56.

术　语　表

1. **生物多样性**

"… 来自所有来源的生物有机体之间的可变性 … 来源包括陆地、海洋和其他水生生态系统及其组成的生态复合体；这包括了物种内部、物种间和生态系统的多样性。"（《生物多样性公约》）

2. **生命伦理帝国主义**

该观点认为全球生命伦理学实际上是强加给世界其他地方的西方生命伦理学（亦为"道德殖民主义"）。

3. **生物剽窃**

"…个人或机构对农耕和土著社区的知识和遗传资源的占有，他们寻求对这些资源和知识的独占控制（专利或知识产权）。"（侵蚀、技术与集中行动组织；www. etcgroup.org/en/issues/biopiracy.html）

4. **美好生活**

玻利维亚和厄瓜多尔宪法中所采用的、基于人与自然和谐相处的土著传统的"良好生活"的社会哲学(盖丘亚语中亦称 Sumak Kawsay)。

5. **法典化**

以行为守则的形式对专业人员行为规则和惯例的陈述。

6. **人类共同遗产**

意指某些物质和非物质实体是全人类的共同财产;而这些实体不能由某些个人或国家合法拥有。

7. **公地**

一个社会的所有成员都可获得并可作为他们所负责的共同财产加以使用和分享的自然和文化资源(比如海洋、空气和水)。

8. **公约**

国家间有约束力的协议(亦称条约或者契约)。

9. **世界主义**

作为一种哲学的、政治的和道德的观点,认为基本上世界各地的人都是,或者应该把自己视作世界公民。

10. **知识共享**

一个通过免费的法律工具使人们能够分享和使用创造力和知识的非营利组织。

11. **宣言**

一种表明共同约定的标准,但不具备法律约束力的文件。

12. 内化

全球原则在本地价值 系统中的内化与整合。

13. 认知共同体

"在某一特定领域具有公认的专门知识和能力,并对该领域或问题领域的政策相关知识有权威主张的专业人员的网络。"(Haas,1992:3)

14. 全球生命伦理学

研究与健康、保健、卫生科学和研究相关的全球伦理问题、卫生技术和政策,以及影响和解决这些全球性问题的活动、做法和政策问题。

15. 世界疾病负担

世界各地所有疾病的负担(死亡率、残疾、伤害和风险因素)。

16. 全球公地

属于人类共有财产及所有国家都可进入的领域(如外层空间和海底)。

17. 全球契约

联合国于2000年发起的一项自愿行动,旨在基于人权、劳工、环境和反腐的十项原则,将企业和公民社会融汇在一起。

18. **全球基金**

该基金成立于 2002 年,用于全球抗击艾滋病、结核病和疟疾。

19. **全球治理**

"为确定、理解或解决超越个别国家能力的世界性问题而进行的集体努力。"(Weiss,2013:32)

20. **知识财产**

任何可以受知识产权(版权、专利、设计或商标)保护的创造性工作或发明。

21. **知识产权(IPR)**

对知识产权的法律保护,即在一定时期内,未经所有者许可,他人不得使用该知识产权。

22. **文化间性**

"一个来自不同文化的人互动交流,从中学习和质疑各自及彼此文化的动态过程"(霸菱基金会)。

23. **主流生命伦理学**

在过去半个世纪里得到发展,始于美国并主要扩展到西方国家的生命伦理学。

24. **医学义务论**

有关医师医疗责任的理论。

25. **多元文化主义**

认为存在多种文化,且主张这些文化应得到平等尊重的理论。

26. 国家委员会

该全国委员会 1974 年成立于美国,旨在为生物医学和行为研究中的被试人提供保护。

27. 新自由主义

"…一种政治经济实践理论,认为通过以强大的私有产权、自由市场和自由贸易为特征的制度框架来解放私人企业家的自由和才能,人类的福祉才能得到最好的提高…"(Harvey,2005:2)。

28. 奥维耶多公约

1997 年欧洲理事会通过的《欧洲人权和生物医学公约》;在西班牙奥维耶多签约。

29. 专利

一种临时授予制造、使用、标价出售或进口某项发明创造的专用权;一种保护科学技术创新的知识产权形式,自申请之日起保护期为 20 年。

30. 原则主义

一种实践伦理学方法——从原则的制定开始,然后将这些原则用于澄清和解决实际问题。

31. 里约宣言

联合国环境与发展宣言,1992 年在里约热内卢通过。

32. 乌班图

一种非洲哲学,认为个人是一个群体或社区的成员("我之所以成为我,是因为我们是谁")。

推荐补充读物

Chapter 1: Bioethics reality check

For the case of Marlise Muñoz see: David Usborne (2014) Marlise Muñoz: Brain-dead pregnant Texas woman removed from life-support. *The Independent*, 26 January 2014 (www.independent.co.uk/news/world/americas/marlise-munoz-braindead-pregnant-texas-woman-removed-from-lifesupport-9086489.html).

The story of Rhonda and Gerry Wile is told in Leslie Morgan Steiner (2013) *The baby chase: How surrogacy is transforming the American family*. St. Martin's Press: New York.

The global tissue trade is described in Kate Willson, Vlad Lavrov, Martina Keller, Thomas Maier and Gerard Ryle (2012) Human corpses are prize in global drive for profits. *Huffington Post*, 17 July 2012 (www.huffingtonpost.com/icij/human-corpses-profits_b_1679094.html).

Disaster bioethics is discussed in: Donal P. O'Mathuna, Bert Gordijn and Mike Clarke (eds) (2014) *Disaster bioethics: Normative issues when nothing is normal*. Springer: Dordrecht.

For the Tonga case, see: Bob Burton (2002) Proposed genetic database on Tongans opposed. *British Medical Journal* 324: 443.

Chapter 2: From medical ethics to bioethics

The most extensive overview of the history of medical ethics is: Baker, R.B. and McCullough, L.B. (eds) (2009) *The Cambridge world history of medical ethics*. Cambridge University Press: New York.

The emergence of bioethics is covered in several historical studies: David J. Rothman (1991) *Strangers at the bedside: A history of how law and bioethics transformed medical decision making*. Basic Books: New York; Albert R. Jonsen (1990) *The new medicine and the old ethics*. Harvard University Press: Cambridge (Mass) and London (England); Albert R. Jonsen (1998) *The birth of bioethics*. Oxford University Press: New York/Oxford.

Percival's work is often regarded as a milestone in the history of medical ethics. See: Thomas Percival (1803) *Medical ethics, or a code of institutes and precepts adapted to the professional conduct of physicians and surgeons*. S. Russell: Manchester (http://books.google.com/book s?hl=nl&lr=&id=tVsUAAAAQAAJ&oi=fnd&pg=PR7&dq=Thomas+Percival:+Medi cal+ethics&ots=qUQ8BdY15j&sig=bzS_Zi0akiF8yPIMHuuLsHoZFZA#v=onepage &q=Thomas%20Percival%3A%20Medical%20ethics&f=false).

More information about the European tradition of anthropological medicine can be found in: Henk ten Have and Gerlof Verwey (eds) (1995) Anthropological medicine. *Theoretical Medicine* 16(1): 3–114.

Chapter 3: From bioethics to global bioethics

The two main publications of Van Rensselaer Potter are: *Bioethics: Bridge to the future* (Prentice Hall: Englewood Cliffs, NJ, 1971) and *Global bioethics: Building on the Leopold legacy* (Michigan State University Press: East Lansing, 1988). Another source for Potter's ideas is his address to the American Association for Cancer Research: Humility with responsibility – A bioethic for oncologists: Presidential address. *Cancer Research* 1975; 35: 2297–2306.

For the development of Potter's ideas, see: Henk ten Have (2012) Potter's notion of bioethics. *Kennedy Institute of Ethics Journal* 22(1): 59–82.

The recent history of bioethics is described in Albert R. Jonsen (1998) *The birth of bioethics*. Oxford University Press: New York/Oxford. The development in European countries is presented in a thematic issue of the journal *Theoretical Medicine* (1988; issue 3). The development in Latin America is discussed in a thematic issue of *The Journal of Medicine and Philosophy* (1996; issue 6).

For the methodological paradigm of bioethics, see Tom L. Beauchamp and James F. Childress (1978) *Principles of biomedical ethics*. Oxford University Press: New York/Oxford (the book has been subsequently revised several times; the seventh edition was published in 2013). For the critical debate on principle-based bioethics, see: Edwin R. DuBose, Ron Hamel and Laurence J. O'Connell (eds) (1994) *A matter of principles? Ferment in U.S. bioethics*. Trinity Press International: Valley Forge.

The claim about Jahr is elaborated by Hans-Martin Sass: Fritz Jahr's 1927 concept of bioethics. *Kennedy Institute of Ethics Journal* 2008; 17(4): 279–295. All articles on bioethics and ethics published by Jahr between 1927 and 1947 are available in English translation in: Amir Muzur and Hans-Martin Sass (eds) (2012) *Fritz Jahr and the foundations of global bioethics*. Lit Publishers: Berlin.

Chapter 4: Globalization of bioethics

The literature on globalization is abundant. In this chapter, the following publications are used: Ulrich Beck (2000) *What is globalization?* Polity Press: Cambridge; Jan Aart Scholte (2000) *Globalization: A critical introduction*. Palgrave: Houndmills; Manfred B. Steger (2003) *Globalization: A very short introduction*. Oxford University Press: Oxford/New York.

For globalizing bioethics in general, the work of Daniel Callahan is useful, in particular: Minimalist ethics. On the pacification of morality, in Arthur L. Caplan and Daniel Callahan (eds) (1981) *Ethics in hard times*. Plenum Press: New York and London, pp. 261–281. See also: Daniel Callahan (2012) *The roots of bioethics, health, progress, technology, death*. Oxford University Press: Oxford, New York.

Interesting comparative studies in bioethics are Kazumasa Hoshino (ed.) (1997) *Japanese and western bioethics.: Studies in moral diversity*. Kluwer Academic Publishers: Dordrecht/Boston/London; Angeles Tan Alora and Josephine M. Lumitao (eds) (2001) *Beyond a western bioethics: Voices from the developing world.* Georgetown University Press: Washington DC.

The case of female genital mutilation is discussed in: Ruth Macklin (1999) *Against relativism: Cultural diversity and the search for ethical universals in medicine.* Oxford University Press: New York/Oxford. For the Trovan case, see: Ruth Macklin (2004) *Double standards in medical research in developing countries.* Cambridge University Press: Cambridge (UK), p. 99 ff.

Thin versions of global bioethics are, among others, presented by Heather Widdows, Donna Dickenson and Sirkku Hellsten (2003) Global bioethics. *New Review of Bioethics* 1(1): 101–116; Leigh Turner (2005) From the local to the global: Bioethics and the concept of culture. *Journal of Medicine and Philosophy* 30: 305–320; Miltos Ladikas and Doris Schroeder (2005) Too early for global ethics? *Cambridge Quarterly of Healthcare Ethics*; 14: 404–415; Søren Holm and Bryn Williams-Jones (2006) Global bioethics – myth or reality? *BMC Medical Ethics* 7: 10; doi: 10.1186/1472-6939-7-10; Sirkku K. Hellsten (2008) Global bioethics: Utopia or reality? *Developing World Bioethics* 8(2): 70–81; Roberta M. Berry (2011) A small bioethical world? *HEC Forum* 23: 1–14. The expression 'everyday bioethics' is introduced by Giovanni Berlinguer (Bioethics, health, and inequality. *Lancet* 2004; 364: 1086–1091). Maura Ryan (2004) argues for 'bioethics from below' (Beyond a western bioethics? *Theological Studies* 65: 158–177).

Thick versions of global bioethics are elaborated in various theories.

For cosmopolitanism, see Nigel Dower (2007) *World ethics: The new agenda.* Edinburgh University Press: Edinburgh (2nd edition); David Held (2010) *Cosmopolitanism: Ideals and realities.* Polity Press: Cambridge (UK) and Malden (MA).

For the utilitarian theory, see Peter Singer (2003) *One world: The ethics of globalization.* Yale University Press: New Haven & London.

For the capabilities approach, see Martha C. Nussbaum (2011) *Creating capabilities: The human development approach.* The Belknap Press of Harvard University Press: Cambridge (MA) and London (UK).

For human rights-based approaches, see Jonathan Mann (1997) Medicine and public health, ethics and human rights. *Hastings Center Report* 37(3): 6–13; Lori P. Knowles (2001) The lingua franca of human rights and the rise of a global bioethic. *Cambridge Quarterly of Healthcare Ethics* 10: 253–263.

For contractarian approaches, see Thomas Pogge (2013) *World poverty and human rights: Cosmopolitan responsibilities and reforms.* Polity Press: Cambridge (UK) and Malden (MA), 2nd edition.

For multiculturalism and interculturality, the following publications are used: Charles Taylor (1992) *Multiculturalism and 'The politics of recognition.'* Princeton University Press: Princeton (NJ); Will Kymlicka (1995) *Multicultural citizenship: A liberal theory of minority rights.* Clarendon Press: Oxford; Bhikhu Parekh (2006) Rethinking multiculturalism. *Cultural diversity and political theory.* Palgrave Macmillan: Houndmills (UK), 2nd edition; François Levrau and Patrick Loobuyck (2013) Should interculturalism replace multiculturalism? A plea for complementariness. *Ethical Perspectives* 20(4): 605–630.

Labelling bioethics as 'rich man's ethics' is from Erich Loewy (2002) Bioethics: Past, present, and an open future. *Cambridge Quarterly of Healthcare Ethics*; 11: 388–397; see also Howard Brody: Bioethics should side with the powerless and the oppressed. Howard Brody (2009) *Future of bioethics.* Oxford University Press: New York and Oxford.

Chapter 5: Global bioethical problems

The analysis of problems has used the works of John Dewey, in particular his *Logic: The theory of Inquiry* (New York: Henry Holt and Co., 1938). For the concept of 'horizon' Saulius Geniusas (2012) *The origins of the horizon in Husserl's phenomenology*. Springer: Dordrecht is useful. Adam Hedgecoe's distinction between consequent and antecedent dimensions of bioethical problems has been used (Critical bioethics: Beyond the social science critique of applied ethics. *Bioethics* 2004; 18(2): 120–143).

Data on child mortality (2012) UN Inter-agency Group for Child Mortality Estimation: *Levels & Trends in Child Mortality. Report 2012*. New York: United Nations Children's Fund (www.childmortality.org/files_v16/download/Levels%20and%20Trends%20 in%20Child%20Mortality%20Report%202012.pdf) (accessed 20 July 2015).

Thomas Pogge's arguments are presented in *World poverty and human rights: Cosmopolitan responsibilities and reforms*. Polity Press: Cambridge (UK) and Malden (MA), 2013, 2nd edition.

The example of suicide rates in India is from: Jonathan Kennedy and Lawrence King (2014) The political economy of farmers' suicides in India: Indebted cash-crop farmers with marginal landholdings explain state-level variation in suicide rates. *Globalization and Health* 10: 16; doi: 10.1186/1744-8603-10-16.

The literature on 'health tourism' is abundant. A recent overview is Jill R. Hodges, Leigh Turner, and Ann Marie Kimball (eds) (2012) *Risks and challenges in medical tourism: Understanding the global market for health services*. Praeger: Santa Barbara. See further: Meghani, Zahra (2013) The ethics of medical tourism: From the United Kingdom to India seeking medical care. *International Journal of Health Services* 43(4): 779–800; Smith, Kristen (2012) The problematization of medical tourism: A critique of neoliberalism. *Developing World Bioethics* 12(1): 1–8; Turner, Leigh (2013) Transnational medical travel: Ethical dimensions of global healthcare. *Cambridge Quarterly of Healthcare Ethics* 22: 170–180.

The reference to the book connecting 'global' and 'local' is: Hakan Seckinelgin (2008) *International politics of HIV/AIDS. Global disease – local pain*. Routledge: Abingdon (UK). The dialectics of global and local is elaborated by Saskia Sassen (2014) *Expulsions: Brutality and complexity in the global economy*. The Belknap Press of Harvard University Press: Cambridge (Mass) and London (England).

A useful analysis of neoliberalism is Taylor Boas and Jordan Gans-Morse (2009) Neoliberalism: From new liberal philosophy to anti-liberal slogan. *Studies in Comparative International Development* 44: 137–161; David Harvey (2005) *A brief history of neoliberalism*. Oxford University Press: Oxford, New York; Jamie Peck (2010) *Constructions of neoliberal reason*. Oxford University Press: Oxford. For Ayn Rand see her *The virtue of selfishness: A new concept of egoism*. Signet/Penguin: New York, 1964. For the ideas of Friedrich Hayek (1944) *The road to serfdom*. University of Chicago Press, Chicago. See also: James G. Carrier (ed.) (1997) *Meanings of the market: The free market in Western culture*. Berg: Oxford/New York.

For the negative impact of neoliberal policies on healthcare, see: Sara E. Davies (2010) *Global politics of health*. Polity Press: Cambridge (UK) and Malden (MA); Nuria Homedes and Antonio Ugalde (2005) Why neoliberal health reforms have failed in Latin America. *Health Policy* 71: 83–96; Rene Loewenson (1993) Structural adjustment and health policy in Africa. *International Journal of Health Services* 23(4): 717–730.

Chapter 6: Global responses

Critical views of global bioethics are presented in many ways. For global bioethics as nothing new, see: Catherine Myser (ed.) (2011) *Bioethics around the globe*. Oxford University Press: Oxford/New York. A quantitative study of international publications in bioethics is done by: Borry, Pascal, Schotsmans, Paul and Dierickx, Kris (2006) How international is bioethics? A quantitative retrospective study. *BMC Medical Ethics* 7: 1; doi: 10.1186/1472-6939-7-1.

For the view that global bioethics is not possible: H. Tristram Engelhardt (ed.) (2006) *Global bioethics: The collapse of consensus*. M&M Scrivener Press: Salem. See also: Alan Petersen (*The politics of bioethics*. Routledge: New York/London, 2011).

For global bioethics as not desirable: Tao, J. (ed.) (2002) *Cross-cultural perspectives on the (im)possibility of global bioethics*. Kluwer Academic Publishers: Dordrecht/Boston/London.

That it is not necessary to have agreement on moral principles in order to agree on what to do in practice is famously explained in: Jonsen, Albert R. and Toulmin, Stephen (1988) *The abuse of casuistry: A history of moral reasoning*. University of California Press: Berkeley/Los Angeles London.

Finally, for global bioethics as suffering from hubris: Joseph Boyle (2006) The bioethics of global medicine: A natural law reflection, in: H. Tristram Engelhardt, T. (ed.) (2006) *Global bioethics: The collapse of consensus*. pp. 303–4). The example of war as bioethical problem is given by: James Dwyer (2003) Teaching global bioethics. *Bioethics* 17(5–6): 432–446.

The section on 'New context – different answers' has made use of Amartya Sen (2006) *Identity and violence: The illusion of destiny*. W.W.Norton & Company: New York and London, and Arjun Appadurai (2013) *The future as cultural fact: Essay on the global condition*. Verso: London/New York. For the debate on Asian values, see the interview with Singapore's leader Lee Kuan Yew (1994) (Fareed Zakaria: Culture is destiny: A conversation with Lee Kuan Yew. *Foreign Affairs* 73(2): 109–126). Fuyuki Kurasawa presents the view that cultures are processes, 'actively created and recreated on the basis of appropriation, imposition, and negotiation over time and in different places' (see: *The ethnological imagination: A cross-cultural critique of modernity*. University of Minnesota Press: Minneapolis/London, 2004, p. 172).

The section on 'Answers are unavoidable and necessary' draws on the work of advocates of global bioethics. Especially the publications of Heather Widdows are helpful here. See: Heather Widdows (2011) *Global ethics: An introduction*. Acumen: Durham (UK); Heather Widdows (2011) Localized past, globalized future: Towards an effective bioethical framework using examples from population genetics and medical tourism. *Bioethics* 25(2): 83–91; Heather Widdows (2007) Is global ethics moral neo-colonialism? An investigation of the issue in the context of bioethics. *Bioethics* 21(6): 305–315. The connection between global problems and 'systemic risk' is elaborated in: Ian Goldin and Mike Mariathasan (2014) *The butterfly defect: How globalization creates systemic risks and what to do about it*. Princeton University Press: Princeton and Oxford. The idea of philosophy as a way of life plays an important role in Pierre Hadot (1995) *Qu'est-ce que la philosophie antique?* Gallimard: Paris. The notion of 'cultural aspiration' is introduced by Arjun Appadurai (2013) *The future as cultural fact: Essays on the global condition*. Verso: London, New York, p. 195

For a positive reading of the history of ethics and the issue of moral progress, see Kenan Malik (2014) *The quest for a moral compass: A global history of ethics*. Atlantic Books: London. Malik argues that the idea of a universal community has been developed in various civilizations. A detailed study about the decline of violence is: Steven Pinker

(2011) *The better angels of our nature*. Penguins Books: London. The theory that the circle of ethics has expanded has been developed by philosopher Peter Singer (2011) *The expanding circle: Ethics, evolution, and moral progress*. Princeton University Press: Princeton and Oxford (original 1981).

Critique of mainstream bioethics is elaborated by Alan Petersen (2011) *The politics of bioethics*. Routledge: New York/London and Jan Helge Solbakk (2013) Bioethics on the couch. *Cambridge Quarterly of Healthcare Ethics* 22: 319–326.

For a critique of neoliberal ideology. See: Jürgen Habermas (2001) *Die Zeit* (www.zeit. de/2001/27/Warum_braucht_Europa_eine_Verfassung).

The section 'Expanding the horizon' has benefited from Susan Braedley and Meg Luxton (eds) (2010) *Neoliberalism in everyday life*. McGill-Queen's University Press: Montreal & Kingston/London/Ithaca) and Fiona Robinson (2011) *The ethics of care: A feminist approach to human security*. Temple University Press: Philadelphia.

Chapter 7: Global bioethical frameworks

General orientation regarding human rights is provided by: Michael Ignatieff (2001) *Human rights as politics and idolatry*. Princeton University Press: Princeton and Oxford; Lynn Hunt (2007) *Inventing human rights: A history*. W.W.Norton & Company: New York/London; Aryeh Neier (2012) *The international human rights movement: A history*. Princeton University Press: Princeton and Oxford. That universality is the chief novelty of human rights is strongly emphasized by René Cassin, member of the Human Rights Commission that drafted the UDHR at the General Assembly adopting the Declaration (General Assembly United Nations: Meetings records 180th plenary session, 9 December 1948, A/PV.180) (www.un.org/ga/search/view_doc.asp?symbol=A/PV.180).

For the connection between human rights and medicine, see: David J. Rothman and Sheila M. Rothman (2006) *Trust is not enough: Bringing human rights to medicine*. New York Review Books: New York.

For the search for common values, see Sissela Bok 1995 (2002) *Common values*. University of Missouri Press: Columbia and London. See also: CIOMS: A global agenda for bioethics (1995) Declaration of Ixtapa. *Canadian Journal of Medical Technology* 57: 79–80; Parliament of the World's Religions (1993) *Toward a global ethics*. Chicago: Council for a Parliament of the World's Religions. See also: Karl-Josef Kuschel and Dietmar Mieth (eds) (2001) *In search of universal values*. SCM Press: London.

For the section on declaring global bioethics: Allyn L. Taylor (1999) Globalization and biotechnology: UNESCO and an international strategy to advance human rights and public health. *American Journal of Law & Medicine* 25: 479–541; Henk ten Have and Michèle S. Jean (eds) (2009) *The UNESCO Universal Declaration on bioethics and human rights: Background, principles and application*. UNESCO Publishing: Paris; Adèle Langlois (2013) *Negotiating bioethics: The governance of UNESCO's bioethics programme*. Routledge: London and New York. For other UNESCO Declarations (1997) *Universal Declaration on the Human Genome and Human Rights*. UNESCO, Paris. http://portal.unesco.org/en/ev.php-URL_ID=13177&URL_DO=DO_TOPIC&URL_SECTION=201.html (accessed 1 October 2014). *International Declaration on Human Genetic Data*. UNESCO, Paris, 2003. http://portal.unesco.org/en/ev.php-URL_ID=17720&URL_DO=DO_TOPIC&URL_SECTION=201.html (accessed 1 October 2014).

The two-level model of global ethics, discussed in 'Components of global bioethics' is presented by William M. Sullivan and Will Kymlicka (eds) (2007) *The globalization of ethics*. Cambridge University Press: New York: 4, 207 ff; David Held (2010)

Cosmopolitanism: Ideals and realities. Polity Press: Cambridge (UK) and Malden (MA): 80 ff. For a philosophical analysis of the relations and distinctions between the notion of 'universal', 'uniform', and 'common', as the notion of post-universal, see François Jullien (2014) *On the universal, the uniform, the common and dialogue between cultures.* Polity Press: Cambridge (UK) and Malden (MA).

The relation of bioethics and human rights is examined in: Henk AMJ ten Have: Future perspectives. In: Henk ten Have and Bert Gordijn (eds) (2014) *Handbook of global bioethics.* Springer Publishers: Dordrecht, pp. 829–844. Other informative publications on the connections between human rights and bioethics: Robert Baker (2001) Bioethics and human rights: A historical perspective. *Cambridge Quarterly of Healthcare Ethics* 10: 241–252; Lori P. Knowles (2001) The lingua franca of human rights and the rise of a global bioethic. *Cambridge Quarterly of Healthcare Ethics* 10: 253–263; Richard E. Ashcroft (2010) Could human rights supersede bioethics? *Human Rights Law Review* 10(4): 639–660.

The argument that human rights discourse provides an alternative to the neoliberal ideology that views health systems and services as commodities is elaborated in: Audrey R. Chapman (2009) Globalization, human rights, and the social determinants of health. *Bioethics* 23(2): 97–111.

There is a wide range of literature on cosmopolitanism. For interesting overviews, see: Kwame Anthony Appiah (2006) *Cosmopolitanism: Ethics in a world of strangers.* Allen Lane (Penguin Books): London; Robert Fine (2007) *Cosmopolitanism.* Routledge: London and New York; Gerard Delanty (2009) *The cosmopolitan imagination: The renewal of critical social theory.* Cambridge University Press: Cambridge (UK); David Held (2010) *Cosmopolitanism: Ideals and realities.* Polity Press: Cambridge (UK) and Malden (MA). Peter Kemp (2011) *Citizen of the world: The cosmopolitan ideal for the twenty-first century.* Humanity Books: New York; Louis Lourme (2014) *Le nouvel âge de la citoyenneté mondiale.* Presses Universitaires de France: Paris.

Chapter 8: Sharing the world: common perspectives

For the section 'Global moral community', see Henk ten Have (2011) Global bioethics and communitarianism. *Theoretical Medicine and Bioethics* 32: 315–326. For biopiracy, see: Vandana Shiva (1997) *Biopiracy: The plunder of nature and knowledge.* South End Press: Boston (MA); Vandana Shiva (2001) *Protect or plunder? Understanding intellectual property rights.* Zed Books: London and New York; Daniel F. Robinson (2010) *Confronting biopiracy: Challenges, cases and international debates.* Earthscan: London/New York.

Sources used for the section 'Common heritage', are: Arvid Pardo (1968) Who will control the seabed? *Foreign Affairs* 47: 123–137; Kemal Baslar (1998) *The concept of the common heritage of mankind in international law.* Martinus Nijhoff Publishers: The Hague; Jasper Bovenberg (2006) Mining the common heritage of our DNA: Lessons learned from Grotius and Pardo. *Duke Law & Technology Review* 5(8): 1–20; Alexandre Kiss (1985) The common heritage of mankind: Utopia or reality? *International Journal* 40(3): 423–441. The application of the notion of common heritage to the human genome is discussed in: HUGO Ethical, Legal and Social Issues Committee (1995) *Statement on the Principled Conduct of Genetics Research* (www.hugo-international.org/img/statment%20on%20the%20principled%20conduct%20of%20genetics%20research.pdf) (accessed 20 July 2015). See further: Christian Byk (1998) A map to a new treasure island: The human genome and the concept of common heritage. *Journal of Medicine and Philosophy*

23(3): 234–246; Bartha N. Knoppers and Yann Joly (2007) Our social genome? *Trends in Biotechnology* 25(7): 284–288.

The best introduction to the concept of interculturality is: Ted Cantle (2012) *Interculturalism: The new era of cohesion and diversity.* Palgrave Macmillan: New York. See further: Ram Adhar Mall (2004) The concept of an intercultural philosophy. In: Fred E. Jandt (ed.): *Intercultural communication. A global reader.* Thousand Oaks, London, New Delhi: SAGE Publications, pp. 315–327; Darla K. Deardorff (ed.) (2009) *The SAGE handbook of intercultural competence.* Los Angeles: SAGE Publications; Clara Sarmento (ed.) (2010) *From here to diversity: Globalization and intercultural dialogues.* Cambridge Scholars Publishing: Newcastle upon Tyne; Nasar Meer and Tariq Modood (2011) How does interculturalism contrast with multiculturalism? *Journal of Intercultural Studies* 33(2): 175–196; Michele Lobo, Vince Marotta and Nicole Oke (eds) (2011) *Intercultural relations in a global world.* Common Ground Publishing: Champaign (Ill).

The section on Commons has benefited from: Michael Goldman (ed.) (1998) *Privatizing nature. Political struggles for the global commons.* Rutgers University Press: New Brunswick (NJ); Pranab Bardhan and Isha Ray (eds) (2008) *The contested commons: Conversations between economists and anthropologists.* Blackwell Publishing: Malden (MA); David Bollier and Silke Helfrich (eds) (2012) *The wealth of the commons: A world beyond market and state.* Leveller Press: Amherst (MA); Béatrice Parance and Jacques de Saint Victor (eds) (2014) *Repenser les biens communs.* CNRS Éditions: Paris; Pierre Darlot and Christian Laval (2014) *Commun. Essai sur la révolution au XXIe siècle.* Éditions La Découverte: Paris.

'Anticommons' are discussed in: Michael Heller and Rebecca Eisenberg (1998) Can patents deter innovation? The anticommons in biomedical research. *Science* 280: 698–701; Michael Heller (2008) *The gridlock economy: How too much ownership wrecks markets, stops innovation, and costs lives.* Basic Books: New York. The UN Commission on Global Governance (1995) discussed the global commons in: https://humanbeingsfirst.files.wordpress.com/2009/10/cacheof-pdf-our-global-neighborhood-from-sovereignty-net.pdf (especially pp. 251–253 and 357).

For water and ethics, see: COMEST (World Commission on the Ethics of Scientific Knowledge and Technology) (2004) *Best ethical practice in water use.* UNESCO, Paris (http://unesdoc.unesco.org/images/0013/001344/134430e.pdf). See also: Oscar Olivera (2004) *Cochabamba! Water war in Bolivia.* South End Press: Cambridge (MA); Saskia Sassen (2014) *Expulsions: Brutality and complexity in the global economy.* The Belknap Press of Harvard University Press: Cambridge (MA) and London (UK), pp. 191–198.

A recent critical analysis of the intellectual property rights regime is: Peter Baldwin (2014) *The copyright wars: Three centuries of trans-atlantic battle.* Princeton University Press: Princeton and Oxford. Among other critical studies are: Peter Drahos (1999) Intellectual property and human rights. *Intellectual Property Quarterly* 3: 349–371; Peter Drahos (2002) Developing countries and international intellectual property standard-setting. *Journal of World Intellectual Property* 5: 765–789; Michele Boldrin and David K. Levine (2012) *The case against patents.* Working paper. Research Division, Federal Reserve Bank of St. Louis. St. Louis (http://research.stlouisfed.org/wp/2012/2012-035.pdf). Alternative approaches are elaborated in: Dan L. Burk and Mark A. Lemley (2009) *The patent crisis and how the courts can solve it.* The University of Chicago Press: Chicago and London. For the connection to medicine and healthcare see: Sixty-first World Health Assembly: Global strategy and plan of action on public health, innovation and intellectual property. WHA61.21, 24 May 2008 (http://apps.who.int/gb/ebwha/pdf_files/A61/A61_R21-en.pdf); Cynthia M. Ho: Beyond patents: Global challenges to affordable medicine. In I. Glenn Cohen (ed.) (2013) *The globalization of health care: Legal and ethical issues.*

Oxford University Press: Oxford/New York: 302–317. The argument that property rights endanger the freedom of culture is made by Lawrence Lessig (2004) *Free culture: The nature and future of creativity*. Penguin Books: New York, p. 170.

The concept of Buen Vivir is elaborated in: Alberto Acosta (2014) *Le Bien Vivir: Pour imaginer d'autres mondes*. Les Éditions Utopia: Paris. See also: David Cortez and Heike Wagner (2010) Zur Genealogie des Indigenen 'Guten Lebens' ('Sumak Kawsay') in Ecuador. In: Leo Gabriel and Herbert Berger (eds): *Lateinamerikas Demokratien im Umbruch*. Verlag Mandelbaum: Vienna: 167–200; Marlene Brant Castellano (2014) Ethics of aboriginal research. In: Wanda Teays, John-Stewart Gordon and Alison Dundes Renteln (eds): *Global bioethics and human rights: Contemporary issues*. Rowman & Littlefield: Lanham (Maryland), pp. 273–288.

Sources for the connection between bioethics and commons are: Danish Council of Ethics (2005) *Patenting human genes and stem cells*. Copenhagen; Lori B. Andrews and Jordan Paradise (2005) Gene patents: The need for bioethics scrutiny and legal change. *Yale Journal of Health Policy, Law, and Ethics* 5(1): 403–412; The Myriad case is analysed in: E. Richard Gold and Julia Carbone (2010) Myriad Genetics: In the eye of the policy storm. *Genetics in Medicine* 12(4): S39–S70. DOI: 10.1097/GIM.0b013e3181d72661.

Sharing of clinical trials data is discussed by: Marc A. Rodwin (2012) Clinical trial data as a public good. *JAMA* 308(9): 871–872; Trudo Lemmens and Candice Telfer: Clinical trials registration and results reporting and the right to health. In: I. Glenn Cohen (ed.) (2013) *The globalization of health care: Legal and ethical issues*. Oxford University Press: Oxford/New York: 255–271; Peter Doshi, Tom Jefferson and Chris Del Mar (2012) The imperative to share clinical study reports: Recommendations from the Tamiflu experience. *PLoS Medicine* 9(4): e1001201.

Academic patenting and the role of universities is a central issue in: Dave A. Chokshi (2006) Improving access to medicines in poor countries: The role of universities. *PLoS Medicine* 3(6): e136. DOI: 10.1371/journal.pmed.0030136.

Publications on open science and science commons are: David Weatherall (2000) Academia and industry: Increasingly uneasy bedfellows. *The Lancet* 355: 1574; Merryn Ekberg (2005) Seven risks emerging from life patents and corporate science. *Bulletin of Science, Technology & Society*; 25(6): 475–483; Robert Cook-Deegan (2007) The science commons in health research: Structure, function, and value. *Journal of Technology Transfer* 32(3): 133–156.

The notion of 'common good' is elaborated in: Michèle Stanton-Jean: *La Déclaration universelle sur la bioéthique et les droits de l'homme: Une vision du bien commun dans un contexte mondial de pluralité et de diversité culturelle?* [The Universal Declaration on Bioethics and Human Rights: A vision of the Common Good in a pluralistic and culturally diverse global context?]. PhD thesis in Applied Human Sciences. Montreal. Montreal University. Online: www.bnds.fr and at: https://papyrus.bib.umontreal.ca/xmlui/handle/1866/5181.

Chapter 9: Global health governance

Sources for global governance: Antonio Franceschet (2009) *The ethics of global governance*. Lynne Rienner Publishers: Boulder and London; Timothy J. Sinclair (2012) *Global governance*. Polity Press: Cambridge (UK) and Malden (MA); Thomas G. Weiss (2013) *Global governance: Why? What? Whither?* Polity Press: Cambridge (UK) and Malden (MA).

For global health governance, see: Mark W. Zacher and Tania J. Keefe (2008) *The politics of global health governance: United by contagion.* Palgrave Macmillan: New York; Kelley Lee (2009) *The World Health Organization (WHO).* Routledge: London and New York; Sophie Harman (2012) *Global health governance.* Routledge: London and New York; Jeremy Youde (2012) *Global health governance.* Polity Press: Cambridge (UK). The positive role of WHO in the governance of the SARS outbreak in 2003 is analysed by David P. Fidler (2004) *SARS, governance and the globalization of disease.* Palgrave Macmillan: Houndsmills (UK).

Infectious diseases are examined as the 'dark side of globalization' in Geoffrey B. Cockerham and William E. Cockerham (2010) *Health and globalization.* Polity Press: Cambridge (UK) and Malden (MA), p. 62. For the Ebola case: Anthony S. Fauci (2014) Ebola – Underscoring the global disparities in health care resources. *New England Journal of Medicine* 371(12): 1084–1086; Margaret Chan (2014) Ebola virus disease in West Africa – No early end to the outbreak. *New England Journal of Medicine* 371(13): 1183–1185; Thomas R. Frieden, Inger Damon, Beth P. Bell, Thomas Kenyon and Stuart Nichol (2014) Ebola 2014 – New challenges, new global response and responsibility. *New England Journal of Medicine* 371(13): 1177–1180; 45(1): 5–6. For the military background, see: Kathleen Raven (2012) Stop-work order creates uncertainty for Ebola drug research. *Nature Medicine* 18(9): 1312. Lessons from Ebola are provided in: *Save the Children: A wake-up call. Lessons from Ebola for the world's health systems.* London, March 2015. (www. savethechildren.org/atf/cf/%7B9def2ebe-10ae-432c-9bd0-df91d2eba74a%7D/ WAKE%20UP%20CALL%20REPORT%20PDF.PDF) (accessed 20 July 2015).

Problems of governance are examined by Thomas G. Weiss (2013) *Global governance: Why? What? Whither?* Polity Press: Cambridge (UK) and Malden (MA). The inadequacy of global institutions is analysed in: David Held (2010) *Cosmopolitanism: Ideals and realities.* Polity Press: Cambridge (UK) and Malden (MA), p. 186 ff. Diverging normative perspectives and policies are analysed in Kelley Lee (2009) *The World Health Organization (WHO).* Routledge: London and New York (p. 126 ff) and Colin McInnes and Kelley Lee (2012) *Global health & international relations.* Polity Press: Cambridge (UK), pp. 18–19. See also: Raphael Lencucha (2013) Cosmopolitanism and foreign policy for health: Ethics for and beyond the state. *BMC International Health and Human Rights* 13: 29; doi: 10.1186/1472-698X-13-29.

For the distinction between globalization from above and from below, see: Jeremy Brecher, Tim Costello and Brendan Smith (2000) *Globalization from below: The power of solidarity.* South End Press: Cambridge (MA). See also: Fuyuki Kurasawa (2004) A cosmopolitanism from below: Alternative globalization and the creation of a solidarity without bounds. *Archives of European Sociology* 45: 233–255; Gilbert Leung (2013) Cosmopolitan ethics from below. *Ethical Perspectives* 20(1): 43–60.

For the example of TAC, see: Mark Heywood (2009) South Africa's Treatment Action Campaign: Combining law and social mobilization to realize the right to health. *Journal of Human Rights Practice* 1(1): 14–36. See also: Leslie London (2004) Health and human rights: What can ten years of democracy in South Africa tell us? *Health and Human Rights* 8(1): 1–25; Steven Friedman and Shauna Mottiar (2005) A rewarding engagement? The Treatment Action Campaign and the politics of HIV/AIDS. *Politics & Society* 33(4): 511–565.

For new forms of governance: Richard Falk (1995) The world order between inter-state law and the law of humanity: The role of civil society institutions. In: Daniele Archibugi and David Held (eds): *Cosmopolitan democracy: An agenda for a new world order.* Polity Press: Cambridge (UK), pp. 163–179. Proposals for improving global governance for health have been made by the Commission on Global Governance for Health: The political origins of health inequity: prospects for change. *The Lancet* 2014; 383: 630–667.

Chapter 10: Bioethics governance

Sources for bioethics governance: Brian Salter and Mavis Jones (2002) Human genetic technologies, European governance and the politics of bioethics. *Nature Reviews Genetics* 3: 808–814; Brian Salter (2007) The global politics of human embryonic stem cell science. *Global Governance* 13: 277–298; Alison Harvey and Brian Salter (2012) Governing the moral economy: Animal engineering, ethics and the liberal government of science. *Social Science & Medicine* 75: 193–199; Brian Salter and Charlotte Salter (2013) Bioethical ambition, political opportunity and the European governance of patenting: The case of human embryonic stem cell science. *Social Science & Medicine* 98: 286–292.

The example of the Committee on Animal Biotechnology in the Netherlands is studied by L.E. Paula (2008) *Ethics committees, public debate and regulation: An evaluation of policy instruments in bioethics governance.* Thesis Vrije Universiteit Amsterdam.

Bioethics governance in the European Union is discussed in: Commission of the European Communities (2001) *European governance. A white paper.* Brussels (http://eur-lex.europa.eu/legal-content/EN/TXT/PDF/?uri=CELEX:52001DC0428&rid=2); Alison Mohr, Helen Busby, Tamara Hervey and Robert Dingwall (2012) Mapping the role of official bioethics advice in the governance of biotechnologies in the EU: The European Group on Ethics' Opinion on commercial cord blood banking. *Science and Public Policy* 39: 105–117.

For 'Bioethics governance at the global level': Allyn L. Taylor (1999) Globalization and biotechnology: UNESCO and an international strategy to advance human rights and public health. *American Journal of Law & Medicine* 25: 479–541. For the global impact of the Genome Declaration, see: Brian Salter and Charlotte Salter (2013) Bioethical ambition, political opportunity and the European governance of patenting: The case of human embryonic stem cell science. *Social Science & Medicine* 98: 286–292. The UN debate on human cloning is examined by George J. Annas (2005) The ABCs of global governance of embryonic stem cell research: Arbitrage, bioethics and cloning. *New England Law Review* 39(3): 489–500; Mahnoush H. Arsanjani (2006) Negotiating the UN Declaration on Human Cloning. *The American Journal of International Law* 100(1): 164–179.

Sources for 'Governance *through* bioethics' are the following. The four functions of global bioethics are from: Ayo Wahlberg *et al.* (2013) From global bioethics to ethical governance of biomedical research collaborations. *Social Science & Medicine* 98: 293–300. For the examples from countries, see: Carmel Shalev and Yael Hashiloni-Dolev (2011) Bioethics governance in Israel: An expert regime. *Indian Journal of Medical Ethics* 8(3): 157–160; Joy Yueyue Zhang (2012) *The cosmopolitanization of science: Stem cell governance in China.* Palgrave/Macmillan: Houndmills; Maria Hvistendahl (2013) China's publication bazaar. *Science* 342: 1035–1039; Calvin Wai Loon Ho, Leonardo D. de Castro, and Alastair V. Campbell (2014) Governance of biomedical research in Singapore and the challenge of conflicts of interest. *Cambridge Quarterly of Healthcare Ethics* 23: 288–296.

The problem of representation and expertise: Susan E. Kelly (2003) Public bioethics and publics: Consensus, boundaries, and participation in biomedical science policy. *Science, Technology & Human Values* 28(3): 339–364; Aurora Plomer (2008) The European

Group on Ethics: Law, politics and the limits of moral integration in Europe. *European Law Journal* 14(6): 839–859.

For the problem of public participation, see: Lonneke Poort, Tora Holmberg and Malin Ideland (2013) Bringing in the controversy: Re-politicizing the de-politicized strategy of ethics committees. *Life Sciences, Society and Policy* 9: 11; doi: 10.1186/2195-7819-9-11.

The two forms of governance are distinguished by L.E. Paula (2008) *Ethics committees, public debate and regulation: An evaluation of policy instruments in bioethics governance*. Thesis Vrije Universiteit Amsterdam.

Sources for the section 'Governance of global bioethics' are: Robert Baker (2005) A draft model aggregate code of ethics for bioethicists. *The American Journal of Bioethics* 5(5): 33–41; Erich Loewy and Roberto Springer Loewy (2005) Use and abuse of bioethics: Integrity and professional standing. *Health Care Analysis* 13(1): 73–86; Gerard Magill (2013) Quality in ethics consultations. *Medicine, Health Care and Philosophy* 16: 761–774; Eric Kodish and Joseph J. Fins (2013) Quality attestation for clinical ethics consultants: A two-step model from the American Society for Bioethics and Humanities. *Hastings Center Report* 43(5): 26–36; Stuart J. Murray and Adrian Guta: Credentialization or critique? Neoliberal ideology and the fate of the ethical voice. *American Journal of Bioethics* 2014: 14(1): 33–35.

About bioethics institutions: Jean-Christophe Galloux, Arne Thing Mortensen, Suzanne de Cheveigné. Agnes Allansdottir, Augli Chatjouli and George Sakellaris (2002) The institutions of bioethics. In: M.W. Bauer and G. Gaskell (eds) (2002) *Biotechnology: The making of a global controversy*. Cambridge University Press: Cambridge (UK): 129–148.

For 'epistemic community': Peter M. Haas (1992) Epistemic communities and international policy coordination. *International Organization* 46(1): 1–35. For bioethics, see: Eric Vogelstein (2014) The nature and value of bioethics expertise. *Bioethics*; doi:10.1111/bioe.12114; Jeremy R. Garrett (2014) Two agendas for bioethics: critique and integration. *Bioethics*: doi:10.1111/bioe.12116.

Useful sources for 'Governance of global bioethics': Educational programmes: Global Bioethics Initiative: www.globalbioethics.org; Global Health Impact project: http://global-health-impact.org/aboutindex.php; Erasmus Mundus Master in Bioethics: https://med.kuleuven.be/eng/erasmus-mundus-bioethics; Fogarty International Center: www.fic.nih.gov/Programs/Pages/bioethics.aspx; Collaborative Institutional Training Initiative: www.citiprogram.org/. The UNESCO bioethics core curriculum is downloadable at: http://unesdoc.unesco.org/images/0016/001636/163613e.pdf; WHO: Casebook on ethical issues in international health research. WHC, Geneva, 2009 (http://whqlibdoc.who.int/publications/2009/9789241547727_eng.pdf).

For professional associations, see: IAB: http://bioethics-international.org/index.php?show=index; IALES: www.iales-aides.com/mission.html; SIBI: www.sibi.org/; ISCB: www.bioethics-iscb.org/; IAEE: https://www.ethicsassociation.org/.

For global networks, go to: Bioethics International: www.bioethicsinternational.org/index.php5; Law, Ethics, Health Network in Senegal: http://rds.refer.sn/; Bangladesh Bioethics Society: www.bioethics.org.bd/; Universities Allied for Essential Medicines: https://uaem.org/; For the UAEM University Global Health Impact Report Card see: http://globalhealthgrades.org/about/; Physicians for Human Rights: http://physiciansforhumanrights.org/; Access to Medicine Index: www.accesstomedicineindex.org/; Global Health Impact Index: http://global-health-impact.org/aboutindex.php.

Relevant information concerning global bioethics infrastructures is in the following: NIH Bioethics Resources on the Web: http://bioethics.od.nih.gov/; Ethics CORE (Collaborative Online Resource Environment): https://nationalethicscenter.org/;

Bioethics and Law Observatory, Barcelona: www.bioeticayderecho.ub.edu/en; Global Ethics Observatory, UNESCO: www.unesco.org/new/en/social-and-human-sciences/themes/global-ethics-observatory/
See also: Henk ten Have and Tee W. Ang (2007) UNESCO's Global Ethics Observatory. *Journal of Medical Ethics* 33(1): 15–16; WHO, National Ethics Committees Database (ONEC): http://apps.who.int/ethics/nationalcommittees/; Global Summit of National Bioethics Advisory Bodies: www.who.int/ethics/globalsummit/en/; Global Network of WHO Collaborating Centres for Bioethics: www.who.int/ethics/partnerships/global_network/en/.

For WHO activities, see: Marie-Charlotte Bouësseau, Andreas Reis and W. Calvin Ho (2011) Global Summit of National Ethics Committees: An essential tool for international dialogue and consensus-building. *Indian Journal of Medical Ethics* 8(3): 154–157.

For UNESCO's capacity-building activities, see: Henk ten Have (2006) The activities of UNESCO in the area of ethics. *Kennedy Institute of Ethics Journal* 16(4): 333–351; Henk ten Have (2008) UNESCO's Ethics Education Programme. *Journal of Medical Ethics* 34(1): 57–59; T.W. Ang, H. ten Have, J. H. Solbakk and H. Nys (2008) UNESCO Global Ethics Observatory: Database on ethics related legislation and guidelines. *Journal of Medical Ethics* 34: 738–741; Henk ten Have, Christophe Dikenou and Dafna Feinholz (2011) Assisting countries in establishing National Bioethics Committees: UNESCO's Assisting Bioethics Committee project. *Cambridge Quarterly of Healthcare Ethics* 20(3): 1–9.

The role of international organizations is discussed in: Martha Finnemore (1993) International Organizations as teachers of norms: The United Nations Educational, Scientific, and Cultural Organization and science policy. *International Organization* 47(4): 565–597; Adele Langlois (2013) *Negotiating Bioethics: The governance of UNESCO's Bioethics Programme.* Routledge: London and New York; German Solinis (ed.) (2015) *Global bioethics: What for? Twentieth anniversary of UNESCO's Bioethics Programme.* UNESCO, Paris.

Chapter 11: Global practices and bioethics

The Baby Gammy case is discussed in: Claire Achmad (2014) How the rise of commercial surrogacy is turning babies into commodities. *The Washington Post*, 31 December 2014 (www.washingtonpost.com/posteverything/wp/2014/12/31/how-the-rise-of-comme rcial-surrogacy-is-turning-babies-into-commodities/); Amel Ahmed (2014) Offshore babies: The murky world of transnational surrogacy. Aljazeera America, 11 August 2014 (http://america.aljazeera.com/articles/2014/8/11/offshore-babies-thebusinessoftransna tionalsurrogacy.html).

For the broader context of commercial motherhood: Sally Howard (2014) Taming the international commercial surrogacy industry. *British Medical Journal* 349: g6334; Louise Johnson, Eric Blyth and Karin Hammarberg (2014) Barriers for domestic surrogacy and challenges of transnational surrogacy in the context of Australians undertaking surrogacy in India. *Journal of Law and Medicine* 22(1): 136–154; Leslie R. Schover (2014) Cross-border surrogacy: The case of Baby Gammy highlights the need for global agreement on protections for all parties. *Fertility and Sterility* 102(5): 1258–1259; John Tobin (2014) To prohibit or permit: What is the (human) rights response to the practice of international commercial surrogacy? *International and Comparative Law Quarterly* 63(2): 317–352. See also France Winddance Twine (2011) *Outsourcing the womb: Race, class, and gestational surrogacy in a global market.* Routledge: New York and London. The Hague Conference on Private International Law (started in 2011, convened in 2012, 2014 and 2015) aims at improving international standards on commercial surrogacy and on human trafficking in general. See: HCCH: The parentage/surrogacy project; an updating note. February 2015 (www.hcch.net/upload/wop/gap2015pd03a_en.pdf) (accessed 15 May 2015).

Literature on changing practices is: Abram Chayes and Antonia Handler Chayes (1993) On compliance. *International Organization* 47(2): 175–205; Wayne Sandholtz and Kendall Stiles (2009) *International norms and cycles of change*. Oxford University Press: Oxford and New York; Thomas Risse, Stephen C. Ropp and Kathryn Sikkink (eds) (2013) *The persistent power of human rights: From commitment to compliance*. Cambridge University Press: Cambridge, UK; Emilie M. Hafner-Burton (2013) *Making human rights a reality*. Princeton University Press: Princeton and New York. For the idea of human rights as modes of practices, see Fuyuki Kurasawa (2007) *The work of global justice. Human rights as practices*. Cambridge University Press: Cambridge (UK).

Sources for the section 'Global bioethics practices' are: Martha Finnemore and Kathryn Sikkink (1998) International norm dynamics and political change. *International Organization* 52(4): 887–917; Harold Koh (1999) How is international human rights law enforced? *Indiana Law Journal* 74(4): 1397–1417; Oona A. Hathaway (2002) Do human rights treaties make a difference? *The Yale Law Journal* 111(8): 1935–2042; Joshua W. Busby (2010) *Moral movements and foreign policy*. Cambridge University Press: Cambridge (UK). For the example of PEPFAR, see: John W. Dietrich (2007) The Politics of PEPFAR: The Presidents' Emergency Plan for AIDS Relief. *Ethics & International Affairs* 21(3): 277–292.

The section 'Driving forces for change' has used: Mary Kaldor (2003) *Global civil society: An answer to war*. Polity Press: Cambridge (UK) and Malden (MA). Donatella della Porta *et al.* define global social movements as 'supranational networks of actors that define their causes as global and organize protest campaigns that involve more than one state', Donatella della Porta, Massimiliano Andretta, Lorenzo Mosca and Herbert Reiter (2006) *Globalization from below: Transnational activists and protest networks*. University of Minnesota Press: Minneapolis and London, p. 18). See also, Margaret E. Keck and Kathryn Sikkink (1998) *Activists beyond borders: Advocacy networks in international politics*. Cornell University Press: Ithaca and London; Jeremy Brecher, Tim Costello and Brendan Smith (2000) *Globalization from below: The power of solidarity*. South End Press: Cambridge (MA). The examples of co-optation of social movements and NGOs are from Peter Dauvergne and Genevieve Lebaron (2014) *Protect Inc. The corporatization of activism*. Polity Press: Cambridge (UK) and Malden (MA). See also Lisa Ann Richey and Stefano Ponte (2011) *Brand aid: Shopping well to save the world*. University of Minnesota Press: Minneapolis and London.

For the sub-section on 'Media' the following publications are useful: Kenneth W. Goodman (1999) Philosophy as news: Bioethics, journalism and public policy. *Journal of Medicine and Philosophy* 24(2): 181–200; Albert Rosenfeld (1999) The journalist's role in bioethics. *Journal of Medicine and Philosophy* 24(2): 108–129; Gary Schwitzer, Ganapati Mudur, David Henry, Amanda Wilson, Merrill Goozner, *et al.* (2005) What are the roles and responsibilities of the media in disseminating health information? *PLoS Medicine* 2(7): 0576–0582; Marjorie Kruvand and Bastiaan Vanacker (2011) Facing the future: Media ethics, bioethics, and the world's first face transplant. *Journal of Mass Media Ethics* 26: 135–157.

The positive interaction between bioethics and media is elaborated in Peter Simonson (2002) Bioethics and the rituals of media. *Hastings Center Report* 32(1): 32–39.

Important publications about Framing are: Erving Goffman (1986) *Frame analysis: An essay on the organization of experience*. Boston: Northeastern University Press (original publication

1974); David A. Snow, E. Burke Rochford, Steven K. Worden and Robert D. Benford (1986) Frame alignment processes, micromobilization, and movement participation. *American Sociological Review* 51(4): 464–481; Robert M. Entman (1993) Framing: Towards clarification of a fractured paradigm. *Journal of Communication* 43(4): 51–58; Robert D. Benford and David A. Snow (2000) Framing processes and social movements. An overview and assessment. *Annual Review of Sociology* 26: 611–639; Ronald Labonté and Michelle L. Gagnon (2010) Framing health and foreign policy: Lessons for global health diplomacy. *Globalization and Health* 6: 15; doi: 10.1186/1744-8603-6-14. Collective action is advocated in Michael F. Maniates (2001) Individualization: Plant a tree, buy a bike, save the world? *Global Environmental Politics* 1(3): 31–52; Todd Sandler (2004) *Global collective action*. Cambridge University Press: Cambridge, UK.

Chapter 12: Global bioethical discourse

The need for another bioethical discourse is advocated in: Paul O'Connell (2007) On reconciling irreconcilables: Neo-liberal globalisation and human rights. *Human Rights Law Review* 7(3): 483–509; Salmaan Kesgavjee (2014) *Blind spot: How neoliberalism infiltrated global health*. University of California Press: Oakland (California); Solomon R. Benatar, Abdallah S. Daar and Peter A. Singer (2005) Global health challenges: The need for an expanded discourse on bioethics. *PLos Medicine* 2(7): e143. See also: Solomon R. Benatar (2005) Moral imagination: The missing component in global health. *PLos Medicine* 2(12): e400.

The 'imperative of responsibility' was the title of the English translation of Hans Jonas's book *Das Prinzip Verantwortung: Versuch einer Ethik für die technologische Zivilization* (Insel Verlag, Frankfurt am Main, 1979; English translation as *The imperative of responsibility: In search of ethics for the technological age*. University of Chicago Press: Chicago, 1984). See also: World Parliament of Religions (1993) *Toward a Global Ethic*, 1993 (www.parliamentofreligions.org/_includes/fckcontent/file/towardsaglobalethic.pdf); Commission on Global Governance (1995) *Our global neighbourhood*. Oxford University Press: Oxford (www.gdrc.org/u-gov/global-neighbourhood/); InterAction Council (1997) *Declaration on Human Responsibilities* (http://interactioncouncil.org/universal-declaration-human-responsibilities); United Nations General Assembly A/RES/55/2: *United Nations Millennium Declaration*, 18 September 2000 (www.un.org/millennium/declaration/ares552e.pdf); Andrew Kuper (ed.) (2005) *Global responsibilities: Who must deliver on human rights?* Routledge: New York and London, pp. 37–52.

For respect for human vulnerability, see Henk ten Have (2015) Respect for human vulnerability: The emergence of a new principle in bioethics. *Journal of Bioethical Inquiry*, DOI: 10.1007/s11673-015-9641-9; Henk ten Have (2014) The principle of vulnerability in the UNESCO Declaration on Bioethics and Human Rights. In: Joseph Tham, Alberto Garcia and Gonzalo Miranda (eds), *Religious perspectives on human vulnerability in bioethics*. Dordrecht: Springer Publishers: 15–28.

The literature on solidarity is rapidly growing. For this paragraph the following literature has been used: Rahel Jaeggi: Solidarity and indifference. In: Ruud ter Meulen, Wil Arts and Ruud Muffels (eds) (2001) *Solidarity in health and social care in Europe*. Dordrecht/Boston/London: Kluwer Academic Publishers: 287–308; Darryl Gunson (2009) Solidarity and the Universal Declaration on Bioethics and Human Rights. *Journal of Medicine and Philosophy* 34: 241–260; Barbara Prainsack and Alena Buyx (2011) *Solidarity: Reflections on an emerging concept in bioethics*. London: Nuffield Council on Bioethics, (http://nuffieldbioethics.org/wp-content/uploads/2014/07/Solidarity_report_FINAL.pdf).

For cooperation, see: Samuel Bowles and Herbert Gintis (2011) *A cooperative species: Human reciprocity and its evolution*. Princeton and Oxford: Princeton University Press; Jennifer Prah Ruger (2011) Shared health governance. *The American Journal of Bioethics* 11(7): 32–45.

For the example of joint ethics review, see Eric M. Meslin, Edwin Were and David Ayuku (2013) Taking stock of the ethical foundations of international health research: Pragmatic lessons from the IU-Moi Academic Research Ethics Partnership. *Journal of General Internal Medicine* 28 (Suppl 3): S639–645.

For equality, justice and equity, see Gillian Brock (2009) *Global justice. A cosmopolitian account*. Oxford: Oxford University Press. See also Angela J. Ballantyne (2010) How to do research fairly in an unjust world. *The American Journal of Bioethics* 10(6): 26–35; Gorik Ooms and Rachel Hammonds (2010) Taking up Daniels' challenge: The case for global health justice. *Health and Human Rights Journal* 12(1): 29–46; Kok-Chor Tan (2013) Global distributive justice. In Hugh LaFollette (ed.) *The International Encyclopedia of Ethics*. Oxford (UK): Blackwell Publishing, pp. 2142–2151.

For social responsibility, see Susanne Soederberg (2007) Taming corporations or buttressing market-led development? A critical assessment of the Global Compact. *Globalizations* 4(4): 500–513; UNESCO (2010) *Report of the International Bioethics Committee (IBC) on social responsibility and health*. Paris: UNESCO (http://unesdoc.unesco.org/images/0018/001878/187899E.pdf); Stefano Semplici (ed.) (2011) Social responsibility and health. Thematic issue. *Medicine, Health Care and Philosophy. A European Journal* 14(4): 353–419; John Gerard Ruggie (2013) *Just business: Multinational corporations and human rights*. New York/London: W.W.Norton & Company.

For sharing of benefits, see: Doris Schroeder and Julie Cook Lucas (eds) (2013) *Benefit sharing: From biodiversity to human genetics*. Springer: Dordrecht. For the issue of virus sharing: Siti Fadilah Supari: *It's time for the world to change: In the spirit of dignity, equity, and transparency*. Penerbit Lentera: Jakarta, 2008. See also: WHO Executive Board: *Pandemic influenza preparedness: Sharing of influenza viruses and access to vaccines and other benefits*. Geneva, Director General 2009, EB124/4 ADD1.1; D.P. Fidler (2010) Negotiating equitable access to influenza vaccines. Global health diplomacy and the controversies surrounding avian influenza H5N1 and pandemic influenza H1N1. *PLoS Medicine* 7(5): 11000247.

For protecting future generations, see: Hans Jonas (1984) *The Imperative of responsibility: In search of an ethics for the technical age*. University of Chicago Press: Chicago (quotation on p. 11); Emmanuel Agius: Environmental ethics: Towards an intergenerational perspective. In: Henk A.M.J. ten Have (ed.) (2006) *Environmental ethics and international policy*. Paris: UNESCO Publishing, pp. 89–115.

For protection of the environment, the biosphere and biodiversity, see: James Garvey (2008) *The ethics of climate change: Rights and wrong in a warming world*. Continuum: London and New York. See further: James Dwyer (2009) How to connect bioethics and environmental ethics: health, sustainability, and justice. *Bioethics* 23(9): 497–502.

An example of an ethics of harmony: Miguel D. Escoto and Leonardo Boff: Proposal for a Universal Declaration on the Common Good of the Earth and Humanity: http://servicioskoinonia.org/logos/articulo.php?num=118e

Sources for the section 'Biopolitics' are: Thomas Lemke (2011) *Biopolitics: An advanced introduction*. New York and London: New York University Press; Timothy Campbell and Adam Sitze (eds) (2013) *Biopolitics: A reader*. Durham and London: Duke University Press; Miguel de Beistegui, Giuseppe Bianco and Marjorie Gracieuse (eds) (2015) *The care of life: Transdisciplinary perspectives in bioethics and biopolitics*. London and New York: Rowman & Littlefield.

'Global bioethics as social ethics' have used: Global Health Watch. *An alternative World Health Report*; four editions (2005, 2008, 2011 and 2014). www.ghwatch.org/who-watch/about). See further: Simon Critchley (2012) *Infinitely demanding: Ethics of commitments, politics of resistance*. London and New York: Verso; Alain Badiou (2015) *Philosophy for militants*. London and New York: Verso.

General further reading

Van Rensselaer Potter (1988) *Global bioethics: Building on the Leopold legacy***.** East Lansing: Michigan State University Press.

In this monograph Potter argues that bioethics should be extended into a global bioethics. He builds on the ideas of Aldo Leopold who developed an ecological ethics concerned with human survival. Potter shows how ecological bioethics and medical bioethics can merge into a global bioethics. Potter elaborates dilemmas in medical bioethics (from teenage pregnancy to euthanasia) with a separate chapter on fertility control. In the last chapter he discusses the same issues from the perspective of global bioethics. The book is a strong statement that a broader scope in bioethics is necessary beyond the medical one but does not systematically elaborate what global bioethics entails. It also hardly addresses the worldwide scope.

Michael W. Fox (2001) *Bringing life to ethics: Global bioethics for a humane society***.** Albany: State University of New York Press.

The author, a veterinarian, elaborates Potter's broad notion of bioethics. He thanks Potter in the Introduction, and presents a Life Ethic that includes the interests of the entire natural world and the biotic community next to human interests. The book covers topics such as: environmental ethics, animal rights, conservation of the biosphere, sustainable agriculture, biotechnology, economy, cultural diversity, and universal bioethics. Bioethics is taken as a very broad holistic framework with peace, justice, fulfilment, and integrity of creation as basic principles. The book is deliberately not academic but offers personal reflections and an eclectic approach.

H. Tristram Engelhardt (ed.) (2006) *Global bioethics. The collapse of consensus*. Salem, MA: M & M Scrivener Press.

This collection is the result of a number of conferences of like-minded colleagues arguing that global bioethics does not and should not exist because there is intractable moral diversity. In ethical matters, pervasive and persistent disagreement reigns, making any hope for consensus elusive. Proclamations of moral consensus are not only deceptive and rhetorical but in fact another manifestation of bioethical imperialism. Global bioethics is a plurality of approaches; it can only be visualized as a marketplace of moral ideas. The book is an eloquent elaboration of moral impotence.

Solomon Benatar and Gillian Brock (eds) (2011) *Global health and global health ethics***.** Cambridge, UK: Cambridge University Press.

In 29 contributions, this edited volume presents relevant aspects of present-day global health: its relations with trade, debt, international aid, health systems, climate change, biotechnology, food security, taxation, and research. It provides analyses of global health ethics, especially in connection to justice, human rights, and global responsibilities. Separate chapters discuss the teaching of global health ethics, values in global health governance, and whether there is a need for global health ethics.

Catherine Myser (ed.) (2011) *Bioethics around the globe.* New York: Oxford University Press.

The book provides comparative anthropological and sociological studies of globalizing bioethics. The assumption is that global bioethics is globalizing of Western bioethics. Chapters are included on the development of bioethics in diverse countries such as Chile, India, China, Malawi, France and South Africa. It does not have introductory chapters about global bioethics as a new discipline.

I. Glenn Cohen (ed.) (2013) *The globalization of health care.* Oxford/New York: Oxford University Press.

This collection of essays offers an ethical and legal examination of many relevant global issues. In 23 chapters, an overview is presented of subjects that illustrate the globalization of health care. The first and largest section of the book addresses medical tourism. Subsequent sections focus on medical worker migration, the globalization of research and development, and telemedicine. The last section discusses healthcare globalization, equity, and justice. The book does not explicitly address global ethics issues, though some chapters do.

Andrew D. Pinto and Ross E.G. Upshur (eds) (2013) *An introduction to global health ethics.* London and New York: Routledge.

This collection of essays is primarily intended for global health students. It examines theoretical issues such as definitions of global health, governance, human rights, education, and indigenous health, but also practical issues such as clinical work, research, partnerships, advocacy, the political context and teaching. All chapters include interesting cases and examples. Although the book has a specific contribution on ethics and global health, a coherent ethical framework is not presented. The difference between global health ethics and public health ethics is not clear.

Wanda Teays, John-Stewart Gordon and Alison Dundes Renteln (eds) (2014) *Global bioethics and human rights: Contemporary issues.* Lanham: Rowman & Littlefield.

A range of issues is covered by 34 contributions. The chapters are arranged in four parts: Theoretical perspectives (debating common morality), Human rights (with cases on torture, immigration, lethal injection and reproductive freedom), Culture (sex selection, euthanasia, informed consent and research on aboriginal people), and Public health (global aging, public safety and environmental disasters). Each part ends with discussion topics. The book is not rigorously edited (it refers, for example, to the draft UDBHR). It provides useful suggestions for further reading, an overview of electronic resources on global bioethics, and an extensive list of relevant movies and videos.

Alireza Bagheri, Jonathan Moreno and Stefano Semplici (eds) (2015) *Global bioethics: The impact of the UNESCO International Bioethics Committee.* Dordrecht: Springer Publishers.

This collection of 17 contributions analyses the work of the UNESCO International Bioethics Committee in the area of global bioethics. Thematic issues are addressed such as: human rights, consent, traditional medicine, biobanks, discrimination, nanotechnology and national bioethics committees. Other chapters examine the impact in various regions of the world: Central and Eastern Europe, the Arab region, Latin America, Africa and East Asia. The book is published in a special series *Advancing Global Bioethics* that includes a range of studies in global bioethics.

索　引